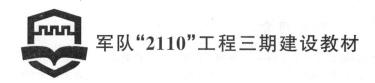

军队"2110"工程三期建设教材

推进剂污染与治理

贾 瑛 崔 虎 慕晓刚 马 岚 编

U0229286

北京航空航天大学出版社

内 容 简 介

本书概述了火箭和导弹化学推进剂的种类、污染来源和特点,介绍了国家有关推进剂污染的废液、废气排放标准,重点讲述了液体推进剂和固体推进剂污染的国内外有关处理技术以及推进剂的安全防护技术等内容。

本书可作为国防军事院校、航空航天院校以及普通高等院校环境工程、应用化学等相关专业的本科生教材和特种能源理论与技术学科的研究生专业教材,也可供相关科研院所教学科研人员参考。

图书在版编目(CIP)数据

推进剂污染与治理 / 贾瑛等编. -- 北京 : 北京
航空航天大学出版社,2016.1
　ISBN 978 - 7 - 5124 - 2025 - 0

Ⅰ. ① 推… Ⅱ. ① 贾… Ⅲ. ① 推进剂—污染防治
Ⅳ. ①V51②X784

中国版本图书馆 CIP 数据核字(2016)第 005543 号

推进剂污染与治理
贾　瑛　崔　虎　慕晓刚　马　岚　编
责任编辑　赵延永　苏俊亚
＊
北京航空航天大学出版社出版发行
北京市海淀区学院路 37 号(邮编 100191)　http://www.buaapress.com.cn
发行部电话:(010)82317024　传真:(010)82328026
读者信箱:goodtextbook@126.com　邮购电话:(010)82316936
北京兴华昌盛印刷有限公司印装　各地书店经销
＊
开本:787×1 092　1/16　印张:11.25　字数:288 千字
2016 年 1 月第 1 版　2016 年 1 月第 1 次印刷　印数:1 500 册
ISBN 978 - 7 - 5124 - 2025 - 0　定价:28.00 元

前　言

　　可持续发展已成为全球各国发展中共同面临的问题,我国在这方面所面临的挑战尤为严峻。在中国经济高速增长的同时,同样也面临着历史上规模最大、涉及面最广、后果最严重的能源短缺和环境污染问题。要处理好废弃物、排放物的治理和循环再生,减少资源的消耗和环境污染并非易事。一般的化学推进剂均具有易燃、易爆或能助燃的特性,在研制、生产、加工、运输和贮存使用的过程中,均存在环境污染和安全风险。做好推进剂的污染监测与治理、安全防护等工作,对于保障人员安全与健康和生产使用单位的安全都是十分重要的。

　　为了满足推进剂安全防护和污染治理工作的需要,应进一步了解火箭推进剂的毒性毒理、污染来源、污染危害以及污染净化技术等内容,进一步了解污染事故预防控制体系和安全防护措施。本书概述化学推进剂的种类、污染来源和特点,介绍国家有关推进剂污染的废液、废气排放标准,重点讲述液体推进剂和固体推进剂污染的国内外有关处理技术以及推进剂的安全防护技术等内容。全书共分八章。第一章介绍了有关推进剂的基本知识,发展概况,最新进展和发展趋势以及安全防护和污染治理的一般原则。第二章是推进剂污染的形成与特点,主要介绍火箭推进剂污染的来源、特点及毒性毒理,介绍火箭推进剂的毒性分级,中毒救治原则,火箭不同液体推进剂和固体推进剂组分的毒性毒理和中毒救治方法。第三章是火箭推进剂在环境中的迁移转化规律,主要介绍液体推进剂在大气中的行为,液体推进剂在水体中的迁移转化以及液体推进剂在土壤中的迁移转化规律。第四章是推进剂气态污染物的治理,介绍气态污染物治理的一般方法,肼类气态污染物的治理技术,硝基气态污染物的治理技术,主要介绍了水吸收法、高空排放法、催化氧化法以及活性炭吸附法等。第五章是推进剂液态污染物的治理,主要介绍废水处理的一般知识以及推进剂肼类废水和硝基废水的处理技术。第六章是固体推进剂气溶胶、粉尘污染与治理,主要介绍常用除尘器的适用范围及性能,减少固体推进剂污染的根本途径等。第七章是液体推进剂污染监测与安全防护,主要介绍液体推进剂的污染检测方法、危害作用与安全防护原则、火箭推进剂的安全防护技术。

　　在本书的撰写过程中,参考了国内外的有关文献与资料,并引用了其中的一些内容和实例,在此表示衷心的感谢。同时,感谢北京航天 101 所禹天福老先生对本书的建议。限于水平,书中疏漏和不妥之处在所难免,恳请读者批评指正。

编　者

2015 年 12 月 30 日

目　　录

第1章 导 论

第1节 推进剂概述

火箭推进剂是火箭发动机的能源,是给推进系统提供能量和工质的物质。化学能是火箭推进最常用的能源。应用含能物质在导弹发动机中发生化学反应(燃烧)放出的能量作为能源,利用化学反应(燃烧)的产物作为工质的一种推进方式,称为化学推进。在化学推进中,参加化学反应(燃烧)的全部组分统称为化学推进剂。根据参加化学反应(燃烧)的这些组分在通常条件下所呈现的物理状态,可以把化学推进剂分成液体推进剂、固体推进剂和固液混合推进剂三大类。固体推进剂又分为均质固体推进剂和复合固体推进剂。到目前为止,实际使用的主要是液体推进剂和固体推进剂。化学推进剂是火箭发动机的动力源,其研究与发展对我国宇航事业的发展及导弹武器装备的研制、生产和使用起着重要的促进作用。

目前,在国防军事领域中,液体推进剂和固体推进剂同等重要。液体推进剂是以液体状态进入火箭(或导弹)发动机,经历化学反应和热力学变化,为推进系统提供能量和工质的物质。它可以是单质、化合物,也可以是混合物。它在液体火箭发动机燃烧室内进行氧化反应或分解反应,把化学能转变为热能,产生高温高压气体,通过发动机喷管膨胀,再把热能转变为动能,推动火箭或导弹飞行或姿态控制、速度修正、变轨飞行等。液体推进剂包括液体氧化剂、液体燃烧剂和液体单组元推进剂,以及在液体推进剂基础上发展起来的胶体推进剂。燃烧时起氧化作用的物质称为氧化剂。燃烧时起还原作用并释放出能量的液态物质,称为燃料(即燃烧剂)。液体推进剂按化学组成分为单组元液体推进剂、双组元液体推进剂和三组元液体推进剂。单组元液体推进剂只由一种单相液体化合物或混合物构成,它兼具有燃烧剂和氧化剂性能,含有进行燃烧或分解过程必须的各种元素。双组元液体推进剂由液体燃烧剂和液体氧化剂组成。燃烧剂能与氧化剂一起发生燃烧并产生能量,如偏二甲肼、酒精、液氢等。氧化剂能支持燃烧剂燃烧,故亦称为助燃剂,如液氧、四氧化二氮、液氟等。三组元液体推进剂由双组元液体推进剂和添加剂组成。添加剂称为第三组分,可以大幅度提高能量,获得更大的比冲。添加剂有铍、铝、锂、硼和铍、硼的氢化物。液体推进剂工作过程如图1.1所示。

固体推进剂是区别于液体推进剂的另一种化学推进形式,作为固体导弹/火箭的能源和工质,以药柱的形式被固定在发动机内部,在发动机内通过燃烧的方式将化学能转变为动能。固体推进剂是由氧化剂、燃烧剂和其他添加剂组成的固态混合物,氧化剂和燃烧剂是基本成分,常用的氧化剂是过氯酸铵,常用的燃烧剂是烃及其衍生物(如硝化纤维)等。添加剂有粘合剂、交联剂、催化剂、缓燃剂、稳定剂、抗老剂、增塑剂、稀释剂、润滑剂、固化剂和固化阻止剂等。固体导弹发动机工作原理如图1.2所示。

化学推进剂具有燃烧或助燃的性质,有些还具有不同程度的毒性,在生产、运输、贮存使用等过程中极有可能发生泄漏、着火、爆炸等危险,造成环境污染事故,甚至威胁人员的生命安全和身体健康,影响发射任务的正常进行。因此,推进剂的安全防护以及污染治理是整个航天和

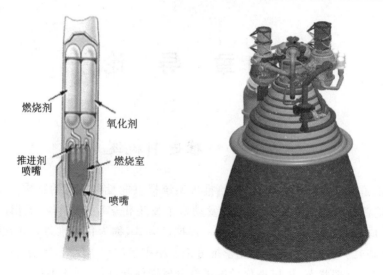

图 1.1　液体推进剂工作简图

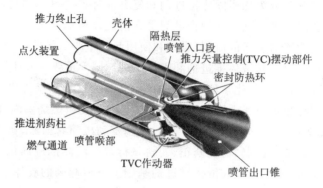

图 1.2　固体导弹发动机工作原理

导弹事业的重要组成部分,必须引起相关部门的足够重视,以实现推进剂安全工作的专业化、制度化。

　　一个国家航天事业的发展状况,在一定程度上反映了该国科学技术的发展水平。因此,具有经济实力和科学技术水平的国家都在努力发展本国的航天事业。随着航天事业的发展,拥有航天技术的国家对火箭推进剂的应用越来越广泛,对其研究也越来越深入,不仅对推进剂的种类、性能、推力、使用条件、安全防护等方面进行深入的探讨和研究,而且对其自身的毒性和推进剂对环境的影响也给以了充分的注意。研究结果表明,迄今为止,国内外所使用过的固、液推进剂中,除液氢、液氧外,都具有不同程度的毒性,给操作人员和环境带来不同程度的危害和污染。

第 2 节　推进剂污染及危害

一、推进剂污染

　　推进剂是火箭发动机的能源,是导弹和宇航事业发展的重要物质基础。但在火箭(或导弹)推进剂的生产、运输、贮存、转注、加注和使用过程中,由于跑、冒、滴、漏、挥发,固体推进剂在加工过程中产生的粉尘、气溶胶,试车和发射时推进剂燃烧产生的燃气,推进剂事故等,均可对水体和大气产生污染,影响任务的顺利完成,危害参试人员和公众的身体健康。

二、推进剂的主要危害及污染特点

1. 主要危害

（1）着火与爆炸

火箭推进剂中燃烧剂易着火,氧化剂可助燃。因此,无论哪一种类型的推进剂发生着火与爆炸的危险性都很大,造成的损失也很严重。这种潜在的着火与爆炸的危险性,主要来自于燃烧剂与氧化剂两者完全不同的特性,构成了燃烧与爆炸三要素中燃烧物与助燃物两大主要因素。一旦遇到外来火源,相互接触生热,受到撞击、振动和静电火花等激发能,即可引起着火、爆炸。

双组元液体推进剂一直都被普遍地使用。例如:液氧/酒精,液氧/煤油,液氧/液氨,液氧/液氢,红烟硝酸/偏二甲肼,红烟硝酸/苯胺,红烟硝酸/二甲代苯胺加三乙胺,红烟硝酸/甲基肼,红烟硝酸/混肼-50,四氧化二氮/肼,四氧化二氮/偏二甲肼,四氧化二氮/混肼-50,四氧化二氮/甲基肼,过氧化氢/偏二甲肼等。另外一种类型即液氟、氟氯化合物与燃烧剂,例如:液氟/肼,三(五)氟化氯/甲基肼,三(五)氟化氯/偏二甲肼等。液体火箭推进剂中强氧化剂液氟、液氧以及四氧化二氮、过氧化氢、发烟硝酸等,与其他可燃物如活性炭、泡沫塑料、棉丝、木屑和纸张等相遇,即可自燃或通过化学反应生成热而着火。液体火箭推进剂中的燃烧剂大量泄漏时,液体蒸发后与空气形成混合物。这种混合物一遇到火星,即可发生燃烧或爆炸。液体推进剂因处理不慎而引起的火灾也曾发生。

（2）毒害作用

火箭推进剂的毒害作用,主要指各种推进剂的毒性、粉尘危害、化学分解产物危害、推进剂试车和发射中燃气的毒害等。

液体推进剂的毒性危害可发生在推进剂的生产过程中;在推进剂的运输、贮存、加注和处理过程中,也可因泄漏而引起人中毒。主要中毒途径是吸入有毒蒸气,对火箭发射参试人员构成较大的危险。因而,相比之下固体推进剂一旦成型运到现场,对人员和环境的毒性危害就很小。影响毒性的因素很多,主要是每种推进剂的物理化学特性,例如:化学结构、存在形态、可溶性、挥发度、分散度和几种毒物的协同效应或拮抗作用等。外界条件也影响毒性的大小,如环境温度、湿度、通风条件等。人员与毒物接触时间的长短、劳动强度等都影响中毒的程度。即使在上述因素相同的条件下,对不同的人毒性危害也有很大的个体差异。

（3）腐蚀性危害

① 液体推进剂对金属材料的腐蚀作用。

腐蚀是金属在所处环境介质中,由于化学反应、电化学过程及物理作用而发生的一种缓慢氧化过程,是普遍存在的现象。腐蚀性液体对材料表面的腐蚀作用,最主要是直接化学反应,这种腐蚀最为严重,作为液体推进剂所使用的氧化剂尤其严重。随着温度和浓度的增高,腐蚀速率也加快。电化学腐蚀发生在金属的表面,主要由于电位差形成"浓差电池",腐蚀的结果是出现"点蚀"或"锈蚀"。这种腐蚀多出现在贮存容器和各种管道的焊缝,狭窄部位和金属表面凹凸不平处。在特定条件下,还会产生"穴蚀"。

腐蚀是一种普遍存在的不可避免的现象,只能减缓或抑制。液体推进剂使用最多的是硝基氧化剂。为了减缓发烟硝酸对容器和管道的腐蚀,均采用加缓蚀剂的方法。以硝酸-27S 为例,数字代表所含四氧化二氮的重量百分数,而 S 则表示所加的缓蚀剂。红烟硝酸所加缓蚀剂多用磷酸加氢氟酸,也可单独作用。一般磷酸用量不宜超过重量比的 1%。加氢氟酸的方法,可明显减缓红烟硝酸对铝合金和含 18.8%铬、镍不锈钢的腐蚀,用量控制在重量比 0.4%～0.6%以内。若两者同时使用缓蚀效果更佳。根据实验可知,在 30 ℃下,选择加氢氟酸0.63%,磷酸 0.44%,对两种不锈钢材质的年腐蚀只有 0.001 mg。

两种缓蚀剂的作用机理都是在材料表面形成钝化膜,这层极薄的钝化膜在液体和金属容器材质之间起了很好的隔离保护作用。

② 液体推进剂对非金属材料的腐蚀与溶胀作用。

液体推进剂对非金属材料产生除与金属材料相类似的腐蚀作用外,还存在溶解与溶胀作用。溶胀是溶解的相反过程,即溶剂被物体吸入。溶胀是否会发生,决定于非金属材料的性质和液体的性质。

③ 液体推进剂对活体组织的腐蚀作用。

腐蚀性危害最初专指对活体组织的损害,随着保护范围的扩大,才涉及其他材料。因此,腐蚀性物质并不是指一类有某种共同结构的物质,也不是指化学性质、反应特性相同或具有共同用途的物质,而是突出它对活体组织(尤其是人)有损害作用,并以此分级,表现在化学灼伤上。

化学灼伤是腐蚀性物质对人体组织、器官及骨骼可能产生的一种严重危害,是液体推进剂的主要危害作用之一。最易出现的是通过呼吸道吸入,造成上呼吸道黏膜发炎或损伤。严重时可因呼吸衰竭,造成人员窒息死亡。也可由于误食或其他因素造成消化道黏膜损伤,尤其是食道黏膜损伤。而液体推进剂对皮肤的刺激作用,本质上是因微量推进剂被表皮吸收而造成的。这是最轻微的腐蚀,但危害性不容忽视。皮肤受到刺激,可以产生红斑、肿胀。很多液体推进剂有机燃料,均会对皮肤产生不同程度的脱脂或刺激作用。另外,液体推进剂由于意外喷溅,极易产生对眼睛的伤害。虽然发生机率比皮肤损伤小,但危险性大。一旦发生,最好的急救措施是用水冲洗眼睛。

(4) 静电危害

静电是指绝缘物质上携带的相对静止的电荷。静电现象是人类最早发现的电现象,它的产生与多种因素有关。

静电与一般日常用电的区别在于:

① 产生方式不同。日常用电一般由发电机不停地高速运转,由锭子和导电线圈间相互电磁感应而产生。而静电除极少数情况外,多数发生在两种物体相互接触、不断摩擦或流动时产生。

② 能量相差很大。静电在空间积蓄的能量密度一般不超过 45 J/m³,而电磁感应机则可达 10^6 J/m³。

③ 表现形式不同。静电一般为高电压、小电流,电压可高达几千到上万伏,电流则只有几个微安;日常用电的相电压则为 220 V,线电压为 380 V,电压很低,但电流则在安培以上。

④ 危害形式不同。静电虽也可造成火灾、引起爆炸,但它必须达到足够大,即达到最小静电点火能,才能引发物体发生火灾和爆炸,起了一个点火源的作用。日常用电本身所具有电压和电流即可对人体产生伤害,也可因漏电、短路等直接产生火灾。

人体静电可产生以下 3 方面危害：

① 人体带电后，静电放电所产生的火花可引起易燃气体、蒸气或粉尘发生燃烧爆炸。在这些场合工作，要求工作人员穿防静电鞋。

② 人体静电放电会产生人的电击现象。轻则疼痛，重则肌肉抽搐、麻痹。这种现象在从屋外回到屋内脱下外衣往金属衣钩上挂衣服的瞬间发生，使人全身有一种刺痛感。

③ 人体静电放电会影响生产的正常进行和产品质量。可以是人员误操作造成，也可因静电放电使产品质量降低，甚至报废。表 1.1 给出了静电电击人身体的反应。静电容量取 90 pF。

表 1.1　静电电极人体的反应

人体带电电位/V	静电放电时人体感觉程度	备　注
1 000	没有感觉	
2 000	手指外侧有感觉但不痛	微弱放电
3 000	有微弱针刺痛感	
4 000	手指有针扎微痛感	可见到放电火花
5 000	手掌到手臂前半部有电击痛感	放电火花从手指延伸
6 000	手指剧烈痛感，电击后手臂感觉沉重	
8 000	从手掌到前臂有麻痹感	
10 000	整个手都痛，感觉有电流通过	

静电的消除只能采取因势利导的方法，即：针对可能产生静电的情况和因素，采取一定的技术措施，防止静电电荷大量积聚，或减缓放电过程，不产生电火花。一般采取分步控制方法，即控制尽量少产生静电。例如：液体推进剂一类燃料，控制装运方式，控制在管道中流速并尽量避免其他杂质混入。若采取措施后仍然产生大量静电电荷积聚，则采取泄放法或中和法，即良好的接地或加入抗静电剂、喷涂或铺设导电涂料及胶皮等办法，使静电加速泄漏，降低静电高压。若这种静电的产生和积聚还无法避免，则采取延缓放电的办法，使其不产生电火花。在液体推进剂中采取氮气保护，就是基于这种考虑。

（5）对环境的污染

在液体火箭推进剂的研制、生产、运输、贮存、转注、加注等作业中，由于跑、冒、滴、漏，特别是在发生大量液体推进剂泄漏和损漏事故时，会导致大气、水体和土壤的污染；在清洗槽车、贮罐和加注、转注设备时，会产生一定量的液体推进剂废水。在固体推进剂的加工过程中，会产生粉末、气溶胶和溶剂蒸气，污染空气。在火箭发动机试车或在发射场发射航天器时，有大量推进剂及燃气进入大气，污染范围可达数千米。

（6）窒息作用

窒息是火箭推进剂作业中较常见的一种危害。

火箭推进剂作业中引起窒息的原因主要有 3 个方面：

① 火箭推进剂本身的窒息作用，即某些推进剂本身就是化学性窒息剂。

② 由于火箭推进剂蒸气大量进入空气中，使空气中氧含量显著下降，因缺氧而引窒息。

③ 大型推进剂贮罐、槽车清洗后用氮气吹干，贮罐、槽车内缺氧，当人员进入检修时，发生

缺氧性窒息。

(7) 低温作用

低温推进剂如液氧、液氢、液氟等,由于低温作用,既可使某些设备材料变脆,又可使人体冻伤。

2. 推进剂污染的一般特点

推进剂污染属于特种化学污染的一种,也是由于特殊目的和军事行动而产生的,相比传统的化学污染,不同种类的推进剂污染具有以下几个共同特点。

(1) 危害严重,隐蔽性强

由于军事行动的保密性,使得一些军事特种化学污染在较长时期内没有引起人们的注意,导致大量有害污染物的积累,直到严重危害周围生态和人群健康时才被公众所知。推进剂污染问题也是由于国防或特种军事活动而产生的,因此,虽然推进剂污染危害严重,有的污染物甚至具有强致癌性,但由于隐蔽性强,没有引起大家足够的重视。

(2) 成分复杂,治理难

推进剂污染物质种类多,成分复杂,具有军事化学污染物的多样性及危害的多样性。目前推进剂废水中测得的污染物质达 37 种。西昌卫星发射场火箭推进剂废水用色-质联机分析表明,废水组成至少有 15 种物质。其中毒性较大的有:甲醛、氰化物、硝基甲烷、二甲基亚硝胺、二乙基亚硝胺、二丙基亚硝胺、二丁基亚硝胺、亚硝基哌啶、亚硝基吡咯烷,而亚硝基化合物是公认的致癌物质。

(3) 污染集中,连续性差

推进剂用量有限,而且从生产到运输、贮存、加注、发射都是在指定时间内进行,因而所产生的污染是不定期、非连续的。推进剂的生产、贮存和使用场所都远离城市,污染集中,便于控制,利于治理。

(4) 燃气成分比较简单

液体推进剂大量使用肼类、胺类、烃类、四氧化二氮、发烟硝酸以及液氢、液氧等。这些物质充分燃烧后的气体成分为水蒸气、一氧化碳、二氧化碳、氮氧化物。氰化物只在肼类和胺类燃料高温燃烧时才能生成,而且数量有限。

第 3 节　推进剂的毒性毒理

一、肼类推进剂

肼类推进剂通常包括肼、甲基肼、偏二甲肼、混肼、油肼和胺肼。

常用的三肼(肼、甲基肼、偏二甲肼)均是无色、透明的液体,具有鱼腥味,具有毒性。

1. 毒　性

(1) 急性毒性

① 肼、甲基肼、偏二甲肼皆可经注射、吸入、皮肤染毒和消化吸收引起急性中毒。

② 对大白鼠腹腔注射染毒,半致死剂量(LD_{50})分别为:甲基肼 23.9 ± 3.6 mg/kg、肼 68.4 ± 10.4 mg/kg、偏二甲肼 112 mg/kg。对狗静脉注射染毒 LD_{50}:甲基肼 12 mg/kg、肼 25 mg/kg、偏二甲肼 60 mg/kg。毒性大小顺序:甲基肼＞肼＞偏二甲肼。

③ 按化学品急性毒性分级标准,甲基肼和偏二甲肼属剧毒物质。

依照《危险化学品安全管理条例》的有关规定,2015 年 2 月 27 日,安全监管总局、工业和信息化部、公安部、环境保护部、交通运输部、农业部、国家卫生计生委、质检总局、铁路局、民航局等十部委公布了《危险化学品目录(2015 版)》,详见表 1.2。

表 1.2　危险化学品目录(部分)

序　号	品　名	别　名	CAS 号	备　注
461	1,1-二甲基肼	二甲基肼[不对称];N,N-二甲基肼	57 - 14 - 7	剧毒
1128	甲基肼	一甲肼;甲基联氨	60 - 34 - 4	剧毒
2134	无水肼[含肼＞64%]	无水联胺	302 - 01 - 2	

(2) 慢性毒性

① 无论是短期内反复染毒还是慢性染毒,三肼中以肼的蓄积毒性较高,甲基肼次之,偏二甲肼最小。小白鼠短期内反复腹腔注射引起蓄积毒性效应所需的日剂量(以 LD_{50} 数表示),肼、甲基肼和偏二甲肼比是 1:3:5。

② 以职业暴露的方式染毒 6 个月,对试验动物基本无害的浓度分别是:肼 5 mg/kg、甲基肼 0.2 mg/kg、偏二甲肼 0.5 mg/kg。刚能引起轻度症状的浓度分别是:肼 5 mg/kg、甲基肼 1 mg/kg、偏二甲肼 5 mg/kg。

③ 对于猴,能耐受短期反复染毒不出现有害作用的计量,肼 5 mg/kg,甲基肼 2.5 mg/kg;出现毒性症状但无累积致死效应的计量,肼 10～20 mg/kg,甲基肼 5 mg/kg,偏二甲肼 30 mg/kg。

(3) 致突变、致癌和致畸胎作用

① 肼为确定的致突变物和动物致癌物。微生物和哺乳动物诱变试验、细胞遗传学研究、细胞恶性转化试验及动物诱癌试验获得的大量阳性结果,可以证实这一结论。

② 甲基肼和偏二甲肼致突变试验所获得的大批结果中有相当一部分为阴性。但甲基肼在微生物诱变试验、DNA 碎裂试验中,偏二甲肼在微生物诱变试验和哺乳动物细胞诱变试验、细胞恶性转化试验中,均获得许多明确的阳性结果。有相当多的研究证明,甲基肼,特别是偏二甲肼,可以使动物诱变肿瘤。因此,在未获得更准确的试验结果,特别是人类流行病学调查结果以前,不能肯定甲基肼和偏二甲肼为致癌物。在实际工作中,为安全起见,可视该 2 种推进剂为致癌剂。

③ 肼、甲基肼和偏二甲肼对鸡胚胎、蟾蜍胚胎有致畸胎效应,但对哺乳动物均不引起畸胎,可认为是非致畸胎化合物。

2. 肼类推进剂的毒理

(1) 对神经系统的作用

① 甲基肼和偏二甲肼对中枢神经系统具有兴奋作用,大剂量能使动物发生强直—阵挛性痉挛,大剂量肼可使动物死于早期的痉挛发作。

② 三肼中毒后,在强直—阵挛性痉挛发作的同时,出现癫痫样大发作的脑电图。

③ 小剂量对大白鼠操作式电防御条件反射有较明显的抑制作用;甲基肼对条件反射的影响比肼小;偏二甲肼基本无影响。

(2) 对肝脏的作用

① 甲基肼中毒不损伤肝脏。

② 偏二甲肼急性中毒不损伤肝脏。大剂量、高浓度偏二甲肼亚急性、慢性中毒，可引起轻度脂肪肝和血清谷丙转氨酶活性升高。人重症偏二甲肼急性中毒可出现轻度肝功能障碍。

③ 肼能损伤肝脏，病变特点是脂肪肝。肼中毒所致肝损伤不经特殊处理后能自行恢复。

（3）对血液系统的作用

① 甲基肼中毒可使动物发生以高铁血红蛋白和享氏小体形成为特征的溶血性贫血。

② 肼和偏二甲肼的溶血作用远比甲基肼弱。

（4）对肾脏的作用

① 甲基肼急性中毒的初期，肾小球滤过率、肾有效血浆流量、肾对氨基马尿酸钠抽提率下降。中毒后第 4 天损害最重，并出现肾小管排泌和重吸收功能降低，一周左右开始恢复。

② 甲基肼引起的肾功能障碍的程度与过程和尿的改变、血非蛋白氮升高并行。

③ 肼急性中毒可引起狗肾小球滤过率、肾有效血浆流量、肾血流总量、肾对氨基马尿酸钠抽提率和肾小管重吸收功能降低。

④ 偏二甲肼对狗肾功能无明显影响，有水性利尿作用。

（5）对循环系统的作用

① 肼、甲基肼和偏二甲肼急性或慢性非致死剂量中毒，对循环系统机能无特异的影响。

② 高于致死剂量的肼、甲基肼和偏二甲肼中毒，能使用麻醉药保护的猫、狗、大白鼠的血压逐渐下降，并出现心肌缺血和各种异性节律的心电图改变。

（6）对呼吸系统的作用

① 高浓度的肼、甲基肼和偏二甲肼均对呼吸道有刺激作用。人吸入高浓度肼、甲基肼和偏二甲肼，引起咽喉部刺痒、咳嗽、胸部紧迫、呼吸困难，重者出现喉炎、肺水肿。

② 肼中毒抑制猫的呼吸；甲基肼和偏二甲肼急性中毒早期出现呼吸兴奋，痉挛发作后动物发生呼吸衰竭。

（7）肼类推进剂在体内的代谢

① 肼、甲基肼和偏二甲肼可经皮肤、呼吸道、消化道和各种注射途径吸收入血，分布全身，各主要器官间无特别富集现象。

② 肼中毒后 48 h 内，有 25%～50% 的肼以原形自尿排泄，其中 95% 是在前 24 h 内排出的。甲基肼中毒后 27 h 内，有 25%～50% 的甲基肼及代谢产物自尿排出，其中 1/2 是甲基肼原形，24%～37% 的甲基肼以代谢产物甲烷和二氧化碳的形式自呼吸道排出。偏二甲肼中毒后 5 h 内，有 35%～45% 的以原形及代谢产物的形式自尿排出。

③ 尿中检出肼的代谢产物有甲乙酰肼、双乙酰肼、吡多腙和 γ-谷氨酰胺；甲基肼的代谢产物有甲胺、甲醛；偏二甲肼的代谢产物有葡萄二甲腙、酰肼。

④ 肼和甲基肼是以肾小球过滤、肾小管被动扩散重吸收和排泌的综合机制被肾脏排泄的。

二、硝基氧化剂

硝基氧化剂包括四氧化二氮和发烟硝酸，都是红棕色液体，在空气中冒红棕色烟雾，即二氧化氮气体，有强烈刺激臭味。纯四氧化二氮实际上是无色的。在常温下四氧化二氮部分离解为二氧化氮。

四氧化二氮和发烟硝酸都是强氧化剂，能氧化多种有机物，反应强烈时可以起火。

四氧化二氮和发烟硝酸都具有强烈腐蚀性,能腐蚀大部分金属,也能腐蚀人的皮肤。

1. 毒 性

四氧化二氮和发烟硝酸都属于中等毒性的化工产品。

四氧化二氮和发烟硝酸主要通过呼吸道吸入中毒。损伤呼吸道,引起肺水肿和化学性肺炎。由于氮氧化物在水中溶解较慢,可达下呼吸道,引起细支气管及肺泡上皮组织广泛性损伤,易并发细支气管闭塞症。

氮氧化物和发烟硝酸可腐蚀皮肤、黏膜、牙釉质和眼睛,引起局部化学性烧伤。

大白鼠吸入白色发烟硝酸 30 min 的半数致死浓度(LC_{50})为 244 mg/kg;吸入红色发烟硝酸 30 min 的 LC_{50} 为 138 mg/kg;吸入二氧化氮 30 min 的 LC_{50} 为 174 mg/kg。

亚急性和慢性吸入二氧化氮,主要损伤肺,易并发感染,还可损伤血液形成高铁血红蛋白。

人员对二氧化氮的毒性反应:

5 mg/kg 吸入 5 min,无明显作用;25 mg/kg 吸入 5 min,鼻、胸部不适,肺功能改变;100 mg/kg 吸入,明显刺激喉部,引起咳嗽;300～400 mg/kg 吸入数分钟,可患支气管炎、肺炎而死亡;500 mg/kg 吸入数分钟,可因肺水肿致死。长期接触 2～5 mg/kg,出现慢性呼吸道炎症。

2. 毒 理

(1)呼吸道病变

① 肺水肿与肺气肿。

氮氧化物的作用可达深呼吸道。溶解在饱和水蒸气或肺泡表面的液体中,形成硝酸和亚硝酸,刺激并腐蚀肺上皮细胞及肺毛细管壁,使毛细管通透性增加,血液内大量液体成分渗出到肺泡间隙及肺泡囊中,形成肺水肿。

低浓度氮氧化物长期作用于肺泡腔表面活性物质,使之变性,随后侵害肺泡上皮细胞、胶元纤维和弹力纤维,使肺泡囊失去弹性,肺泡扩大,破裂形成肺气肿。

② 呼吸道慢性炎症。

长期吸入氮氧化物,使支气管和细支气管上皮纤毛脱落,粘液分泌减少,肺泡吞噬细胞吞噬能力降低,使机体对内源性或外源性病原体易感性增加,抵抗力降低,呼吸道慢性感染发病率明显增加。

(2)高铁血红蛋白生成

氮氧化物和硝酸通过各种途径进入体内,均可使机体的血红蛋白变成高铁血红蛋白。体内高铁血红蛋白含量达 15% 以上时,即出现绀紫。饮水或食物中含硝酸盐或亚硝酸盐过多,可致高铁血红蛋白症。

(3)其他毒理作用

亚硝酸盐对血管有扩张作用,引起降压反应,心悸,面色潮红,严重时可致虚脱。

皮肤、毛发沾染上四氧化二氮和发烟硝酸,使组织蛋白变性,生成黄蛋白使局部组织染黄,大量污染可引起组织细胞坏死,即发生化学性烧伤。

三、固体推进剂

固体推进剂的组成和生产工艺,决定了在其生产过程中要排放许多有害物质。有研究表明,固体推进剂对环境的危害 46% 来源于发动机和推进剂制造过程中的废弃物,34% 来源于发动机试车、推进剂焚烧产生的废气,13% 来源于发动机制造过程中清洗、涂装和分析化验产生的废水,6%来源于溶剂污染。含高氯酸铵复合固体推进剂的主要燃烧产物有 HCl、Al_2O_3、CO_2 和水,其中 HCl 是燃气酸性的主要来源,也是造成盐酸酸雨的主要诱因;CO_2 和水是造成温室效应的主要原因;Al_2O_3 对环境的影响主要是微粒粉尘问题,其毒性很小。下面主要从固体推进剂的氧化剂和粘合剂的毒性及危害进行论述。

1. 固体推进剂氧化剂

(1) 高氯酸铵

高氯酸铵(NH_4ClO_4)又称过氯酸铵,为白色结晶颗粒,有潮解性。超过 150 ℃分解,并释放氧,促进燃烧。易溶于水,不溶于有机溶剂。

高氯酸铵属低毒类。大白鼠口服高氯酸铵的LD_{50}为 4 000 mg/kg;小白鼠口服的LD_{50}为 1 900 mg/kg。

高氯酸铵粉末接触眼睛和上呼吸道黏膜,可引起角膜灼伤、结膜刺激和上呼吸道黏膜刺激。进入口腔、食道、接触皮肤,均可引起灼伤。

(2) 硝酸铵

硝酸铵(NH_4NO_3)在常温下为无色单斜结晶或结晶颗粒,极易吸收水分,熔点 170 ℃,在 220 ℃时迅速分解,生成水和一氧化二氮(N_2O)。随分解和爆炸条件的不同,分解产物也不同,几乎所有的分解反应产物中都含有氮的氧化物。

硝酸铵属中等毒性。吸收途径主要是吞入或吸入,它可引起尿过多和酸液过多症。大剂量吸入会引起酸中毒和高铁血红蛋白症。它能刺激眼睛和黏膜,并对擦伤的皮肤产生化学性烧伤。

2. 固体推进剂粘合剂

(1) 端羧基聚丁二烯

端羧基聚丁二烯(CTPB),又名丁羧胶,为棕色胶状液体,微带芳香气味。

端羧基聚丁二烯属低毒物质。对人体的影响主要是低分子聚合物和未聚合单体的作用。动物口服毒性极微,对皮肤的毒性极微,且 72 h 后即可恢复,不能看作是原发性皮肤刺激,对眼黏膜的刺激也不大,无致敏作用。长期接触端羧基聚丁二烯,可有中枢神经及呼吸道等方面的损害,出现嗜睡、神经衰弱、失眠、记忆力减退和食欲不振等症状。

(2) 端羟基聚丁二烯

端羟基聚丁二烯(HTPB),又名丁羟胶,为无色或浅黄色透明胶状液体,有刺激气味,化学性能稳定。

端羟基聚丁二烯本身的毒性很低,毒性主要取决于低分子物质和未聚合的单体及某些杂质。动物试验口服毒性极微,无皮肤、黏膜反应,无致敏作用。人长期接触,出现嗜睡、神经衰弱、失眠、记忆力减退和食欲不振等症状。

(3) 丁腈橡胶

丁腈橡胶又名布纳-N,呈淡黄色,具有耐油、耐热、耐磨、耐辐射等性能,是由丁二烯和丙烯腈在水乳液中共聚而得。

丁腈橡胶为高聚物,自身毒性极低,毒性主要取决于可挥发的低分子或未聚合的单体,本身无致癌作用。

(4) 聚硫橡胶

聚硫橡胶又名液态胶或聚硫丁二烯,为琥珀色液体,化学性能稳定。

聚硫橡胶为大分子聚合物,本身毒性很小,毒性主要是未聚合单体对皮肤的刺激作用,可致接触性皮炎。它的单体有四硫化钠、五硫化钠、二氯乙烷、二氯丙烷、二氯乙醚、二氯乙基缩甲醛等。其中只有二氯乙醚毒性较大,具有强烈刺激性。大鼠口服的LD_{50}为 105 mg/kg;小鼠口服的LD_{50}为 136 mg/kg;兔口服的LD_{50}为 126 mg/kg。

第 4 节 推进剂污染治理一般原则

火箭推进剂及燃烧产物均可在一定范围内污染环境。在火箭推进剂的研制、生产、加工、处理、运输、贮存和使用过程中,应尽可能地控制火箭推进剂对环境的污染,有效地治理污染。

一、贯彻执行国家环境保护法规

在控制和治理火箭推进剂污染时,要认真贯彻执行国家"环境保护法"和其他有关环境保护的法规和环境质量标准,落实"三同时"的原则。在论证新的推进剂配方和发动机型号课题时,要同时论证其对环境的影响;在研制阶段,要同时研究减少和控制污染的方法和设备;在新配方、型号定型并投入生产时,污染治理方法和设备要同时定型并投入运行。这是减少和控制火箭推进剂污染最重要的原则之一。

二、合理布局,建筑设计符合环境保护的要求

火箭推进剂的生产工厂、试验场地应选择在远离大城市和人口稠密的地区。生产推进剂的工厂需用大量水,应靠近较大河流,下游较长距离内应没有大、中城市,以避免污染水源。厂区、场区的布局,生活区应在生产区的上风向及上游区,并间隔一定距离。建筑设计时,要有"三废"处理项目。车间、仓库、转运站、加注站等处,要有很好的自然通风或人工通风条件。

三、采用新工艺、新技术和新材料

在生产和使用火箭推进剂时,要尽可能采用密闭装置和自动化、连续化的新工艺、新技术。一些危险性较大的操作,可使用机械手或机器人代替操作。要尽可能采用无毒或毒性小的新材料。要不断研究和改进火箭推进剂的合成方法,减少对环境的污染。

四、尽可能选用无毒或低毒的推进剂

在选择火箭推进剂时,应尽可能选用无毒或低毒的推进剂,在不得已选用毒性较大的推进剂时,也尽可能使用在上面一级的火箭中,使其在高空中工作以减少对地面的污染。

五、及时进行废物处理

对火箭推进剂的"三废"应及时进行处理,以减少危害。

对于废气,主要是通过适当高度的烟囱排入大气,使其稀释到最高容许浓度以下。也可使用吸收法,利用活性炭、硅胶、分子筛和各种酸、碱溶液吸收有害气体,使之不排入大气。

对于废水,可根据情况选用自然净化法、臭氧—紫外光—活性炭联合处理法、焚烧法、中和法、离子交换法和生物处理法等废水处理方法进行处理,达排放标准后进行排放。

对于粉尘和气溶胶,可采用机械除尘器、湿式除尘器、过滤式除尘器或静电除尘器等除尘

设备进行处理,使排出的空气中粉尘和气溶胶浓度降到最高容许浓度以下。

六、重视环境监测

在火箭推进剂的生产、运输、贮存、使用等过程中,为了保护环境和防止职业中毒,要对工厂、贮存库、转运站、火箭发动机试车站和发射场等场所进行监测,弄清污染范围和污染程度,以便及时发现问题,采取治理措施。

火箭推进剂环境污染监测的对象主要是空气、水,特殊情况下也需对土壤、植物及其他样品进行监测。

要建立环境监测系统,确定监测项目和监测方法。火箭推进剂的监测方法主要有侦检管监测法、化学分析法、仪器分析法、生物监测和固体推进剂的无损监测法,例如:超声波法、声撞击法、射线法、微波法、红外法、声发射法和声全息技术等。

习　题

1. 常用推进剂有哪几种?液体推进剂有哪几种?
2. 液体推进剂中肼类物质的毒性如何?肼类推进剂在体内的代谢过程是什么?
3. 常用固体推进剂的毒性主要来源于哪些物质?
4. 推进剂的主要危害有哪些?
5. 推进剂污染治理的一般原则有哪些?
6. 火箭推进剂的监测方法有哪些?查阅相关资料简述不同的监测方法。
7. 为什么要重视推进剂操作场所的环境监测?

第2章　推进剂污染的形成与特点

液体推进剂在生产、使用、贮存等过程中不可避免地会产生液态污染物和气态污染物。常见的液体推进剂污染物主要有肼类和胺类污染物：偏二甲肼、甲基肼、肼、三乙胺、醛类物质等。此外，还有硝基氧化剂污染物：主要指氮氧化物。

第1节　推进剂污染的形成

火箭推进剂的污染涉及的面比较广，既有推进剂生产制造过程的污染，又有运输、转注、贮存环节的污染，同时还存在火箭推进剂加注、转注以及发射过程中的污染等。

一、大气污染

1. 火箭发动机试车或发射废气对大气的污染

火箭发动机试车或发射时，在几秒钟内燃烧掉几十吨甚至几百吨的推进剂，产生大量的高温燃气。这种高温燃气直接排入大气，对大气环境造成污染。例如：美国在"大力神 II"发动机试验的燃气团中，测得肼的最高浓度为 620 mg/kg，偏二甲肼最高 168 mg/kg，二氧化氮最高 416 mg/kg。

我国某型发动机试验台，在发动机火焰两侧 40～124 m 范围内，测得偏二甲肼最高浓度为 17.3 mg/m³，二氧化氮最高浓度为 55 mg/m³，氰根为 0.69 mg/m³。

火箭发动机试车或发射过程中产生的大量高温燃气，在目前的经济技术水平下，还无法收集和处理，只能选择合适的气象条件，使燃气易于稀释和扩散。

2. 火箭发动机试车增压废气对环境的污染

试车台的容器在加注推进剂前充有氮气，在加注时，容器内的氮气排空，会带走少量推进剂蒸气。试车时，容器需要用氮气增压，试车后利用此压力将剩余推进剂压回仓库贮罐或加注车，然后将剩余气体排空。

所排放的废气中含有推进剂蒸气，本应将推进剂回收或处理后排放，但在实际操作中，往往直接排入大气，造成环境污染。

3. 推进剂的渗漏

红烟硝酸和四氧化二氮是强氧化剂，对金属材料和非金属材料都有比较强的腐蚀破坏作用；肼类燃料对非金属材料的溶胀作用也很强烈。因此，法兰连接处的密封、阀门和泵填函部位的密封都不是绝对可靠的，有时出现滴漏现象，使推进剂蒸气散发到库房等地的空气中。

4. 槽车、贮罐、管道残液的吹出

推进剂槽车、贮罐、管道及阀体检修时，通常采用清洗液洗消，然后用水清洗。但是，有时冲洗完后，仍需用氮气将残留的废液或污水吹出，或者用氮气吹出而不用水冲洗。这样氮气中所含推进剂废气必然污染大气。

5. 推进剂泄漏事故

由于航天工业的重要性，所以要求工作的每个环节都是万无一失的。但是，由于种种原因，在推进剂的管理工作中，就曾发生过泄露事故，对环境和操作人员造成不同程度的危害。例如：曾发生过波纹管断裂，致使大量四氧化二氮喷出，造成人员受伤和环境污染；也发生过因有人偷锯管道造成大量偏二甲肼泄露；还发生过由于工作不负责任将数以吨计的四氧化二氮和偏二甲肼随意排放，造成了工作现场和周围大气的严重污染。

6. 推进剂生产车间的空气污染

无论是液体推进剂还是固体推进剂，在生产过程中，由于自身的物理性质不同，以气态、蒸气和气溶胶的形式存在于车间空气中，造成对生产车间空气的污染。

生产车间的气态污染物是指在常温、常压下以气态形式分散在空气中的物质。常见的气态污染物有：二氧化硫、一氧化碳、氮氧化物、氯化氢、氟化氢、丁二烯等。

生产车间的蒸气污染物是指在常温、常压下的液体或固体，由于沸点或熔点低，挥发性大，因而以蒸气形式挥发到车间空气中。常见的蒸气污染物有：偏二甲肼、肼、甲基肼、三乙胺、二乙烯三胺、苯、苯乙烯、醛类物质等。

生产车间的气溶胶污染物是指悬浮于空气中的液体和固体颗粒的均匀分散体系。该污染物主要是指固体推进剂生产中的污染物。例如：高氯酸铵、铝粉、铍粉、聚丁二烯丙烯腈、聚硫化物、聚丙二醇、三乙二醇二硝酸酯、有机酯、聚硫化物固化混合物等。

生产车间空气中的推进剂污染物，直接损害工作人员的身体，有时引发典型职业病症。

二、水污染

1. 火箭发动机试车产生的污水

火箭发动机点火试车时，由于氧化剂和燃料不可能同时进入发动机，因此在发动机点火前总会有一种推进剂过剩，过剩的推进剂将随发动机燃气排入大气。发动机试车结束时，供应推进剂的阀门关闭，阀门到发动机之间一段管道内的推进剂，用水挤入发动机。这部分推进剂前一部分燃烧了，后一部分因被水稀释而未燃烧，随消防水进入导流槽，产生推进剂污水。

2. 火箭发射产生的污水

火箭点火发射后，几百吨的推进剂在很短时间内燃烧掉，产生大量的燃气。同时燃烧温度可达一千多度。为了防止高温对火箭发动机尾喷管、地面发射配属设备及导流槽的烧蚀，在发射架的下部安装有多环冷却水喷管，在火箭点火的同时，冷却水环管喷水形成水幕，不仅能保护发射设备，而且能够吸收部分高温燃气，缓解燃气对大气的污染。

由于冷却水中溶解了部分燃气，使污水中含有氧化剂与燃烧剂的高温燃烧产物和未完全燃烧的剩余推进剂残物。这种污水成分比较复杂。经检测分析得知，主要成分有偏二甲肼、硝基甲烷、亚硝基二甲胺、甲醛、四甲基四氮烯、氢氰酸、有机腈、氰酸、二甲胺、偏腙等。

3. 推进剂槽车、贮罐、管道洗消污水

推进剂槽车、贮罐、加注管道以及阀件在检修前均需进行洗消。

(1) 四氧化二氮槽车、贮罐、管道的洗消

四氧化二氮槽车、贮罐、管道及阀件的洗消采用 3%～5% 的碳酸钠溶液中和处理后，再用自来水冲洗 3 次。

碳酸钠中和四氧化二氮的反应时间不少于 30 min。反应产物如下

$$N_2O_4 + H_2O \rightarrow HNO_3 + HNO_2$$
$$2HNO_3 + Na_2CO_3 \rightarrow 2NaNO_3 + H_2CO_3$$
$$2HNO_2 + Na_2CO_3 \rightarrow 2NaNO_2 + H_2CO_3$$

从以上反应方程式可以看到,四氧化二氮槽车、贮罐、管道及阀件洗消污水中主要存在的物质有:硝酸钠($NaNO_3$)、亚硝酸钠($NaNO_2$)、硝酸(HNO_3)、碳酸(H_2CO_3)、碳酸钠(Na_2CO_3)等。其中,亚硝酸钠毒性较大,应严格控制和处理。亚硝酸钠地面水中最高容许浓度为 0.2 mg/L。

(2)偏二甲肼槽车、贮罐、管道的洗消

偏二甲肼槽车、贮罐、管道及阀件的洗消采用5%的醋酸溶液进行中和。中和液在容器及管道中停留时间不少于30 min,排出后再用自来水对容器及管道冲洗3次。

从偏二甲肼的性质可知,它是一种弱有机碱,而醋酸是一种弱有机酸,二者的反应为酸碱中和反应,反应产物为偏二甲肼醋酸盐,反应方程式如下

$$(CH_3)_2NNH_2 + CH_3COOH \rightarrow (CH_3)_2NNHC_2H_3O + H_2O$$

从以上反应可以看出,该种污水中的物质有:偏二甲肼、醋酸、偏二甲肼醋酸盐。其中,偏二甲肼为有毒物质。

4. 推进剂库房地面清洗污水

由于推进剂的腐蚀作用,有时造成阀件、泵、法兰等密封部件密封不严,发生推进剂滴漏现象,对于推进剂少量滴漏通常采用自来水冲洗。依据推进剂种类不同,会产生不同种类的推进剂库房污水。

5. 推进剂泄漏事故洗消污水

当推进剂发生泄漏事故时,为防止对操作人员的危害和环境的污染,最常采用的措施是用自来水冲洗。这种处理方法国内外均有实例。冲洗过程如下:首先用自来水冲洗,然后用10%的过氧化氢或漂白粉水溶液洗消,不得使用高锰酸钾溶液清洗。

以上冲洗水及冲洗液均收集于推进剂污水处理贮存池中,以便集中净化处理。

三、推进剂污染源的种类

1. 液体推进剂污染源

目前,国内外常用的液体推进剂有液氢、液氧、肼、甲基肼、偏二甲肼、三乙胺、二乙烯三胺、四氧化二氮、混胺50、胺肼十号、烃类等。这些双元或三元的火箭燃料,在各自的贮存、运输、转注、加注过程中,均可能造成污染源。例如:推进剂库房中贮罐和管道的跑、冒、滴、漏;贮罐和管道的洗刷冲洗;槽罐检修的洗消,均可能造成污染源。

另外,火箭发射过程中的污染是一个重要的污染源。以推进剂偏二甲肼和四氧化二氮为例,火箭发射时,偏二甲肼和四氧化二氮通过各自的控制和输送系统同时进入火箭发动机推力室进行燃烧。高温火焰经过尾喷管向下高速喷射,使火箭产生巨大的推力而飞向太空。此时,偏二甲肼与四氧化二氮的燃烧产物通过消防冷却水而进入导流槽中,构成了推进剂污水。火箭升空的瞬间,尾喷管也将大量的推进剂燃烧产物释放到大气中,造成了大气污染。

综上所述,液体火箭推进剂的主要污染源始于双元或三元火箭燃料在常温混合反应或高温燃料状态的产物释放到冷却水或洗消水中而形成的。

2. 固体火箭推进剂污染源

固体火箭推进剂目前在国外应用的比较广泛,我国也非常重视其应用研究。

关于固体火箭推进剂污染源主要存在 3 个方面。一个是火箭发射过程中,推进剂燃烧产物对大气的污染;另一个是固体推进剂生产、加工过程中产生的粉尘和气溶胶;第三个是固体推进剂发生燃烧、爆炸事故时造成的污染。

第 2 节　推进剂污染状况

一、推进剂污染的特点

推进剂污染的主要形式包括推进剂气态污染物和推进剂废水,废水是推进剂的主要污染源。因为当推进剂发生跑、冒、滴、漏或事故时,采取的措施往往是用大量的自来水冲洗。因此,在论述推进剂污染状况的时候,首先应了解推进剂污水的特点。

1. 推进剂污染物成分复杂

以双元液体推进剂偏二甲肼与四氧化二氮为例。由于污染来源不同,其中污染物成分差异很大。某单位发动机试车废水中毒物含量见表 2.1。

表 2.1　某单位发动机试车废水中毒物含量

序　号	废水毒物含量/$(mg \cdot L^{-1})$								
	UDNH	NO_2^{-}	CN^{-}	CH_3OH	TMTA	CH_3NO_2	二甲基亚硝胺	偏腙	氰甲烷
1	极微	6.0	2.7	27	0.10	0.50	0.080	3.5	0.8
2	0.15	0.12	—	0.06	1.40	0.04	0.010	—	—
3	2.23	9.11	—	1.20	—	0.50	0.020	—	—
4	1.83	8.5	—	1.12	—	0.54	0.020	—	—
5	10.75	11.87	—	4.40	—	2.11	0.031	—	—
6	0.53	20.00	—	0.26	—	0.05	0.021	—	—
7	2.46	16.85	—	0.26	—	0.05	0.028	—	—

推进剂水污染物有关排放标准和水质标准参见 GB 14374—93《航天推进剂水污染物排放标准》和 GB 18063—2000《水源水中偏二甲基肼卫生标准》。推进剂污水中毒物性质、水质标准、中毒症状见表 2.2。

表 2.2　推进剂污水中毒物性质、水质标准、中毒症状

毒物名称	室温状态	水溶性	地面水最高容许浓度/$(mg \cdot L^{-1})$	中毒症状
偏二甲肼	无色液体鱼腥味	混溶	0.5	损害肝脏,破坏红血球,刺激呼吸道、肺、眼等
亚硝基二甲胺	黄色液体	溶	应查不出	损害肝脏,产生肝、肾、肺癌
偏腙	液体吡啶臭味	—	0.5	
四甲基甲氮烯	黄色液体爆炸性	微溶	—	抑制肝脏胺氧化酶作用,阻止酪胺脱氮
二甲胺	无色液体有特殊臭味	易溶	—	刺激皮肤和黏膜,腐蚀性强,特别是对眼、呼吸器官
硝基甲烷	无色液体	微溶	0.5	刺激人眼、呼吸道

续表 2.2

毒物名称	室温状态	水溶性	地面水最高容许浓度/(mg·L⁻¹)	中毒症状
氢氰酸	—	混溶	0.05	剧毒：头痛、恶心、呕吐、气喘、痉挛，直至死亡
氰酸	液体(三聚体为固体)	溶	—	强烈刺激皮肤、黏膜、呼吸道，有催泪性、发泡性，毒性类似氢氰酸
二甲基甲酰胺	无色液体	混溶	—	有刺激毒性
甲醛	无色气体	易溶	0.5	刺激眼、呼吸道，引起厌食、失眠

推进剂槽车、贮罐、加注管道和库房的洗消废水中的成分比较单一，视其贮存介质而定。但是，当偏二甲肼与四氧化二氮废水混合于一个污水处理池时，成分就比较复杂了。除了含有偏二甲肼和四氧化二氮外，还含有二者常温氧化产物。例如：甲醛、甲胺、二甲胺、亚硝胺等一系列中间产物。这一系列中间产物的毒性有时超过偏二甲肼的毒性。因此，在确定该种污水处理方案时，应给予充分注意。

2. 推进剂污染浓度变化比较大

推进剂的污染量和浓度与废物的来源有直接关系。大量的统计数字表明，对于试车台废水来讲，一般大型试车台每次试车产生的废水量为 1 000～2 000 t，废水中偏二甲肼含量为 50～200 mg/L；小型试车台每次试车产生污水 10 t 左右，污水中偏二甲肼含量为 1 500～2 000 mg/L。

某卫星发射中心试验场在历次发射任务中的污水排放量和污水浓度由于发射任务不同差异较大。据有关人员统计，每次发射产生的污水量为 300～600 t。污水中偏二甲肼含量有较大波动，有时为几 mg/L，有时几十 mg/L、几百 mg/L，最高含量达到 2 105 mg/L。

影响污水偏二甲肼浓度的因素主要与发射冷却用水量和残留加注管道的偏二甲肼废液的处理方式有关。若不回收，直接将其倾泄于污水池中，污水浓度必然偏高。应该说，正常情况下，推进剂污水中偏二甲肼的浓度在 50～100 mg/L。

3. 污染源有一定的随机性

由于有时推进剂应用、运输及贮存场合不能事先确定，而且推进剂的使用与军事行动密切相关，而军事行动的保密性强，随机性较大，因此推进剂污染源有一定的不确定性。

二、推进剂的污染状况

推进剂污染物中含有多种有毒物质，它对操作人员和环境的危害必须引起足够的重视。为了减少和治理推进剂污染，国内外环境科学工作者对推进剂的毒性、毒理，污染状况及治理途径进行了广泛深入地调查和研究。

1. 对周围环境的污染

液体推进剂中的偏二甲肼，由于沸点低，蒸气压高，再加上分子扩散等作用，长期贮存偏二甲肼废水的池子上部空间及环境的空气中偏二甲肼富集。由于偏二甲肼的毒性，使活动于该环境中的工作人员常常出现恶心、呕吐、食欲减少、全身无力等症状。若长期活动于该环境中，空气中富集的偏二甲肼对人的中枢神经系统、消化系统、血液系统都会造成不良损害。

近年来，虽有偏二甲肼使实验动物致癌的报导，但是，尚没有得到流行病学调查结果的确认。

2．对农作物和地下水源的影响

（1）对农作物的影响

肼类燃料和硝基氧化剂污染物中均含有氮元素，含氮化合物可在一定条件下转化为植物的营养素。通过大量的调查研究和试验得知，偏二甲肼污水对农作物种子发芽无不良影响。用低浓度的偏二甲肼浇灌农作物可起到施肥的作用，对水稻生长有利。但是，若浓度偏高或偏二甲肼在空气中的浓度富集，不良影响是明显的。例如：大型火箭试车台周围的果树，由于偏二甲肼的散逸，产量明显减少，并出现群落死亡现象，倾倒过推进剂的地面多年寸草不生。

（2）对地下水源的影响

当推进剂污水排放至地面时，存在着较强的土壤颗粒吸附作用及颗粒间的空气氧化作用，特别是有机质土和粘土。对于砂质土壤渗透性较强，当地下水位较高时还存在对地下水的污染，但一般地下水井的取水点比较深，土壤的吸附能力较强，对地下水源影响较小。

3．对土壤的污染

推进剂泄漏到地面直接污染土壤，也可以通过空气和水间接污染土壤。土壤受到污染后，可影响到微生物的生长繁殖、微量元素的改变以及土壤肥力和酸碱度的变化，导致植物的生态学改变。

四氧化二氮被土壤吸附后与土壤中的碱性物质作用生成硝酸盐和亚硝酸盐。偏二甲肼在土壤中可缓慢分解为甲胺、二甲胺、甲醛、氰根和氢氰酸等。美国曾进行过一次试验：将 14 L 混肼－50 洒入土壤中，经水冲洗后六周内仍可测到土壤中有肼、偏二甲肼存在，还测到其分解产物为甲醛、氢氰酸。而把同样的混肼洒在土地上，经过稀的过氧化氢处理后，混肼很快被消毁，土壤中测不到肼和偏二甲肼。

2007 年 9 月 6 日，携带日本通讯卫星的俄罗斯"质子－M"运载火箭在升空过程中发生故障，坠毁在哈萨克斯坦拜科努尔东北部的卡拉干达州热孜卡兹甘地区，导致 320 000 m^2 土地受到了火箭燃料污染。根据俄哈两国联合调查结果，事故给哈方造成 5 833 万美元经济损失。图 2.1 为哈萨克斯坦技术人员在检测土壤被推进剂污染的情况。

图 2.1　哈萨克斯坦技术人员在检测土壤污染情况

三、推进剂污染处理技术概述

液体推进剂主要污染物为偏二甲肼、四氧化二氮及中间反应产物，其中，四氧化二氮在水中会转化为硝酸，经过中和处理以及后续处理后即可排放。推进剂废物的处理对象主要是肼类和反应中间产物。废水中所含的肼类物质及其与氧化剂反应的产物从化学属性分类，属于还原性物质。因此，很多科学工作者在寻求推进剂废水处理技术时，首先想到用氧化剂来氧化破坏废水中有毒的肼类物质,使其向低度、无毒化方面转化,从而实现推进剂废水净化和保护环境的目的。

1. 国外推进剂废物处理技术概述

由于推进剂均在火箭和卫星发射过程中使用,保密程度较高,因此可以查到的资料很少且年代久远。随着肼类燃料在火箭工业中的应用,美国空军火箭推进实验室曾对导弹用的 5 种有毒推进剂泄漏物进行治理的初步尝试。但在较长的时期内,美国对在发射和试验过程中出现的推进剂毒性环境问题只给予一定的注意,关注程度远不如对有毒蒸气的侦检及人员防毒研究工作的重视。究其原因,一方面是美国的试验发射基地大部分位于远离人烟的地区,但更重要的因素可能是在治理工作上存在一定的困难(投资大而效果小)。因而有关肼类燃料处理的文献都只是泛泛地提出一些常用的简单方法,即把泄漏物收集起来燃烧销毁,泄漏到地面的燃料用大量的水冲洗,收集到中和池再用 10% 的过氧化氢或漂白粉处理,然后再按规定进行排放等。

随着航天飞机的发展,肼类燃料的使用量有所增加,肼类燃料毒性研究又指出致癌的可能性,促使人们对肼类燃料治理工作的进一步重视。佛罗里达工学院按照美国航空航天局肯尼迪航天中心的合同,对航天飞机的推进剂——肼类燃料和四氧化二氮的治理问题进行了比较系统的研究。其他的航天基地也相继对肼类燃料的排放进行了研究,此阶段对肼类燃料废水处理提出了一些有实用价值的方法。

国外文献介绍的肼类燃料的治理方法有数十种,归纳起来,燃料废水处理主要采用空气、氧、臭氧和氯气的氧化法,化学氧化法,焚烧法以及生物处理等。

由于发现肼类燃料及产物有致癌的可能,国外对这些燃料引起的环境污染日益重视。但由于治理工作的困难,直至 20 世纪 80 年代初许多工作仍处于试验研究阶段。从 20 世纪 70 年代末、80 年代初的文献看,推进剂废水对环境的污染仍未能达到很好控制的程度。

由于美国经济的飞速发展,经济实力日益增强。在 20 世纪 80 年代初,美国的航天发射用燃料开始由原来毒性大的、价格相对较低的肼类燃料,改为价格昂贵、毒性低的固体燃料及其他液体燃料。因此,近年鲜见国外有关肼类燃料废水处理的研究报道。

2. 国内推进剂废物处理技术概述

目前,国内使用的液体推进剂燃料仍以肼类推进剂为主,肼类燃料废水是推进剂污染物的主要存在形式之一。30 多年来,随着我国航天事业的发展,推进剂的使用不断增加,推进剂污染的防治技术也得到了很大的发展。在推进剂废水处理方法和技术方面取得了一系列科研成果,为我国的环保事业作出了应有的贡献。目前推进剂废水的处理技术主要有臭氧氧化法、自然净化法、氯化法、催化氧化法、光催化法等,具体处理技术将在后续章节详细讲述。

近年来,硝基氧化剂废水对相关操作人员身体健康以及环境的影响引起了人们的重视。因此,如何采用更加安全、环保、高效的方法技术对硝基氧化剂废水进行处理具有非常重要的意义。目前硝基氧化剂污染物的处理方法有中和处理法、酸性尿素法、氨磺酸处理法、光催化法和氧化法等。

（1）中和处理法

任何碱性物质在理论上都能中和酸性物质,但是在实际应用中,选择合适的中和剂要根据实际情况而定。因为受发射场地位置、面积等条件的限制,对处理设备的质量和体积存在一定的要求。因此,在选择中和剂时需要考虑以下几个方面:中和剂来源广泛,价格低廉;中和剂要易溶于反应体系,以便迅速配制成溶液,减轻质量;反应过程中不易生成沉淀,以防沉淀堵塞管道、阀门等;选择缓冲系数($\Delta N/\Delta pH$)较大的中和反应,$\Delta N/\Delta pH$ 越大越易于控制,一般 Na_2CO_3 和 $NaHCO_3$ 的 $\Delta N/\Delta pH$ 较大,在工程应用中便于控制操作。

综合考虑上述几个方面的影响,一般选用 Na_2CO_3 和 $NaHCO_3$ 作为中和剂,用量的大小根据废水的实际酸度而定。

(2) 酸性尿素法

处理硝基氧化剂废水中的 NO_2^-、NO_3^-,通常采用酸性尿素法。尿素在酸性条件下,将具有致癌性的 NO_2^- 还原为无毒无味的氮气,不仅可降低这些物质对水体的污染,而且可以减少 F^-、PO_4^{3-} 的盐效应,提高其去除率。其反应方程式为

$$6NO_2 + 4CO(NH_2)_2 = 7N_2 + 4CO_2 + 8H_2O \tag{1.1}$$

该反应分以下几步进行

$$2NO_2 + H_2O = HNO_3 + HNO_2 \tag{1.2}$$

$$2HNO_2 + CO(NH_2)_2 = 2N_2 + CO_2 + 3H_2O \tag{1.3}$$

$$3HNO_2 = HNO_3 + 2NO + H_2O \tag{1.4}$$

$$6HNO_3 + 5CO(NH_2)_2 = 8N_2 + 5CO_2 + 13H_2O \tag{1.5}$$

$$6NO + 2CO(NH_2)_2 = 5N_2 + 2CO_2 + 4H_2O \tag{1.6}$$

NO_x^- 的去除反应主要是由式(1.2)和式(1.3)两步完成,因此,影响反应的主要因素为尿素和 NO_2^- 的浓度。

(3) 氨磺酸处理法

采用氨磺酸法处理水中亚硝酸盐的原理是亚硝酸盐溶液中的 NO_2^- 与氨磺酸可以发生氧化还原反应如下

$$NH_2SO_3H + NO_2^- = N_2 + HSO_4^- + H_2O \tag{1.7}$$

从反应方程式可以看出,将氨磺酸加入到 NO_2^- 溶液后发生化学反应把亚硝酸盐分解,生成无毒的气体和化合物。根据此原理,用氨磺酸将废水中的 NO_2^- 还原,具有绿色环保、工艺简单、操作方便等优点。

(4) 光催化法

半导体催化剂受紫外光或者可见光的照射,半导体产生光生电子和空穴。光生电子能够提供电子,具有还原性,空穴则能接受电子,具有氧化性,二者参与反应体系中的化学还原、氧化反应从而除去溶液中的无机氮。该方法以反应条件易于实现、成本低廉、无二次污染、易操作等优点,引起了人们的广泛关注。

① 还原反应。光催化还原 NO_3^- 的产物主要有 NO_2^-、NH_4^+ 和 N_2 等。在光生电子的作用下,NO_3^- 首先被还原成 NO_2^-,接着被还原成 NH_4^+ 和 N_2,而过度还原产生的 NH_4^+ 可以在光生空穴的作用下部分氧化为 N_2。具体的还原过程如下

$$\text{Photocatalyst} + \text{photon energy}(> BG) \rightarrow e_{CB}^- + h_{VB}^+ \tag{1.8}$$

$$NO_3^- + 2H^+ + 2e_{CB}^- \rightarrow NO_2^- + H_2O \tag{1.9}$$

$$2NO_3^- \rightarrow 2NO_2^- + O_2 \tag{1.10}$$

$$NO_2^- + 7H^+ + 6e_{CB}^- \rightarrow NH_3 + 2H_2O \tag{1.11}$$

$$2H^+ + 2e_{CB}^- \rightarrow H_2 \tag{1.12}$$

$$2H_2O + 4h_{VB}^+ \longrightarrow O_2 + 4H^+ \tag{1.13}$$

$$2NH_3 + 6h_{VB}^+ \longrightarrow N_2 + 6H^+ \tag{1.14}$$

② 氧化反应。NO_2^- 既能被电子还原为 NH_4^+ 和 N_2 等,也能被空穴氧化成 NO_3^-。有研究表明,半导体光催化剂 Bi_2O_3 光催化氧化亚硝酸盐废水,并对影响亚硝酸盐氧化的因素进行了讨论。实验结果表明最佳工艺条件为:pH＝3.7、光催化剂用量为 1.00 g/L、NO_2^- 初始浓度为 400.0 mg/L,光照 60 min 的氧化率能够达到 97.0％。

(5) 氧化法

采用空气氧化法处理低浓度亚硝酸盐废水、利用双氧水氧化法处理高浓度亚硝酸盐废水,实验结果显示,空气氧化低浓度亚硝酸盐的反应过程极为缓慢,NO_2^- 浓度级数基本为 0,pH 对氧化效果影响较大,酸性条件有利于反应的进行;而双氧水氧化法则在比较温和的条件下,就能在较短的时间将高浓度亚硝酸盐废水全部氧化,从而实现硝酸盐资源化回收利用。其处理的最佳工艺条件为:pH＝5、NO_2^- 初始浓度为 300 mmol/L、双氧水用量为理论需用量、温度为 40 ℃、反应 30 min。

目前,上述几种方法在实际应用中各有利弊。酸性尿素法处理效果较好,但是使用过程中需要投加大量尿素;氨磺酸法只能除去危害较大的 NO_2^-,不能同时处理 NO_3^-;普通光催化剂的降解率一般达不到理想要求;氧化法则无法完全将废水无害化,最终产生的 NO_3^- 仍然对环境造成污染。因此,协同发挥不同方法的优势,达到高效快速处理硝基氧化剂污染物的目的。

第 3 节　推进剂污染物的排放标准

一、污染治理与环境标准

人类生存的自然环境是人类及一切生物赖以生存的物质基础。人类与环境间存在着相互依存,相互制约,并不断进行着能量转换和物质循环,形成一个相对稳定的生态平衡系统。但是,由于人类的生活活动,工农业生产的发展,使多种污染物质进入生态环境中,超过了生态环境的容量和自净能力,破坏了生态平衡,造成环境污染。

人类活动所产生的污染,一般可分为化学性、物理性和生物性 3 大类。化学性污染主要有无机物(汞、镉、砷、铬、铅、氰化物、氟化物等)和有机物(有机磷、有机氯、多氯联苯、酚、多环芳烃等);物理性污染主要有噪声、振动、放射性、非电离电磁波、热污染等;生物性污染主要有细菌、病毒、原虫等病原微生物。

我国的大气污染,在世界上是属于少数严重污染的国家之列。在城市环境污染问题中,以大气污染最严重。据不完全统计,全国每年排入大气的污染物约 4 300 万吨。其中粉尘约 2 000 万吨,二氧化硫约 1 800 万吨,氮氧化物约 400 万吨。国家卫生标准规定,每日每平方千米的降尘量是 6～8 t,但几乎所有的城市都超过这一标准。一般都是 30～40 t,有的高达百吨,某些工业区甚至更高。

我国的水污染也较严重。据统计,目前我国每年废水排放量 369 亿吨,每年因水污染造成的经济损失达 434 亿元。

为了治理污染,保护环境,防止新的污染源产生,国务院有关部委相继制定和颁布了一系列标准和规定,对环境实施科学化、标准化、法制化管理。

我国现有的国家环境标准有以下几项。

1. 水质标准

(1) 工业废水最高容许排放浓度

工业废水中有害物质的最高容许排放浓度分为 2 类:第一类,能在环境和动植物体内蓄积,对人体健康产生长远的有害物质。含此类有害物质的废水,在车间或车间处理设备出口,应符合如表 2.3 所列规定的标准,但不得用稀释方法代替必要的处理。第二类,长远影响小于第一类的有害物质,在工厂排出口的水质应符合如表 2.4 所列的规定。

表 2.3　工业废水最高容许排放浓度

序　号	有害物质名称	最高容许排放浓度/(mg/L)
1	汞及其无机化合物	0.05(按 Hg 计)
2	镉及其无机化合物	0.1(按 Cd 计)
3	六价铬化物	0.5(按 Cr^{6+} 计)
4	砷及其无机化合物	0.5(按 As 计)
5	铅及其无机化合物	1.0(按 Pb 计)

(2) 地面水水质卫生要求和水中有害物质最高容许浓度

地面水水质卫生要求和水中有害物质最高容许浓度应符合如表 2.5、表 2.6 和表 2.7 所列的规定。

表 2.4　工业废水最高容许排放浓度

序　号	有害物质或项目名称	最高容许排放浓度
1	pH 值	6～9
2	悬浮物(水力排灰、洗煤水、水力冲渣、尾矿水)	500 mg/L
3	生化需氧量(5 天 20 ℃)	60 mg/L
4	化学耗氧量(重铬酸钾法)	100 mg/L①
5	硫化物	1 mg/L
6	挥发性酚	0.5 mg/L
7	氰化物(以游离氰根计)	0.5 mg/L
8	有机磷	0.5 mg/L
9	石油类	10 mg/L
10	铜及其化合物	1 mg/L(按铜计)
11	锌及其化合物	5 mg/L(按锌计)
12	氟的无机化合物	10 mg/L(按氟计)
13	硝基苯类	5 mg/L
14	苯胺类	3 mg/L

① 造纸、制革、脱脂棉＜300 mg/L。

表 2.5　地面水水质卫生要求

指　标	卫生要求
悬浮物质色,嗅,味	含有大量悬浮物质的工业废水,不得直接排入地面水体,不得呈现工业废水和生活污水所特有的颜色、异臭或异味
漂浮物质	水面上不得出现较明显的油膜和浮沫
pH 值	6.5～8.5
生化需氧量(5 天 20 ℃)	不超过 3～4 mg/L
溶解氧	不低于 4 mg/L
有害物质	不超过表 2.3、表 2.4 规定的最高容许浓度
病原体	含有病原体的工业废水和医院污水,必须经过处理和严格消毒,彻底消灭病原体后方准排入地面水体

表 2.6　地面水中有害物质的最高容许浓度

序　号	物质名称	最高容许浓度/(mg/L)	序　号	物质名称	最高容许浓度/(mg/L)
1	乙氰	0.5	27	吡啶	0.2
2	乙醛	0.05	28	钒	0.1
3	二硫化碳	2.0	29	松节油	0.2
4	二硝基苯	0.5	30	苯	2.5
5	二硝基氯苯	0.5	31	苯乙烯	0.3
6	二氯苯	0.02	32	苯胺	0.1
7	丁基黄原酸盐	0.005	33	苦味酸	0.5
8	三氯苯	0.02	34	氟化物	1.0
9	三硝基甲苯	0.5	35	活性氯	不得检出
10	马拉硫酸(4090)	0.25	36	挥发酚类	0.01
11	己内酰胺	按地面水中生化需氧量计算	37	砷	0.04
			38	钼	0.5
12	六六六	0.02	39	铅	0.1
13	六氯苯	0.05	40	钴	1.0
14	内吸磷	0.03	41	铍	0.000 2
15	水合肼	0.01	42	硒	0.01
16	四乙基铅	不得检出	43	铬:三价铬	0.5
17	四氯苯	0.02		六价铬	0.05
18	石油(包括煤油、汽油)	0.3	44	铜	0.1
19	甲基对硫磷(甲基 E605)	0.02	45	锌	1.0
			46	硫化物	不得检出
20	甲醛	0.3	47	氰化物	0.05
21	丙烯腈	2.0	48	氯苯	0.02
22	丙烯醛	0.1	49	硝基氯苯	0.05
23	对硫磷(E605)	0.003	50	锑	0.05
24	乐戈(乐果)	0.08	51	滴滴涕	0.2
25	异丙苯	0.25	52	镍	0.5
26	汞	0.001	53	镉	0.01

表 2.7　航天推进剂水污染物排放标准

序　号	污染物最高允许排放浓度/(mg/L)		序　号	污染物最高允许排放浓度/(mg/L)	
1	pH	6～9	8	苯胺类	2.0
2	生化需氧量(BOD₅)	60	9	肼	0.1
3	化学需氧量(CODcr)	150	10	一甲基肼	0.2
4	悬浮物	200	11	偏二甲基肼	0.5
5	氨氮	25	12	三乙胺	10.0
6	氰化物	0.5	13	二乙烯三胺	10.0
7	甲醛	2.0			

注:标准值为一次监测最大值。

2. 大气环境质量标准

(1) 废气排放标准

废气排出口有害物质的排放(或浓度)不得超过如表 2.8 所列的规定。

表 2.8　13 类有害物质的排放标准

序　号	有害物质名称	排放有害物企业①	排放标准		
			排气筒高度/m	排放量②/(kg/h)	排放浓度/(mg/m³)
1	二氧化硫	电站	30	82	
			45	170	
			60	310	
			80	650	
			100	1 200	
			120	1 700	
			150	2 400	
		冶金	30	52	
			45	91	
			60	140	
			80	230	
			100	450	
			120	670	
		化工	30	34	
			45	66	
			60	110	
			80	190	
			100	280	
2	二硫化碳	轻工	20	5.1	
			40	15	
			60	30	
			80	51	
			100	76	
			120	110	

续表 2.8

序 号	有害物质名称	排放有害物企业[①]	排放标准		
			排气筒高度/m	排放量[②]/(kg/h)	排放浓度/(mg/m³)
3	硫化氢	化工、轻工	20	1.3	
			40	3.8	
			60	7.6	
			80	13	
			100	19	
			120	27	
4	氟化物（换算成 F）	化工	30	1.8	
			50	4.1	
		冶金	120	24	
5	氮氧化物（换算成NO₂）	化工、冶金	20	2.3	
			30	5.7	
			50	88	
			80	160	
			100	230	
7	氯化氢		80	27	
			100	41	
		化工、冶金	20	1.4	
			30	2.5	
			50	5.9	
		冶金	80	14	
			100	20	
8	一氧化碳	化工、冶金	30	160	
			60	620	
			100	1 700	
9	硫酸（雾）	化工	30～45		260
			60～80		600
10	铅	冶金	100		34
			120		47
11	汞	轻工	20		0.01
			30		0.02
12	铍化物换算成（Be）		45～80		0.015
13	烟尘及生产性粉尘	电站（煤粉）	30	82	
			45	170	
			60	310	
			80	650	
			100	1 200	
			120	1 700	
			150	2 400	

序 号	有害物质名称	排放有害物企业①	排放标准		
			排气筒高度/m	排放量②/(kg/h)	排放浓度/(mg/m³)
13	烟尘及生产性粉尘	工业及采暖锅炉			200
		炼钢电炉			200
		炼钢转炉 (小于 12 t)			200
		(大于 12 t)			150
		水泥			150
		生产性粉尘③ (第一类)			100
		(第二类)			150

注：① 表中未列入的企业,有害物质的排放量可参照本表类似企业。

② 表中所列的数据按平原地区,大气为中性状态,点源连续排放制定。间断排放者,若每天多次排放,排放量按表中规定;若每天排放一次而又小于 1 h,则二氧化硫、烟尘及生产粉尘、二氧化硫、氟化物、氯、氯化氢、一氧化碳等 7 类物质的排放量可为表中规定量的 3 倍。

③ 系指局部通风除尘后所允许的排放浓度。第一类指含 10% 以上的游离二氧化硅或石棉的粉尘、玻璃棉和矿渣棉粉尘、铝化物粉尘等;第二类指含 10% 以下的游离二氧化硅的煤尘及其他粉尘。

(2) 大气环境质量标准

大气环境质量标准分为二级(GB3095—2012)：

一级标准为保护自然生态和人群健康,在长期接触情况下,不发生任何危害影响的空气质量要求。

二级标准为保护人群健康和城市、乡村、动植物,在长期和短期接触情况下,不发生伤害的空气质量要求。

一级标准适用于一级浓度限值,二级标准适用于二级浓度限值。

空气污染物二级标准浓度限值如表 2.9 所列。

表 2.9 环境空气污染物基本项目浓度限制值

序 号	污染物项目	平均时间	浓度限制值		单 位
			一级	二级	
1	二氧化硫(SO₂)	年平均	20	60	μg/m³
		24 h 平均	50	150	
		1 h 平均	150	500	
2	氮氧化物(NO₂)	年平均	40	40	
		24 h 平均	80	80	
		1 h 平均	200	200	
3	一氧化碳(CO)	24 h 平均	4	4	mg/m³
		1 h	10	10	
4	臭氧(O₃)	日最大 8 h 平均	100	160	μg/m³
		1 h 平均	160	200	
5	颗粒物(粒径小于等于 10 μm)	年平均	40	70	
		24 h 平均	50	150	
6	颗粒物(粒径小于等于 2.5 μm)	年平均	15	35	
		24 h 平均	35	75	

二、推进剂污水排放标准及水质检测

1. 推进剂污水的排放标准

推进剂污水的排放水质执行(GJB 3485A—2011)《肼类燃料与硝基氧化剂废水处理与排放要求》标准,如表 2.10 所列。取样口位于处理设施的排放口。

表 2.10　推进剂污水排放标准

序　号	污染物最高允许排放浓度/(mg·L^{-1})	
1	pH 值	6～9
2	化学需氧量(CODcr)	150
3	悬浮物(SS)	200
4	氰化物	0.5
5	甲醛	2.0
6	偏二甲肼	0.5
7	一甲基肼	0.2
8	肼	0.1
9	亚硝酸盐氮	0.1

2. 推进剂污水水质检测

推进剂污水的主要检测指标及方法如表 2.11 所列。根据资料报道,在推进剂污水的原水中,表中各种物质都会存在,但浓度不同,主要成分还是偏二甲肼。在污水处理过程中,偏二甲肼会分解成多种中间产物,如四甲基四氮烯、二甲胺、亚硝酸盐氮、氰化物、甲醛等,这些物质有些容易进一步分解,有的难以分解,最终产物主要是亚硝酸盐氮、氰化物、甲醛 3 种,其中尤以甲醛最难分解。

表 2.11　推进剂污水的主要检测指标及方法

序　号	项　目	测定方法	方法标准
1	pH 值	玻璃电极法	GB 6920
2	化学需氧量(CODcr)	重铬酸盐法	GB 11914
3	悬浮物(SS)	重量法	GB 11901
4	氰化物	异烟酸—吡唑啉酮比色法	GB 7487
5	甲醛	乙酰丙酮分光光度法	GB 13197
6	偏二甲肼	氨基亚铁氰化钠分光光度法	GB/T 14376
7	一甲基肼	对二甲氨基苯甲醛分光光度法	HJ674—2013
8	肼	对二甲氨基苯甲醛分光光度法	HJ674—2013
9	亚硝酸盐氮	N-(1-萘基)-乙二胺分光光度法	GB 7493

在实际的污水处理过程中,检测处理过程中的水质与推进剂污水排放标准中各项污染物最高允许排放浓度相比,化学需氧量和悬浮物两项指标在处理前通常均能达到排放标准,在处理过程中会进一步降低;pH 值是污水酸碱性的衡量指标,污水处理前 pH 值通常在排放标准

范围内,但在处理过程中,由于产生一定数量的酸性中间产物,有时污水的 pH 值会降低到 4 左右;污水中的偏二甲肼、一甲基肼和肼类在初始污水中浓度一般偏高,但处理过程中会迅速的分解成亚硝酸盐氮、氰化物、甲醛等中间产物。大量的水质检测结果发现,在处理过程中,虽然亚硝酸盐氮、氰化物的浓度会有先逐渐增加后逐渐减小的现象发生,但以上两类物质的最大值浓度均低于最高允许排放浓度,满足排放要求,其中只有甲醛浓度变化趋势为先增高后减小,最大值浓度往往大 10～20 mg/L,不能达到排放标准。

在实际的污水处理过程中,通过大量的水质检测结果,获得 9 项污染物指标在处理过程中的初始浓度与变化规律,发现 pH 值和甲醛两项指标浓度不易控制,处理后出水浓度会超出"标准"的规定值。因此,应将 pH 值和甲醛作为重点检测指标,用来衡量处理的效果。

在推进剂污水处理方法的选择上,也应重点考虑对污水中 pH 值和甲醛的处理效果。但是近年来的研究发现,肼类污染物的降解产物中含有致癌性较强的亚硝基胺类产物,需要引起更大的关注,因此肼类污水处理效果也应加强亚硝基胺类产物的检测与把关。

习　题

1. 推进剂污染的形成途径主要有哪些?

2. 推进剂污染的特点有哪些?

3. 偏二甲肼会分解成多种中间产物,主要包括哪些污染物? 其中致癌性污染物有哪些?

4. 肼类污染物的分析检测方法有哪些? 国标法规定的方法是什么?

5. 目前推进剂废水的处理技术主要有哪些? 分析对比不同处理技术的优劣。

6. 推进剂污水的排放主要监测哪几项指标? 为什么?

第3章 液体推进剂在环境中的迁移转化规律

第1节 液体推进剂在大气的行为

在液体推进剂生产和使用中,排放的大量污染气体都有很强的毒性,例如:偏二甲肼被空气氧化会生成二甲基亚硝胺,属致癌物;硝基氧化剂放出的二氧化氮与多种癌症及肺水肿、心脏病有关。推进剂排放到大气中以后,随着气体扩散稀释的同时,大气中的各种组分与推进剂组分也发生了一系列复杂的化学反应,产生一系列反应产物。

一、肼类燃料在大气中的行为

肼类燃料是指以偏二甲肼为代表的一类火箭液体燃烧剂,是常用的一种双组元燃烧剂。迄今为止,国内外所使用过的液体推进剂中,除液氢、液氧外,都具有不同程度的毒性,尤其是肼类燃料毒性较大,如果摄入不当会给操作人员和环境带来不同程度的危害和污染。

肼类燃料包括肼(N_2H_4,简称 H_z)、一甲基肼(CH_3NHNH_2,简称 MMH)、偏二甲肼(($CH_3)_2NNH_2$,简称 UDMH)。肼类燃料在大气中的变化很复杂,例如:能被大气中的氧气氧化;与二氧化碳反应生成盐;与水作用生成水化物;与臭氧、氮氧化物、二氧化硫等也可发生反应。肼类燃料还可在小于 290 nm 的紫外光照射下发生光解,与NO_x发生光化学反应,与O_3或 OH 基发生反应,肼在 OH 基存在的情况下,衰变加快,半衰期小于 1 h;在有臭氧存在时,半衰期小于 10 min。一甲基肼和偏二甲肼在O_3或 OH 基存在时的半衰期比肼还小 1 个数量级。肼类燃料在大气中的半衰期分别是:肼 1～10 h,一甲基肼 2～7 h,偏二甲肼 100 h,在室温下低浓度偏二甲肼不稳定,分解最快,如表 3.1 所列是肼类燃料在大气中的衰变产物[5]。

表 3.1　肼类燃料在大气中的衰变产物

燃　料	反应类型	主要反应物	微量产物
肼	$N_2H_4+O_2$	N_2、H_2O	NH_3、N_2O、$HN=NH$
	$N_2H_4+O_3$	N_2、H_2O	H_2、N_3O、H_2O_2、$HN=NH$
	$N_2H_4+NO_x+O_2$ 光化学反应	N_2、H_2O	NO_2、O_3、$HN=NH$、N_2H_4、$XHNO_3$
一甲基肼	$CH_3N_2H_3+O_2$	N_2、CH_4	CH_3OH、NH_3、$CH_3N=NCH_3$、$CH_3N=NH$、$CH_3NH=NCH_2$(一甲腙)、CH_2NNH_2(肼腙)、二甲基呱嗪的二个异构体、三甲基呱嗪、三甲肼、N_2O、H_2
	$CH_3N_2H_3+O_3$	N_2、CH_4	过氧甲酸、CH_3-NH、CH_3NHNCH_2、$HCHO$、CH_3OH、H_2O_2、CH_3NNO
	$CH_3N_2H_3+NO_x+O_2$ 光化学反应	N_2、CH_4	HNO_2、$CH_3N=NH$、O_3、$HCOOH$、CH_3ONO_2、CH_3N-NH_2、$XHNO_3$、NH_3、N_2O、$CH_3=NH$

燃 料	反应类型	主要反应物	微量产物
偏二甲肼	$(CH_3)_2N_2H_2+O_2$	偏腙	二甲基亚硝胺
	$(CH_3)_2N_2H_2+O_3$		二甲基亚硝胺、HCHO、H_2O_2、NO_2、CH_3ONO_2
	$(CH_3)_2N_2H_2+NO_x+O_2$ 光化学反应		一甲基亚硝胺、二甲基亚硝胺、N_2O、HCHO、HCOOH、HNO_2、HNO_3、O_3、未知物

1. 肼类燃料与大气中氧气的相互作用

(1) 肼与氧气的反应

Bowen 和 Birley[6] 提出了在 $373\sim423$ K 时,肼与氧气气相反应的主要产物是 N_2 和 H_2O。反应速率与反应容器表面积有关,反应级数随时间变化。

Stone 研究了人工合成空气($20\%O_2$、$80\%He$)中肼蒸气的自动氧化反应[7]。用气相色谱和 IR 光谱仪对肼浓度进行连续监测,得到肼的氧化历程如下

$$N_2H_4+O_2\rightarrow N_2+H_2O$$

氧气的减少服从一级反应动力学,在 13.3 kPa O_2 中 100 μL 肼的半衰期为 19.5 min,而当加入聚四氟乙烯改变表面积/体积此时,半衰期降为 8.2 min。这表明肼氧化不是均匀气相反应,而是表面催化反应。对不同反应室中结果进行比较,发现表面积是速度控制因素,半衰期与表面积成正比。

(2) 一甲基肼与氧气的反应

一甲基肼在空气中氧化可生成氮气和甲烷,在玻璃容器中一甲基肼的半衰期是 34 min,在聚乙烯容器中 10 min 可反应完全,表现出了表面催化作用。用 IR 光谱监测一甲基肼与氧气的反应产物[8],反应机理如下

$$CH_3NHNH_2+O_2\rightarrow H_2O_2+CH_3N=NH$$
$$H_2O_2+CH_3NHNH_2\rightarrow 2H_2O+CH_3N=NH$$
$$CH_3N=NH\rightarrow CH_4+N_2$$

Stone[9] 研究了空气和氧气对一甲基肼的氧化作用,100 min 内氧气被全部消耗掉,主要反应产物是氮气和甲烷;6 h 后,IR 光潜在 $3\,260$ cm^{-1} 处的 $N-H$ 伸展谱(stretching band)减小,23 h 后完全消失;6 h 后在 $3\,080$ cm^{-1} 处出现一个新的谱,23 h 后加强。一甲基肼在人工合成空气中的半衰期根据容器表面积和材料的不同分别为 $2\sim7$ h,在高浓度时主要是多相反应历程(Heterogeneousprocess),化学反应方程式是

$$8CH_3NHNH_2+6O_2\rightarrow 3CH_3NHN=CH_2+CH_4+CH_3OH+5N_2+11H_2O$$

(3) 偏二甲肼在空气中的氧化[10]

偏二甲肼接触空气后可能被转化为潜在的致癌物亚硝基二甲胺(NDMA)。在贮存的 UDMH 中也发现含有少量的 NDMA,而在 UDMH 的生产、转运、使用等过程中,UDMH 和其中的 NDMA 可能通过各种途径进入大气环境,威胁人体健康。近年来,越来越多的公共卫生科学家认为,在工业区癌症的高发率与大气环境中亚硝胺的含量较高可能存在着某种关系。亚硝胺是众所周知的动物致癌物,在环境中二甲胺与亚硝酸反应可能生成亚硝胺,而二甲胺与亚硝酸或氮氧化物又可能是 UDMH 在大气环境中的降解产物。因此,对于 UDMH 在空气中的行为越来越引起人们的注意。

　　为了弄清 UDMH 排入大气之后随着时间和距离的变化,以及 UDMH 和 NDMA 可能的浓度范围,美国空军的空间与导弹系统委员会(SAMSO)推进剂办公室要求洛杉矶航天公司发展一种动力学模式。为了要确定这种模式,需要了解以下的情况:(1)UDMH 从排放点进入大气环境的总速度;(2)UDMH 在环境中发生反应,直接或间接生成 NDMA 的速度;(3)如果在环境中生成 UDMA,其可能发生降解的总速度。此外,还要考虑到 UDMH 和 NDMA 在环境中的迁移速度,以及它们发生光化学降解和非光化学反应的速度。重要的光化学反应还要考虑各种活泼的大气污染物(如臭氧、单线态分子氧[$^1O^2(\triangle g)$])和 NO=(NO,NO₂,HO-NO)对 UDMH 及其氧化产物生成 NDMA 的影响,以及由太阳光引起的 NDMA 的直接光分解反应。

　　UDMH 的非光化学空气氧化反应包括:(1)UDMH 接触空气后,UDMH 的消失速度及生成 NDMA 的速度,以及产物鉴定;(2)NDMA 在空气中消失的速度;(3)在空气中二甲胺和 NO_x(NO,NO₂,HONO)发生反应生成 NDMA 的速度;(4)甲醛二甲基腙和空气反应生成 NDMA 的速度。这些反应可表示为

$$(CH_3)_2NNH_2 + 空气 \rightarrow \hspace{4cm} (RX.1)$$
$$(CH_3)_2NNO + 空气 \rightarrow \hspace{4cm} (RX.2)$$
$$(CH_3)_2NH + NO_x \rightarrow \hspace{4cm} (RX.3)$$
$$(CH_3)_2NN = CH_2 + 空气 \rightarrow \hspace{3cm} (RX.4)$$

　　关于 RX.1 反应已有不少人进行过研究,结果表明这个反应不是一个简单反应,并且可能包括自由基过程。美国海军武器试验站(NOTS)用 5.32~13.33 kPa 的 UDMH 和接近于纯氧气氛进行气相反应,观察到很多产物。其中鉴定到的主要产物是甲醛二甲基腙、氮和水,少量的产物有氨、二甲胺、NDMA、重氮甲烷、氧化亚氮、甲烷、二氧化碳和甲醛。他们认为这些产物是包括自由基机理在内的 UDMH 自动氧化的结果。但是,在自动氧化反应中 DMH 的衰减速度不一定对应于 UDMH 在环境中的消失速度,这是由于所研究的自动氧化反应中偏二甲肼的起始浓度高,并用接近于纯氧气氛。G. L. Loper 用 6.30 kPa 的 UDMH 和 94 kPa 的干空气反应 49 h,以及用 4.2 kPa 的 UDMH 和接近于 101.32 kPa 的干空气进行气相反应,得到类似的结果。所记录到的红外谱带表明,这些谱带的位置不能归因于可能产物甲烷、水、氨或任何取代胺、重氮甲烷、甲醛、氧化亚氮、二氧化碳或 NDMA。所记录的紫外吸收带也不能说明产生取代胺、重氮甲烷、甲醛、氧化亚氮或 NDMA。进一步用 GC - MS 分析技术证实了甲醛二甲基腙(FDH)是 UDMH 的主要空气氧化产物:

$$\begin{matrix} H_3C \\ \\ H_3C \end{matrix} N - N = CH_2$$

通过把已知的 FDH 加到反应混合物中记录 IR 和 UV 光谱,发现吸收带的强度得到加强。这表明前面记录到 IR 谱带和 235 nm 的 UV 吸收带主要是 FDH。

　　GC - MS 分析还鉴定到少量的氧化产物:甲醛一甲基腙 $\begin{matrix} H_3C \\ H \end{matrix} N - N = CH_2$,甲醛腙 $\begin{matrix} H \\ H \end{matrix} N - N = CH_2$、甲胺、二甲胺和 NDMA。由于背景干扰太大,因此既没检测到氨,也没有检测到水。

　　用 92.6 kPa UDMH 和 101 kPa 干空气进行气相氧化,用 UV 检测技术研究其反应动力

学,得到了其反应速度常数为 $k=4.3\times10^{-2}\,h^{-1}$,半衰期＝16 h。根据反应生成的主要产物,以及对其化学计量关系的研究,提出了 UDMH 自动氧化的反应方程式为

$$3UDMH + 2O_2 \rightarrow 2FDH + 4\,H_2O + N_2$$

丁达尔空军基地的 Daniel A. Stone 用红外光谱研究 UDMH 自动氧化反应时,也提出了同样的反应方程式。

Urry 等人提出 UDMH 气相自动氧化是按照自由基链式机理进行反应的。在诱导期生成的偏二甲肼过氧化氢

$$\underset{H_3C}{\overset{H_3C}{>}}N-N=C\underset{OOH}{\overset{H}{<}}$$

分解产生自由基使反应引发。

(4) 肼类燃料的表面催化空气氧化

在肼类燃料的氧化过程中,反应速率受反应器表面催化影响,Kilduff、Davis 和 Koontz[11] 研究了肼类燃料在表面积为 2～24 m² 的 Al/Al₂O₃、不锈钢、镀锌钢和钛板上表面催化空气氧化反应,Al/Al₂O₃(表面积为 23.8 m²)作为催化剂时肼的半衰期为 2 h,中间产物有 N_2H_2 及少量氨;甲基肼的中间氧化产物是 $HN=NCH_3$ 及微量甲醇。Al/Al₂O₃ 催化氧化肼和一甲基肼的速率常数与金属板的表面积的平方成正比,速率表达式为

$$速率 = k[肼][表面积]^2$$

肼被金属表面催化氧化形成 HN-NH 的反应历程为:肼蒸气通过 H 键吸附到金属氧化物表面,通过 1 个六元环过渡态的脱氢作用生成 HN-NH 和 1 个金属羟基化合物。同样,$HN=NH$ 也可在吸附/解吸后,通过同样的过渡态生成氮气和另一种表面羟基氢化物,氢化物分子可被还原产生还原面和水,由于这些反应是在空气中进行的,还原面会被再次氧化。

对于一甲基肼,Kilduff、Davis 和 Koontz[12] 提出了如下机理

$$MMH + M = O \underset{}{\overset{K_{sc}}{\rightleftharpoons}} MMH \cdot O = M$$

$$MMH \cdot O = M \xrightarrow{K_1} HN = NCH_3 + H_2O + M$$

$$HN = NCH_3 + M = O \xrightarrow{K_2} CH_3OH + N_2 + M$$

$$HN = NCH_3 + M = O \xrightarrow{K_3} CH_4 + N_2 + M = O$$

$$M + \frac{1}{2}O_2 \xrightarrow{K_4} MO$$

$$-\frac{d[MMH]}{dt} = K_1[MMH \cdot O = M] = K_1 K_{sc}[MMH][M = O] = K_{obs}[MMH]$$

金属表面由 M 代表,M＝O 代表催化活性表面氧化点。K_{sc} 是等比容吸附平衡常数(isosteric adsorption equilibrium constant)。

对于 MMH,金属的总表面活性大小顺序是

$$Fe > Al_2O_3 > Ti > Zn > 316ss > Cr > Ni > Al > 304L$$

降解反应活性顺序是

$$Fe > Ti > Al_2O_3 > Zn > Cr > Ni > 316ss > Al > 304L$$

M＝O 的稳定性按下列顺序依次减弱

$$Ti > Zn > Ni > Al > Cr > Fe$$

2. 肼类燃料与臭氧的相互作用

（1）反应产物

对于大多数释放至大气中的化合物而言，主要反应是光解、与 O_3 及 OH 基反应。但对于肼类燃料，光解作用不是主要的反应过程，这是由于肼类燃料在光活性区（大于 290 nm）处不能吸收能量，与 O_3 及 OH 基反应则较显著。Tuazon 和 Carter[13]用 FT-IR 谱研究了在模拟大气环境中肼、一甲基肼和偏二甲肼的气相反应，反应是在 3 800～6 400 L 聚四氟乙烯反应箱中，空气中相对湿度小于 25%，温度 20～25 ℃，压力约 740 mmHg，反应物初始浓度是 $4×10^{-6}～2×10^{-5}$ (V/V)，为研究 OH 基对 $O_3+N_2H_4$ 反应的作用加入自由基捕获剂（trape）和示踪剂（tracer）。示踪剂数据表明随着初始$[O_3]/[N_2H_4]$增加，OH 基量增加。

① 肼与臭氧反应。

肼和臭氧反应的主要产物是：H_2O_2、N_2H_2、少量 NH_3。随着初始$[O_3]/[N_2H_4]$增加，每单位 N_2H_4 反应消耗O_3量也增加，N_2H_2 生成量减少，N_2H_2 仅在 N_2H_4 过量时作为最终产物出现，而在等当量反应或 O_3 过量时则仅作为中间产物出现，且生成量很少。O_3 与 N_2H_4 之间的反应很迅速，无自由基捕获剂时，初始$[O_3]/[N_2H_4]$比值对 H_2O_2 生成量的影响程度要比有自由基捕获剂存在时低得多。

② 甲基肼与臭氧反应。

甲基肼与臭氧反应的主要产物是：CH_3OOH、CH_2NNH、$HCHO$、CH_2N_2 和 H_2O_2，少量的 CH_3OH、CO 和 HCOOH 及微量的 NH_3 和 N_2O。

反应的理想配比及产物取决于初始反应比值和是否存在自由基捕获剂。随着初始$[O_3]/[MMH]$比值的增加，CH_3NNH 的生成量显著减少，在 O_3 过量时无 CH_3NNH 产生。随着$[O_3]/[MMH]$的增加，CH_2N_2 生成量降低，表明该生成物也可与 O_3 反应。CH_3NNH 和 CH_2N_2 被过量 O_3 氧化为 HCHO 和 CH_3OOH，MMH 过量时无 HCHO，但 O_3 过量时 HCHO 则是主要产物。

自由基捕获剂和示踪剂的结果也说明了 OH 基在 $MMH+O_3$ 体系中的作用，像 N_2H_4 体系一样，随着初始$[O_3]/[MMH]$的增加，OH 基总量增大，自由基捕获剂抑制了 H_2O_2 和 CH_3OOH 生成，却促使CH_3OH、HCHO 和 CH_2N_2 的产生。

③ 偏二甲肼与臭氧反应。

偏二甲肼与臭氧反应的主要产物是：$(CH_3)_2NNO$（NDMA）、CH_3OOH、CH_3NNH 和 H_2O_2，少量 CH_3OH、CO、HCOOH、HON-O、NO_2 和 NH_3、微量 CH_2N_2。NDMA 生成量是所消耗偏二甲肼的 60%～70%，偏二甲肼与前面两种肼类燃料与臭氧反应不同在于有 HONO 生成，而且 H_2O_2 生成量相当低。

自由基捕获剂和示踪剂数据表明在 $UDMH+O_3$ 体系中也有 OH 基生成，OH 基总量随初始$[O_3]/[UDMH]$增加而增加，自由基捕获剂导致了 NDMA 生成量的增加，而其他产物生成量降低。

（2）反应机理

N_2H_4 和 MMH 与 O_3 反应机理相似，UDMA 与 O_3 反应机理则与它们不同。N_2H_4 和 MMH 与 O_3 反应机理如下：

链引发为

$$RNHNH_2 + O_3 \rightarrow \begin{cases} RNH - \dot{N}H + OH + O_2 \\ R\dot{N} - NH_2 + OH + O_2 \end{cases} (R = H \text{ 或 } CH_3)$$

链传播为

$$RNHNH_2 + OH \rightarrow RNH - \dot{N}H + H_2O$$

$$\left. \begin{array}{l} RNH - \dot{N}H \\ R\dot{N} - NH_2 \end{array} \right\} + O_2 \rightarrow RN = NH + HO_2$$

$$RN = NH + O_3 \rightarrow RN = \dot{N} + OH + O_2$$

链终止为

$$RN = NH + OH \rightarrow RN = N + H_2O$$

产物生成为

$$RN = \dot{N} \rightarrow R \cdot + N_2$$

$$R \cdot + O_2 \xrightarrow{M} RO_2$$

$$HO_2 + HO_2 \rightarrow H_2O_2 + O_2$$

$$HO_2 + CH_3O_2 \rightarrow CH_3OOH + O_2$$

$$CH_3O_2 + CH_3O_2 \rightarrow \begin{cases} HCHO + CH_3OH + O_2 \\ 2CH_3O \cdot + O_2 \end{cases}$$

$$CH_3O \cdot + O_2 \rightarrow HCHO + HO_2$$

偏二甲肼与其他肼类燃料不同在于 $(CH_3)N$ 基不能与 O_3 反应生成二氮烯（diazene），最合理的机理是 UDMH 与 O_3 反应生成 NDMA 和 H_2O_2。

偏二甲肼与 O_3 的反应机理如图 3.1 所示。

3. 肼类燃料与 NO_x 的相互作用

肼类燃料蒸气扩散到大气中后，可与大气中的氮氧化物发生反应。肼、一甲基肼和偏二甲肼在气相中与 NO_2 反应迅速，其中 N_2H_4 速度最慢，UDMH 最快。N_2H_4 与 NO_2 反应的主要产物是 $HONO$、$N_2H_4 \cdot HNO_2$、N_2H_2（N_2H_4 过量时）、N_2O 和 NH_3。MMH 与 NO_2 反应产物与之类似，主要产物是 $HONO$、$CH_3NHNH_2 \cdot HNO_3$、CH_3NNH 和微量的 N_2O 和氨，还有 CH_3OOH（仅在 MMH 过量）、CH_3OH 和两种未知产物。在 NO 存在时还有中间产物 $HOONO_2$ 及 HO_2 中间体。在 NO 存在时，UDMH 与 NO_2 反应的主要产物是 HONO 和四甲基四氮烯（TMT），总的反应式为

$$UDMH + 2NO_2 \rightarrow 2HONO + \frac{1}{2}TMT$$

NO 存在时，TMT 和 HONO 产量降低，并有 N_2O、NDMA 和一种未知产物生成。

肼类燃料与 NO_2 反应最可能的历程始于 H 原子分离，形成亚硝酸和一个 RNH - NH (hydrazyl) 基，后者（对于 N_2H_4 和 MMH）与氧气反应形成相应二氮烯（diazene）。

$$RNHNH_2 + NO_2 \rightarrow RNH - \dot{N}H + HONO$$

$$RNH - \dot{N}H + O_2 \rightarrow RN = NH + HO_2 (R = H \text{ 或 } CH_3)$$

对于 $UDMH + NO_2$ 体系则要简单一些。在无 NO 时，主要产物是 HONO 和 TMT。

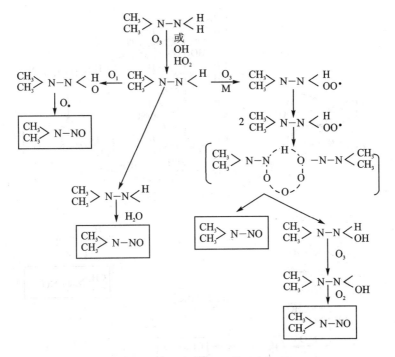

图 3.1 偏二甲肼与 O₃ 的反应机理

$$(CH_3)-N\dot{N}H + NO_2 \rightarrow HONO + (CH_3)_2\overset{+}{N}N=\overset{-}{N}$$

$$2\ (CH_3)_2\overset{+}{N}=\overset{-}{N} \rightarrow (CH_3)_2$$

$$2(CH_3)_2\overset{+}{N}=\overset{-}{N} \rightarrow (CH_3)_2N-N=N-N(CH_3)_2$$

当 NO 存在时,它可与 RNH-NH 基反应生成亚硝基肼,亚硝基肼与 NO₂ 反应生成 N₂O 和 N-亚硝基二甲胺。

对于 UDMH,在大气环境中与 NOₓ 和空气中的氧气及光作用下的反应机理如图 3.2 所示。

4. 三肼的蒸发模型

关于三肼蒸发量的计算,美国空军工程服务中心工程实验室曾提出 ESL 公式作为粗略估计方法。

$$Q = 0.08\ r^{\frac{3}{4}} F(1 + 4.3 \times 10^{-3}\ T_p^2)Z$$

式中:Q——蒸发量,kg/h;

$\quad r$——风速,m/s;

$\quad F$——三肼泄漏造成的污染面积,m²;

$\quad T_p$——泄漏地面处的温度,℃,对于偏二甲肼一般取 $T_p = (T_a - 10)$ ℃;在很强烈光照条件下取 $T_p = (T_a + 10 \sim 20)$℃;T_a 为环境气温;

$\quad Z$——修正值,HZ 的 $Z = 1$,MMH 的 $Z = 4.3$,UDMH 的 $Z = 20.7$。

二、氮氧化物在大气中的行为

硝基氧化剂中的四氧化二氮和红烟硝酸蒸气释放到大气中,分解的主要产物是 NO₂ 和

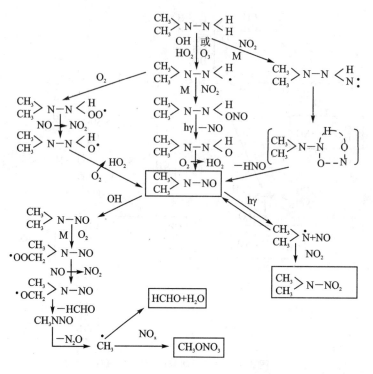

图 3.2　UDMH＋NO_x＋光照反应机理

NO,这种产物在大气中经过一系列反应,最终产物主要是硝酸和亚硝酸及相应盐。

NO_2 在大气中会产生光化学烟雾,具体过程是NO_2 吸收波长小于 4 200 A 光后会发生光解反应。

$$NO_2 + hv \xrightarrow{\text{光解反应}} NO + O_2$$

$$O + O_2 \xrightarrow{M} O_3$$

式中,hv 为光子,M 为保护气体,如空气中N_2。

NO 与 O_3 可发生反应为

$$NO + O_3 \rightarrow NO_2 + O_2$$

NO_2、O_2、O_3 和 NO 之间形成循环反应,由于碳氢化合物燃烧产生了大量 CO 排放到大气中,大气中 CO 和自由基 OH 对 NO 转化为NO_2 有促进作用。

$$OH \cdot + CO \rightarrow CO_2 + H \cdot$$

$$H \cdot + O_2 + M \rightarrow HO_2 \cdot + M$$

$$HO_2 \cdot + NO \rightarrow HO \cdot + NO_2$$

$$HO_2 \cdot + HO_2 \cdot \rightarrow H_2O_2 + O_2$$

$$H_2O_2 \xrightarrow{hv} 2OH \cdot$$

在上述光化学反应中,NO_2 是光分解的基础,CO 起催化作用,碳氢化合物的存在使光化学反应更加复杂,碳氢化合物在可见光作用下,可分解为自由基,自由基形成后,通过一系列反应,生成过氧酰基硝酸酯(PAN)和醛等,这些物质是光化学烟雾中的强刺激物。

$$RRC = O \xrightarrow{hv} R \cdot + R \cdot CO$$

　　为研究推进剂蒸气形成及扩散规律,美国 Lawrence Livermore 国家实验室(LLNL)在 1983 年秋为美国空军在能源部内华达试验场(Nerada Test Site,NTS)进行了系列化大规模 (3～5 m³)N_2O_4 泄漏试验。这次试验用来研究 N_2O_4 蒸发速率和蒸气扩散规律。由于 N_2O_4 沸点低(21.15 ℃),因此当 N_2O_4 泄漏至温暖的土壤上后,会迅速蒸发,并分解为NO_2。整个试验的泄漏设备是一辆 N_2O_4 槽车和一辆氮气车,氮气车主要是为槽车提供将 N_2O_4 压至泄漏点的压力,并于每次泄漏试验后提供清洗气体,还可为操作系统提供所需压力。具体的试验步骤是:打开氮气车上的手动阀,设置所需压力,再打开 N_2O_4 槽车上的手动阀,N_2O_4 通过 1 个长 30 m,直径为 7.62 cm 的 PVC 管流至泄漏点。记录 N_2O_4 在泄漏管中到出口前的温度以及不同地点的土壤温度。在泄漏区的测量还包括大气边界层、风场、蒸气云温度和浓度、表面热量测量等,主要分为 3 个系列:气象系列、质量系列和扩散系列。其中,气象系列是 9 个风速计和 1 个 20 m 高塔组成,风速和风向每 10 s 测一次。风场数据被传至控制车,用于确定泄漏试验的最佳时间。大气边界层数据由安装于泄漏地点上风向 50 m 处的 20 m 高塔上的 4 个温度计和 3 个风速站测得,同时还可测地面热量、温度及当地气压。质量系列是用于确定 N_2O_4 蒸发速率或源强,通过 N_2O_4 浓度、气相温度及速率而得,得到的质量密度和速度在蒸气云截面上积分可得到瞬时通过的质量流率,如果质量系列捕获到整个蒸气云的质量流率即为 N_2O_4 泄漏源的强度。质量流率由位于下风向 25 m 处的 7 个蒸气测量站和 2 个风速站组成。扩散系列由位于泄漏点下风向 78.5 m 处的 5 个 10 m 高塔组成,用于记录泄漏 N_2O_4 蒸气的垂直截面范围。在试验中另有 2 个便携式NO_2 气体传感器,用于监测试验中 2 800 m 处的数据。摄像系统共包括 5 台摄像机,所有摄像机都是遥控操作,从泄漏阀一打开就开始摄像,摄像范围是泄漏点上风向 20 m 处。整个泄漏控制和数据获得贮存全部由位于泄漏点 1 000 m 处的 CCDRS 控制车完成。

　　泄漏点的源强主要是由质量系列确定的,瞬时质量通量($\dot{m}$)由在整个蒸气云横截面上密度和速度积分而得

$$\dot{m} = \int \rho \mu \, dA$$

式中:ρ——密度;

　　　μ——气体速率;

　　　A——蒸气云截面积。

这种总质量汽化是假定没有 N_2O_4 渗入地面。

OB/DG 模型是指:美国空军在 Florida 的 Cape Kennedy(Ocean Breeze)和 Galifornia 的 Vandenbury AFB(Dry Gulch)进行了一系列扩散试验,所有得到的数据经过相关和归一化,得出一个简单的扩散预测模型,该模型表示为NO_2 浓度(距地面 1.5 m 处)$C_p(mg/m^3)$是源强 $Q(kg/min)$、距泄漏点的下风向距离 $X(m)$、水平风向上的垂直偏差 $\sigma_\theta(\cdot)$和在 16.5 m 和 1.83 m 处的大气边界层温度差 $\Delta T(℃)$等的函数

$$C_p = 3.535 Q X^{-1.96} (1.8\Delta T + 10)^{4.33} \sigma_\theta^{-0.506}$$

将 N_2O_4 大规模泄漏试验结果与 OB/DG 模型相比较,首先确定源强,由计算及测量可知,源强在 23～2 030 kg/min,每 10 s 间隔 σ_θ 为 13.2。而 OB/DG 模型中要求的是 15 s 间隔。试验中 ΔT 高度为 16.19 m 和 2.46 m 处为 0.5 ℃。用 OB/DG 模型预测在 23 kg/min 和 2 030 kg/min 源强在 785 m 和 2 800 m 处的浓度值如表 3.2 所列。OB/DG 模型结果对 ΔT 和 σ_θ 的选

择非常敏感,表 3.2 中计算结果准确度在±30％之内。

表 3.2 NO₂ 试验数据与 OB/DG 预测比较

下风向距离 /m	OB/DG 预测(V/V)		试验测得浓度 /(V/V)
	$Q=23$ kg/min	$Q=2\,030$ kg/min	
785	1.5×10^{-6}	1.3×10^{-6}	$\geqslant 5 \times 10^{-4}$
2 800	1.2×10^{-7}	1.06×10^{-5}	$\geqslant 9 \times 10^{-6}$

第 2 节　液体推进剂在水体中的迁移转化

当液体推进剂排入水体后,由于推进剂本身的毒性,不可避免地会对水中生物及使用该水源的动植物带来危害。但由于自然水体中含有大量溶解氧、微生物、悬浮物及金属离子等,推进剂排入自然水体后,在氧气、光、金属离子及微生物的作用下降解非常迅速。偏二甲肼污水中不仅含有 UDMH,而且还含有氧化分解产物偏腙、四甲基四氮烯、硝基甲烷、一甲胺、二甲胺、甲醛、氰化物以及亚硝胺(二甲基亚硝胺、二乙基亚硝胺、二丙基亚硝胺、二丁基亚硝胺、亚硝胺呱啶、亚硝基吡咯烷、亚硝基吗啉)等[14],这些降解产物中有的毒性比偏二甲肼更大,如亚硝胺、氰化物等。

一、对水生生物的毒性

Fisher[15]等用两种淡水无脊椎动物(isopods 和 amphipod)、两种鱼(channel catfish 和 golden shiner)实验 HZ、MMH 和 UDMH 的毒性,LC_{50} 值如表 3.3 所列,发现肼的毒性最大。对 amphipod 而言,HZ 比 MMH 和 UDMH 毒性大,MMH 与 UDMH 毒性相差不大。

表 3.3 肼对鱼和无脊椎动物的毒性

种 类	化合物	$LC_{50}/(\text{mg} \cdot \text{L}^{-1})$
Amphipods	N_2H_4	0.04
	MMH	1.2
	UDMH	4.7
Isopods	N_2H_4	1.3
	MMH	0.8
	UDMH	12.4
Catfish	N_2H_4	1.0
	MMH	3.5
	UDMH	11.3
Shiner	N_2H_4	1.1
	MMH	2.3
	UDMH	34

　　肼对鱼的毒性作用主要有 2 方面：一方面是直接被鱼吸收，另一方面是消耗水中溶解氧。对于夏裨鱼（guppy），LC_{25} 大于 0.25 mgHZ/L[16]，鱼甚至可以在 5 mg/L 时存活 4 天。如果用于养鱼的肼溶液是由硬水配制的，那么肼的浓度随时间变化非常迅速，很难确定肼是被鱼消耗掉还是通过自动氧化反应消耗掉。

　　Slonim 分别用硬水和软水做了 HZ、MMH、UDMH 和 Ae－50 对普通夏裨鱼急性中毒的研究发现[17]，96h LC_{50} 随着所用水的硬度不同而不同，例如：肼在硬水中的 LC_{50} 是 3.85 mg/L，在软水中则是 0.61 mg/L。其他肼类燃料硬水/软水的 LC_{50} 数据分别是：MMH 为 3.26/2.58 mg/L，UDMH 为 10.1/26.5 mg/L，Ae－50 为 2.25/1.17 mg/L。不论在什么情况下，肼对夏裨鱼的毒性都是最大的。肼 96 h 内对 bluegills 的半数致死浓度是 1.08 mg/L[18]。比 LC_{50} 低 10～100 倍的非致死浓度可引起鱼运动增加，不能保持平衡。这可能由于肼氧化引起水中溶解氧降低所造成的。肼对 bluegills 的毒性与水温有很大的关系[19]，毒性随着水温升高而增加。

　　在 MH－30（含有 58% MH 的二乙醇胺盐）中，Catfish 96 h LC_{50} 是 562 mg/L，rainbowtront 96 h LC_{50} 为 430 mg/L，bluegillSunfish 96 h LC_{50} 为 730 mg/L[20]。

　　Christopher[21] 等人用了几种单细胞绿藻：Selenastrum capricornutum(S)、Dunaliella tertiolecto(D)、Chlorella stigmatophera(C)，进行了肼的毒性研究，发现 HZ 的毒性最大，MMH 次之，UDMH 最小。HZ 的 6 天安全浓度（Safe concentration＝SC）对 S 是 0.01 L/L，对 D 是 0.005 L/L，对 C 是 0.000 1 L/L，6 天中等影响浓度（Media effect concentration＝EC_{50}）分别是 0.016 L/L、0.010 L/L 和 0.000 4 L/L。MMH 毒性稍小一些，SC 为 0.2 L/L，UDMH 毒性最小，SC 值在 1～3 L/L，HZ 对藻类的毒性比 MMH 或 UDMH 大约大 200 倍。在静态试验中肼类物质的毒性直接与稳定性相联系，HZ 最稳定，毒性最大，而 UDMH 最不稳定，毒性也最小，如表 3.4 所列。

表 3.4　HN、MMH、UDMH 对绿藻毒性比较（基于 6 天 EC_{50}）

种类	HZ		MMH		UDMH	
	SC	EC_{50}	SC	EC_{50}	SC	EC_{50}
S	0.01	0.016	0.2	0.5	2.0	5.0
D	0.005	0.001 0	0.8	1.1	0.1	2.3

　　Ae－50 的毒性由 HZ 决定，因为肼是毒性最大的组分。

　　在 21 天的连续流动试验中[22]，低浓度肼（0.065 mg/L）可有助于 aufwuchs benthic（一种深海附着生物）在充分曝气的容器中生长，但在 0.17 mg/L 和 0.52 mg/L 时，肼却对生长有显著抑制作用，这可能是抑制了光合作用的结果。对于棘鱼（stickleback），336 h LC_{50} 是 3.85 mgMMH/L，1.1 mgHZ/L。对于蟹和贻贝，100% 致死浓度是 0.15 mgHZ/L，非致死浓度是 0.012 mgHZ/L。对于 aufwuchs benthic 试验，MMH 比 HZ 毒性大。

二、在地表水中的降解

　　由于偏二甲肼的毒性很强，引起了各方面的关注。为了弄清 UDMH 在水环境中的行为，美国空军科研办公室委托西拉鸠斯研究公司就此进行了研究[23]。研究内容包括：(1) 湖水和河水中天然存在的微生物群落对 UDMH 的降解作用，确定该过程的动力学；(2) 鉴定微生物降解产生的产物。该公司首先研究了蒸馏水和湖水中溶解氧氧化 UDMH 的动力学,并初步鉴定了化学降解和微生物降解的一些产物。

1. 蒸馏水中 UDMH 的氧化

该公司的 S.B Anerjee 等人在初步实验中观察到,含有痕量硫酸铜的碱性 UDMH 溶液氧化产生紫色或黄色的溶液,在 326 nm 的紫外波段有吸收峰。当酸化时吸收可逆地移向较长的波段(356 nm),并且离解的 pKa 介于 8 和 9 之间,两个吸收峰的高度随时间增加,表明生成共轭产物。在较高的 UDMH 浓度(3.34×10^{-3} mol·L^{-1})下,由紫外光谱和气相色谱证实存在着四氮烯。

他们采用质子磁共振谱(p. m. r)研究了这个氧化反应,以便随时监测生成的产物。在含有 CuSO$_4$ 晶体的 0.5mL D$_2$O 中,UDMH·HCl(≈30 mg)被氧化 5 h,在 5 h 后记录 p. m. r 谱图,而后将溶液碱化再记录谱图。由于没有合适的参考物,因此对所记录的谱图无法解释。但大量的高场共振表明肯定生成了一些产物,而低场共振谱线则相应于甲酸的谱线,因为加入已知物可以使该共振吸收峰加强。此外,很重要的一点是不存在可检测程度的 N,N-二甲基亚硝胺。

UDMH 氧化的产物在很大程度上取决于实验条件。Urry 及其同事发现,UDMH 自动氧化产生氨、二甲胺、二甲基亚硝胺、重氮甲烷、一氧化二氮、甲烷、二氧化碳、甲醛。自动氧化反应对 UDMH 是一级的,对氧是零级的,受到金属催化,受到自由基清除剂(如 2,3-丁二烯)的抑制。Ikoku 研究其他 1,1-二烷基肼也得到同样的结果。

UDMH 的最初氧化产物可能是短寿命的 1,1-二甲基二氮烯,当浓度足够高时可能再发生二聚生成四氮烯(McBridde and Bens,1959)[24],或进一步被氧化(McBride and Kruse,1957)[25]。关于肼类被溶解氧氧化的这些研究证实 UDMH 具有很高的反应活性,以及痕量金属离子的催化效果(Gormley,1973)[10]。

为了更清楚地了解这个氧化过程,S. Banerjee 等人研究了这个反应的动力学[23]。他们使用含有硫酸铜的曝过气的缓冲溶液,在 30.0 ± 0.1 ℃恒温搅拌至少 10 min,然后加入微升量的浓 UDMH 贮备液,调节 UDMH 和 O$_2$ 的比例,开始反应。用溶解氧监测仪测定氧的消耗情况。

Barerjee 的研究指出,UDMH 以游离碱的形式发生反应,当铜浓度低于 1×10^{-8} mol·L^{-1} 时,铜没有明显的催化作用。Cu^{2+} 对氧化速度的影响表明,反应是通过自由基机理进行的。

研究结果还表明,UDMH 的氧化包括受铜催化的部分和不受铜催化的部分,因此,反应速度常数可表达为 $k_{obs}=k_1+2[Cu^{2+}]$,根据实验结果 $k_1=1.91 \times 10^{-3}$ min^{-1},$k_2=596$ mol^{-1}·L·min^{-1},不受催化的部分可能代表壁反应或可能是氧和 UDMH 的直接反应。从理论上说,产生氢过氧化物可能与亚硝胺和水有关,但实验中没有检测到。MacNaughton 等人在 1977 年也独立提出过同样的机理。

用两种不同的湖水和无铜的蒸馏水进行的研究表明,湖水的动力学和蒸馏水的结果具有相同的数量级。但是这里必须考虑到 pH 的差异,因为反应是按下式进行的

$$\text{UDMH} \underset{k}{\overset{K}{\rightleftharpoons}} \text{UDMH·H}^+$$

其中，$K = 7.21$，是偏二甲肼离子的电离常数。

$$k = k_{obs}\left(\frac{K + [H^+]}{K}\right)$$

在高 pH 的情况下，$K \gg [H^+]$，$k_1 = k_{obs}$。pH $\gg 7.2$ 时就出现这种情况。对于湖水的实验来说，$k \approx 2.5 k_{obs}$，数值 $= 20 \times 10^{-4} \sim 35 \times 10^{-4} \times 10^{-4} \mathrm{min}^{-1}$。已经证实在所用的湖水中没有任何异常的催化剂或抑制剂，因此，在实验的真实 pH 值下，UDMH 消失的半衰期值可以用上述方程及 $k = 30 \times 10^{-4} \mathrm{min}^{-1}$ 的值来计算。他们提出一些偏二甲脐消失的半衰期与 pH 的关系数据（30 ℃），并认为这些值可用来作为预测值。

2. 湖水中 UDMH 的降解

S. Baneljee 等人[23]用纽约州西拉鸠斯附近的詹姆斯维尔水库的水研究了 UDMH 的降解。湖水先经粗滤纸过滤除去固体颗粒，然后分成两份，一份通过 0.45 μm 微孔膜过滤器杀菌。未杀菌的水中微生物数量是 2.12×10^5 个/mL。两种水都配制成 10 mg/m^3 的 UDMH·HCl 溶液，并在 8 天的试验时间内用 5 cm 液槽取得紫外光谱。

用膜过滤过的水样在 326 nm 的吸收逐渐展开，酸化后移向 356 nm。因此，很可能这种产物与用蒸馏水进行 UDMH 氧化时观察到的产物一样。未杀菌的湖水只在 230 nm 和 326 nm 有很弱的吸收峰。8 天以后，把 25 mL 未杀菌的湖水加到 500 mL 杀过菌的水中，并测定吸收光谱。又过 4 天，两个峰的强度大大减弱，微生物数目上升到 2.12×10^5 个/mL。

很显然，在没有微生物的湖水中，UDMH·HCl 被氧化生成在 326 nm 有吸收峰的产物，而且这个产物可被微生物降解。在没有杀菌的水中观察不到这个产物，可能是微生物作用的结果。

以上结果表明，偏二甲肼在天然水中的氧化反应速度与在纯蒸馏水中的速度相同，而且氧化产物可被湖水中的微生物降解，因此，以上研究结果可用来估计偏二甲阱在水环境中的残留期。

3. 在地表水中的降解动力学

Slonim 和 Giscland[26]研究了不同硬度、溶解氧和 pH 值的七种水样中肼的降解，每种水样中肼的浓度都是 5 mg/L，并连续分析 4 天，结果是：在河水中，肼的浓度在 2 天内下降到检测限（0.05 mg/L）以下，在池水中，4 天内降至 0.27 mg/L，自来水由于被软化和氯化，肼浓度在 4 天内下降很少，肼在硬水中降解快。

在地表水中，肼的氧化速率可通过加入已知量 HZ、MMH 和 UDMH 在氧饱和蒸馏水中，测量 pH 值和溶解氧随时间的变化求出[27]。

UDMH 的氧化产物在很大程度上依赖于反应条件，Urry 和 Coworkers 等发现 UDMH 氧化生成氨、二甲氨、二甲基亚硝基胺、重氮甲烷、一氧化二氮、甲烷、二氧化碳和甲醛。反应对 UDMH 是一级反应，对氧气则是零级反应。反应被金属催化，被 1,3-丁二烯等抑制。UDMH 最初氧化产物 1,1-二甲基-二氮烯寿命很短，如果它的浓度足够大时可发生聚合反应生成为四氮烷，或进一步被氧化。UDMH 被溶解氧氧化的研究证实了 UDMH 有较大的活性和微量金属离子的催化作用。水合肼的降解规律研究是选取一家水合肼生产厂的下游污水，采集水样进行室内实验及室外监测。室内实验数据表明，水合肼的降解规律符合动力学一级反应，即

$$C_t = C_0 e^{-K_t}$$

式中，C_0 为起始浓度，t 为降解时间，K 为降解系数，C_t 为 t 时的浓度。

在不同条件下水合肼的降解速度不同。实验证明水温、水中微生物、溶解氧和 pH 值对降解系数有较大的影响。

水温对水合肼的降解影响见下式

$$K_T = K_{20}\, \theta^{T-20}$$

式中，K_{20} 为 20 ℃时的降解系数，θ 为常数，K_T 为 T ℃时的降解系数。

利用城市生活污水做微生物接种液，取不同的污水加入接种液，分别在不同温度、自然光照及在通风条件下放置。实验结果表明：有微生物的水合肼污水比无微生物的含水合肼污水溶液降解速度快，θ 为 1.079，大于无微生物时的 θ(1.041)，微生物在水合肼降解过程中起一定作用。

溶解氧对水合肼的降解影响较大。在富氧条件下的降解速度大于正常氧条件下的降解速度，正常氧条件下的降解速度大于缺氧条件下的降解速度。在不同的 pH 值条件下对水合肼的降解不同，一般 pH 值在 6～8 水合肼可自然降解，pH 值在 4 以下及 10 以上时，水合肼基本稳定，pH 值对降解系数的影响为：$K_pH5 > K_pH8 > K_pH10 > K_pH4$。

Banerjee、Sikka 和 Gray[28]研究了 UDMH 在蒸馏水和湖水中被溶解氧氧化的动力学及微生物的作用。先将硫酸铜溶液在 30.0±0.1 ℃充分搅拌至少 10 min。然后加入几微升浓 UDMH 溶液则[UDMH]≫[O]，O_2 的消耗量由一台溶解氧检测仪测量，由[O]—时间曲线可得出速率常数。由不同 Cu^{2+} 浓度、不同 pH 值推导出的一级速率常数如表 3.5 所列。表中数据表明在 Cu^{2+} 浓度小于 1×10^{-6} mol/L 时，对 UDMH 的催化作用不明显。表中的一个干扰特征是负的截距，这可能是由于 UDMH 纯度不高的原因。在任何一种情况下，这种误差只会影响到截距，而对速率常数没有影响。

表 3.5　UDMH·HCl 氧化动力学

序　号	pH	$[Cu^{2+}]$ $\times 10^6$/mol/L	$K \times 10^4$[①] /(min^{-1})	截　距 $\times 10^7$[①] /(min^{-1})	Cc[②]
1	9.13	0.020 6	25.8	−88.6	0.996
2	9.13	0.061 8	35.4	−14.6	0.997
3	9.13	0.206	25.2	−49.4	0.983
4	9.13	2.06	55.4	−130	0.941
5	9.13	7.73	208	−584	0.990
6	9.13	15.5	178	−984	0.997
7	9.13	20.6	294	−416	0.992
8	9.13	25.8	342	−388	—
9	8.40	0.020 6	14.4	−32.4	0.989
10	8.88	2.18	21.0	−108	0.996
11	10.7	2.18	34.0	−17.0	0.987

注①：由 K_{abc} 对[UDMH·HCl]作图得到值，②线性回归系数。

Cu^{2+} 对氧化速率的影响见下列自由基反应机理

$$(CH_3)_2N - \overset{+}{N}H_3 \xrightleftharpoons{H^+} (CH_3)_2N - NH_2 \xrightarrow{Cu^{2+}} (CH_3)_2N - \overset{+}{N} \dot{H}_2 \xrightarrow{O_2}$$

$$(CH_3)_2N - \overset{+}{N} \dot{O}OH \xrightarrow{Cu^+} (CH_3)_2N - NHOOH \rightarrow (CH_3)_2\overset{+}{N} = NH$$

湖水是一种天然缓冲溶液,在加入 UDMH·HCl 前后 pH 值不发生变化,湖水中的动力学与蒸馏水中是同一个数量级,然而对于直接进行比较,则必须考虑到 pH 值的不同。UDMH 在环境 pH 值对的半衰期如表 3.6 所列(预测值)。

表 3.6　30℃ UDMH 半衰期与 pH 的关系

pH	$t_{1/2}/h$	pH	$t_{1/2}/h$
5	630	8	4.5
6	66	9	3.9
7	10		

三、在水溶液中的寿命

在水环境中,化学物质的寿命由种种不同反应历程决定,如化学降解、物理相之间迁移、稀释扩散等。肼类燃料在水中如果没有金属离子存在时相当稳定,Braun 和 Zirrdli 对非催化水溶液中肼类燃料的降解进行了研究,MMH 和 UDMH[29] 在蒸馏水、海水和池水中很稳定,在池水和海水中的半衰期为 10~14 天。MMH 不论是在蒸馏水还是在自然水中,如果没有催化金属离子或曝气,分解很慢;在去离子(蒸馏)水中,MMH 降解 300 h 后还剩下不到 20%。尽管在淡水和海水中,降解速率要快一些,但仍是很慢,半衰期一般为 2 周左右,在不同自然水体中变化不大,且与初始 MMH 浓度关系不大。UDMH 的降解速率与 MMH 相似,为了更准确地推出 UDMH 水溶液的半衰期并表征分解产物,用较低浓度的 UDMH 试验了 30 天,半衰期为 2 周。

四、在污水处理厂中的降解

MacNaughton 和 Farwald[30] 对 HZ、MMH 和 UDMH 在活性污泥处理系统中的降解进行了研究。

在连续进料时,如果肼的浓度超过 10 mg/L 时,在反应池中滞留 9 h,有机碳的去除效率明显降低,MMH 和 UDMH 分别为 5 mg/L 和 8 mg/L。对活性污泥不产生影响的浓度分别是肼:2 mg/L,MMH 和 UDMH:1 mg/L;然而,即使在如此低的浓度也不能确保出水中肼完全降解,只有在最低的肼浓度(<1 mg/L)时,出水中的肼才在检测限下。而在同样条件下,仍可检测到 MMH 和 UDMH。对于藻类,不产生影响必须将进水浓度控制在 1 mg/L 以下。

对氮硝化作用产生抑制的浓度分别是:MMH 是 0.5 mg/L,UDMH 和 HZ 是 1 mg/L。由于保持一个固定的有机氮浓度是很难的,因此定量地估测肼类燃料对有机氮的作用也很难,定性地讲,有机氮的去除与有机碳的去除非常类似,对于进水中浓度为 20 mg/L 的污水,在反应池中 UDMH 表现出较高的稳定性,浓度为 12.6 mg/L,而 HZ 下降至 6.1 mg/L,MMH 则下降至 3.7 mg/L。反应池中降解百分比可由衰减常数(decay constant)k 来估算,假设是稳定状态,在完全混合反应池中应用质量守恒定律,出水中浓度(C)与进水中浓度(C_0)之比可由下式计算

$$\frac{C}{C_0} = \frac{1}{1 + k\theta}$$

滞留时间(θ)为 6.67 h，采用在最低浓度下的衰减常数，去除百分率为 HZ：77%，MMH：67%，UDMH：39%，除 UDMH 外，其他的与实测值符合得很好。UDMH 的低降解率和相应的低毒性表明，UDMH 被自养型和异养型生物的利用都比 HZ 和 MMH 要少。

间隙进料(slug close)可能是偶然泄漏的结果，对于泄漏量大到可产生 25～250 mg/L，出水中仍然有推进剂存在。即使在下限 25 mg/L 时，出水中肼的浓度仍然对鱼、藻类和其他水生有机物产生毒害。对污水处理厂造成影响的浓度分别是：UDMH：74 mg/L，HZ：44 mg/L，MMH：约 32 mg/L。间隙进料对自养型生物的影响要比异养型生物影响显著得多。

五、偏二甲肼在水环境中的热力学平衡[31]

偏二甲肼在环境中热力学平衡过程包括：

1. 相间分配平衡过程

(1) 水(aq)-气(g)相平衡过程

由于偏二甲肼是易挥发物质，因此水-气相界面处存在着分配平衡，根据亨利定律可得

$$[UDMH(aq)] = H \, p_{(UDMH)}$$

式中，[UDMH(aq)]——偏二甲肼在水相中的平衡浓度；

　　　　H——亨利常数；

　　　　$p_{(UDMH)}$——偏二甲肼在空气中的分压。

假设偏二甲肼的水中稳态平衡浓度为$C_稳$，可得水气分配平衡浓度

$$p_{(UDMH)} = C_稳 / H$$

(2) 水(aq)-固(s)相吸附平衡过程[32,33]

偏二甲肼被沉积物和土壤吸收的过程实际上就是有机物溶解进入沉积物和土壤有机质的过程，即在水相中溶解与在沉积物中溶解的分配过程，从而有

$$(CH_3)_2NNH_2 + P = (CH_3)_2NNH_2 \cdot P$$

分配系数为

$$K_{aqs} = \frac{[(CH_3)_2NNH_2 \cdot P]}{[(CH_3)_2NNH_2] \cdot [P]]}$$

式中，K_{ac}——沉积物的吸附系数；

　　　　OC——沉积物中有机碳的百分数；

　　　　[P]——[(沉积物的百分数)-1]$^{-1}$。

一般地：$K_{aqs} = K_{ac} \cdot OC$

水相中的偏二甲肼吸附平衡浓度为

$$[(CH_3)_2NNH_2] = \frac{K_{OC}[P]C_{op}}{1 + K_{oc}OC[P]}$$

式中，C_{aq}——吸附前偏二甲肼的浓度。

(3) 水(aq)——生物(B)相吸附平衡过程

偏二甲肼的生物吸附过程可看作是水-生物相的吸附平衡过程。

$$(CH_3)_2NNH_2 + B = (CH_3)_2NNH_2 \cdot B$$

分配系数

$$K_{aqB} = \frac{[(CH_3)_2NNH_2 \cdot B]}{[(CH_3)_2NNH_2] \cdot [B]}$$

另外生物富集子(BCF,Bioconcentration Factor)表示平衡时生物体内的浓度与化学品在水环境中浓度的比值,即

$$BCF = \frac{平衡时化学品在生物体内的浓度}{化学品在水中的浓度}$$

显然,$K_{aqB} = BCF$。从而水相中的偏二甲肼生物吸附平衡浓度为

$$[(CH_3)_2NNH_2] = \frac{BCF[B]C_{oB}}{1 + BCF[B]}$$

式中,C_{0B}——生物吸附前 UDMH 浓度。

2. 溶液离解平衡

(1) 水相(aq)中解离平衡

偏二甲肼是有机弱碱,在水溶液中解离平衡为

$$(CH_3)NNH_2 + H_2O = (CH_3)_2NNH_3^+ + OH^-$$

解离平衡常数为

$$K_b = \frac{[(CH_3)_2NNH_3^+] \cdot [OH^-]}{[(CH_3)_2NNH_2]}$$

设偏二甲肼排放初始浓度为 C_0,则平衡时偏二甲肼浓度为

$$[(CH_3)_2NNH_2]_{平衡} = C_0 - \frac{\sqrt{K_b^2 - 4K_bC_0} - K_b}{2}$$

(2) 沉积物相吸附对解离过程的影响

有机离子可与沉积物发生交换,交换程度取决于沉积物的离子交换容量,另外,沉积物的粒径分布也影响沉积物对有机离子的吸附。由于实际过程中偏二甲肼的锯离程度较小,故忽略沉积物吸附对偏二甲肼溶解离子态的影响,仅考虑化合态的吸附。

(3) 生物相吸附对解离平衡的影响

生物相吸附的平衡常数为

$$(CH_3)_2NNH_2 + B = (CH_3)_2NNH_2 \cdot B$$
$$(CH_3)_2NNH_3^+ + B = (CH_3)_2NNH_3^+ \cdot B$$

$$K_{aqBH} = \frac{[(CH_3)_2NNH_3^+ \cdot B]}{[(CH_3)_2NNH_3^+] \cdot [B]}$$

忽略离子的生物相吸附,仅考虑生物相吸附对偏二甲肼化合态的影响。

3. 综合平衡分布系数

综合相间分配和解离平衡过程,偏二甲肼排放后初始浓度为

$$S_t = [(CH_3)_2NNH_2(g)] + [(CH_3)_2NNH_2(aq)] + [(CH_3)_2NNH_2 \cdot P] +$$
$$[(CH_3)_2NNH_2 \cdot B] + [(CH_3)_2NNH_3^+] + [(CH_3)_2NNH_2)HP^+] +$$
$$[(CH_3)_2NNH_2)HB^+ =$$
$$\left(1 + \frac{RT}{H}\right)[(CH_3)_2NNH_2(aq)] + [(CH_3)_2NNH_2 \cdot P] + [(CH_3)_2NNH_2 \cdot B] +$$
$$[(CH_3)_2NNH_3^+] + [(CH_3)_2NNH_2 \cdot HP^+] + [(CH_3)_2NNH_2 \cdot HB^+]$$

从而各型体对$[(CH_3)_2NNH_2(aq)]/S_t$的分母贡献为

① $[(CH_3)_2NNH_2(aq)]$

$$Q_1 = 1 + RT/H$$

② 沉积物吸附

$$Q_2 = K_{aqs}[P]$$

③ 生物吸着

$$Q_3 = K_{aqB}[P]$$

④ 偏二甲肼水解

$$Q_4 = K_b/[OH^-]$$

⑤ 沉积物吸附$(CH_3)_2NNH_4^+$

$$Q_5 = K_{aqsH} = K_b/[OH^-]$$

⑥ 生物吸附$(CH_3)_2NNH_3^+$

$$Q_6 = K_{aqBH}K_b/[OH^-]$$

从而各型体的综合分布系数为:

$$\beta = \frac{1}{Q_1 + Q_2 + Q_3 + Q_4 + Q_5 + Q_6}$$

$$[(CH_3)_2NNH_2(g)]: \alpha_0 = RT/H$$

$$[(CH_3)_2NNH_2(aq)]: \alpha_1 = Q_1/S_t = \beta$$

$$[(CH_3)_2NNH_2 \cdot P]: \alpha_2 = K_{aqs}[P]$$

$$[(CH_3)_2NNH_2 \cdot B]: \alpha_3 = K_{aqsB}[B]$$

$$[(CH_3)_2NNH_3^+]: \alpha_4 = K_b[H^+]/K_W$$

$$[(CH_3)_2NNH_2)HP^+]: \alpha_5 = K_bK_{aqsH}[H^+]/K_W$$

$$[(CH_3)_2NNH_2)HB^+]: \alpha_6 = K_bK_{aqBH}[H^+]/K_W$$

总溶解态分数

$$\alpha_{aq} = \alpha_1 + \alpha_4 = \frac{\beta(K_W + [H^+])}{K_W}$$

总沉积物吸着态分数

$$\alpha_p = \alpha_2 + \alpha_5 = \frac{\beta(K_{aqs}K_W[P] + K_bK_{aqsH}[H^+])}{K_W}$$

总生物吸着态分数

$$\alpha_B = \alpha_3 + \alpha_6 = \frac{\beta(K_{aqB}K_W[B] + K_bK_{aqBH}[H^+])}{K_W}$$

若不考虑沉积物和生物相对离子态的吸附作用,则可令$K_{aqsH}=0$,$K_{aqBH}=0$,代入[P]、[B]、$[H^+]$、K_b、K_{aqs}、K_{aqB}、H 和 T 的值,即可求出各型体的综合平衡浓度。

第3节　液体推进剂在土壤中的迁移转化

液体推进剂的泄漏除了污染大气和水体外,还会对土壤造成污染。因为在土壤中存在着气、液、固相,故推进剂在土壤中的行为非常复杂,包括不可逆的化学吸附及可逆的物理吸附、从土壤溶液到胶体的迁移、微生物降解等过程。当推进剂泄漏至地面时,有一部分挥发到大气中,一部分溶解于水溶液中,还有一部分渗到土壤中,如表 3.7 所列,总结了肼类燃料在大气及水中的蒸发速率及半衰期[34]。

表 3.7　肼类燃料在大气及水中的蒸发速率及半衰期

化合物	蒸发速率 /(mg·cm^{-2}·min^{-1})	半衰期	
		大气/h	水/d
HZ	0.49	1.10	7
MMH	1.7	2.7	10
UDMH	13	100	10

在土壤中,肼与土壤的相互作用非常复杂,与土壤的类型有关。肼可被土壤胶体物理吸附或者化学吸附[35]。在较低 pH 值时,肼与粘土之间的作用主要是可逆离子交换,但在 pH 值较高时,由于在土壤表面形成不溶的铝和铁的氢氧化物,可通过氢键作用结合大量肼。如果粘土被 Cu^{2+} 活化并且充分曝气,则肼的降解非常迅速。

肼对土壤微生物的毒性大小是 N_2H_4＞MMH＞UDMH[36],当 N_2H_4＞0.05 mg/L 时,细菌对肼的反应是以对数规律递减,并依赖于肼的剂量,表现出杀菌作用和抑菌作用。

一、肼类燃料与土壤中胶体组分的相互作用

在 UDMH 情况下,用 50 mL 水即可从沙砾中将 100% UDMH 沥滤出,但在腐蚀质中,观察到很强的相互作用,结果用 500 mL 水萃取后,回收率小于 20%。肼类可由基本不变形的泥土胶体吸附或不可逆地使用化学方法吸附。可逆的离子交换是低 pH 值下肼-粘土相互作用的主要机理,但在较高的 pH 值下,在表面生成不溶性的铝和离子水合氧化物,并将大量的肼通过氢键和通过阳离子形式的肼化作用而结合在一起。如若粘土用 Cu^{2+} 活化并使其透气,则能极为有效地使溢出的肼降解。当试验肼类毒性对泥土微生物生长动力学的影响时,其毒性顺序是：N_2H_3＞MMH＞UDMH。其细菌特性曲线在对数增长一开始就被延缓。具有施加抑制效力的肼浓度不小于 $0.05×10^{-6}$。因肼实际上是作为某些固氮菌的中间产物而产生的,故耐肼细菌的繁殖对肼的兴旺应不感到意外。固氮菌中的酶能使肼催化分解,并通过固氮菌加速肼的吸收。

在土壤环境中,对吸附和解吸附过程有活性的是胶体组分,胶体组分是粘土的主要成分,它与粘土中矿物质、各种氢氧化物特别是 Al、Fe 和 Mn 的氢氧化物、有机腐殖质有关。胶体中每一组分都可单独存在于土壤中,但每一种土壤中都是粘土各组分构成的成团土壤胶体结构(conglomerate soil colloid)。常温下,肼在土壤中有较高的蒸气压,土壤胶体-肼的气相反应是很重要的,特别是在吸附质浓度很高,pH 值很高且土壤中含水量很少的情况下,溶解氧能很大程度降解肼,因此在碱性条件下,区分吸附和降解很重要。很多过渡金属都可以催化肼的降解,这些催化剂在没有氧气存在的情况下作为一个或两个电子的接受体。Hayes 等(1984 年)研究表明肼与同离子交换土壤胶体的相互作用大大提高了肼的降解。Hayes、Chia 和 Totmah[38]等研究了 HZ、MMH 与同离子交换粘土和腐殖酸作用,在有氧气存在的情况下,肼可在溶液中被降解,降解随 pH 值升高而增强,被 K^+、Na^+、Mg^{2+}、Cu^{2+}、Mn^{2+}、Ca^{2+} 和 Fe^{3+} 同离子交换粘土表面催化加强,在 Cu^{2+}-蒙脱土存在时,肼的降解剧烈而迅速。Na^+-粘土的吸附随 pH 值从 4～8 而增加,腐殖酸吸附则由大分子的形状控制,这反过来也影响了电荷中和。在

土壤环境中,吸附作用受腐殖质影响很大,而受粘土影响很小。

1. 肼在蒙脱土中的降解

用 Camp Berteaa 蒙脱土和 Oneal Pit 高岭土试验,在溶液中肼首先被溶解氧氧化,如果溶液中没有粘土,HZ 和 MMH 浓度分别被氧化为初始浓度的 90% 和 85%。把肼加入粘土悬浊液中,一部分肼被吸附,另一部分被氧化,其中吸附很迅速。利用下式可测定降解程度,如表 3.8 所列,是在 1% 粘土悬浊液中 pH 值不同时肼的降解数据。

$$K = A/(B - C)$$

式中,K——在 1% 粘土悬浊液中肼的降解程度;

　　A——一段反应时间后,在上层清液中肼的量;

　　B——初始肼的量;

　　C——被吸附肼的量。

表 3.8 中数据表明除了 Cu^{2+}-粘土外,3 h 后,肼约被降解 30%,延长时间,对于 Mn^{2+} 和 Fe^{2+} 深度降解较明显。肼的吸附作用在 pH=8.8~9.9 较小,被 Fe^{3+} 和 Al^{3+}-粘土(pH=7.6)吸附量较高。

表 3.8　不同 pH 值时,同离子交换蒙脱土制备 1% 悬浊液中肼的降解和吸附程度

粘土中的可交换离子		悬浊液 pH 值		非吸附降解/%		吸附(g⁻¹粘土)
		加肼前	加肼后	3 h 后	24 h 后	/(μmol/g)
加入肼	K^+	6.4	9.6	30~35	40~45	—
	Na^+	5.6	9.9	30~35	40~45	100
	Ca^{2+}	7.2	9.2	30~35	40~45	90
	Mg^{2+}	6.5	9.5	30~35	40~45	83
	Cu^{2+}	4.9	5.2	>95	>95	243
	Mn^{2+}	5.6	9.6	30~35	60~45	113
	Al^{3+}	3.6	7.6	30~35	30~45	738
	Fe^{3+}	2.8	7.6	30~35	50~45	819
加入 MMH	Na^+	5.6	8.8	30~35	—	81

如表 3.9 所列给出了在不同 pH 值,金属氯化物阳离子浓度 320 mg/L 时肼的降解。将肼加入 $CuCl_2$、$AlCl_3$、$FeCl_3$ 溶液中不会引起 pH 值升高,其中在 $CuCl_2$ 溶液中降解得最快并伴随有灰白色沉淀生成。在 3~24 h 内 $MnCl_2$ 溶液中肼的降解程度显著增加,并有暗的浅白色胶状沉淀生成,$FeCl_3$ 溶液中的降解有浅褐色胶状沉淀生成。

2. 肼、甲基肼与同离子交换粘土的相互作用

肼在 Na^+、K^+、Mg^{2+} 和 Ca^{2+}-蒙脱土悬浊液(pH=9.2~9.9)中的降解比相应的金属氯化物溶液中(pH=8.1~8.5)要迅速得多,体系中非均质成分-蒙脱土可催化降解反应,较高 pH 值和粘土的催化作用可增强降解程度。

肼在 Mn^{2+}-蒙脱土中的降解要比 $MnCl_2$ 溶液中大(分别是 30%、10%,pH 值为 9.6 和 8.3),在 pH 值较高时会形成锰的氢氧化物,Mn^{2+} 比 Na^+、K^+、Mg^{2+} 和 Ca^{2+} 有更强的促进降解作用,Mn^{2+} 与肼络合的能力及它的易水解性(pKa=10.5)增强了吸附质和 Mn^{2+}-蒙脱土之

间的作用。

表 3.9　在不同 pH 值时,在金属氯化物溶液中($320\ mg/LMn^{2+}$)肼的降解程度

氯化物阳离子	溶液 pH 值		肼降解百分数/%	
	加肼前	加肼后	3 h 后	24 h 后
K^+	5.4	8.4	<10	<10
Na^+	5.7	8.5	<10	<10
Ca^{2+}	5.5	8.1	<10	20
Mg^{2+}	5.2	8.4	<10	20
Cu^{2+}	4.5	4.3	50	>95
Mn^{2+}	5.8	8.3	<10	75
Al^{3+}	3.6	3.6	<5	<5
Fe^{3+}	2.2	2.2	<5	20

在 $CuCl_2$ 溶液中,初始降解速度很快,同时 Cu^{2+} 被肼还原为 Cu^+,由于生成 Cu(I)络合物从而使肼不易被降解。而在粘土溶液中,由于粘土表面增大了有效 Cu^{2+} 浓度,从而使肼的降解增强,即使在上层清液中肼的浓度为 0,在粘土上仍可检测到肼。Cu^{2+} 的水解或还原都将引起粘土上多电荷的不平衡,这可由肼离子来平衡。肼被粘土吸附后很稳定,不易分解。

如表 3.10 所列给出了肼被同离子交换蒙脱土和高岭土吸附肼的最大吸附量和被 Al^{3+}-蒙脱土吸附的 MMH 量。表 3.10 中数据表明,溶液的 pH 值对肼的吸附影响很显著,随着 pH 值升高,Na^+-粘土吸附作用减弱。Ca^{2+}-蒙脱土的吸附很低,Al^{3+}-粘土在 pH≥8 时吸附量增加很大,这是由于生成了氢氧化铝。Fe$(OH)_3$-蒙脱土的吸附等温线是线性的,像 Al$(OH)_3$ 体系一样,在 pH=8 时吸附的肼比 pH=10 时多,这是由于在 pH 从 8 调到 10 时出现了解吸。

表 3.10　蒙脱土(M)和高岭土(K)吸附肼(N_2H_4)、甲基(CH_3NHNH_2)的最大量

粘　土	粘土悬浊物初始 pH 值	肼溶液的 pH 值	最大吸附量/($\mu mol/g$)	
			N_2H_4	CH_3NHNH_2
Na^+M	5.6	4.0	650	—
	5.6	8.0	100	—
$Ca^{2+}M$	4.0	4.0	70	—
	6.8	10.0	97	—
$Al^{3+}M$	4.0	4.0	149	—
	4.0	10.0	900	1 000
	8.0	8.0	1 500	1 500
	10.0	10.0	225	—
$Fe^{3+}M$	2.8	8.0	900	—
	2.8	10.0	1 100	—
Na^+M	6.7	4.0	120	—
	6.7	8.0	75	—
$Al^{3+}K$	4.5	4.0	42	—
	8.0	8.0	220	—

3. 粘土对甲基肼的气相吸附

MMH 气相被 Na^+-蒙脱土吸附的等温线是 II 型,但沿着整个吸附—解吸路线有一个很明显的迟滞。等温线"环形"是极性蒸气被蒙脱土吸附和解吸的特征,是由于在层间有有机分子的插入所致。MMH 被 Na^+-高岭土吸附等温线也是 II 型,尽管在较高的相对压力时解吸等温线出现了一些迟滞,但大部分解吸与吸附等温线还是很接近的。MMH 被 Fe^{3+}-高岭土的吸附等温线也是 II 型,但在解吸过程中迟滞很明显,当吸附过程被逆转时只有 0.4 mmol/g 没有被解吸。

表 3.11　同离子交换粘土吸附 MMH 和水蒸气的吸附等温线的 BET 分析数据

BET 分析	MMH				水蒸气	
	Na^+-K	$Fe^{3+}-K$	Na^+-K	Na^+-K	$Fe^{3+}-K$	Na^+-K
C 常数	506	33	434	36	245	6.4
比表面积/(m^2/g)	50	32	725	29	15	460.2
单层容量/$(mmol/g)$	0.39	0.21	2.5	0.39	0.21	3.1
吸附热/(kJ/mol)	−15.4	−8.6	−15.1	−8.9	−13.4	−4.6
吸附质:可交换离子	4:1	7:1	3:1	4:1	7:1	4:1

注意:BET 的应用和等比容分析在吸附不可逆时并非绝对有效,然而所得的数据对于比较历程是有用的。

4. 肼被腐殖酸的吸附

在 pH=4 时,H^+、Ca^{2+} 和 Al^{3+}-腐殖酸与肼溶液的相互作用表明,水合肼极易被 H^+-腐殖酸固定,接下来是 Ca^{2+} 和 Al^{3+}-腐殖酸。在任何情况下,测得的最大吸附量仅是吸附剂阳离子吸附容量的一部分(12%~23%),大分子结构内部扩散到键位的立体障碍使吸附程度较低。

5. pH 对吸附的影响

在 pH=4 时,吸附质是 $N_2 H_5^+$ 或 $CH_3 NHNH_3^+$,在粘土表面与阳离子键合的强度:$Na^+<Ca^{2+}<Al^{3+}<Fe^{3+}$。阳离子极化能和配位能按 $Fe^{3+}>Al^{3+}>Ca^{2+}>Na^+$ 顺序递减,在 pH=4 时,肼被 Al^{3+}-蒙脱土吸附量比 Na^+-粘土小,但比 Ca^{2+}-粘土大。Al^{3+}-体系吸附量高归因于阳离子极化能。交换反应如下所示:

$$Al(H_2O)_6^{3+} + N_2 H_5^+ \rightarrow [Al(H_2O)_5(OH)^-(N_2 H_5^+)]^{3+} + H^+$$

在 pH=8 时,溶液中肼被 Na^+-蒙脱土吸附比在 pH=4 时小得多,此时溶液中肼的浓度等于肼离子的浓度。肼被 Ca^{2+}-蒙脱土的吸附在 pH=8 和 pH=4 时非常接近,对于该物质,阳离子交换不占优势,不如阳离子水解和配位重要。在 Fe^{3+}-和 Al^{3+}-蒙脱土中,吸附作用引起阳离子水解,而与多价阳离子配位水合物的离解程度越强,肼离子与粘土越近,与 H^+ 交换也增加。Fe^{3+} 和 Al^{3+}-蒙脱土与粘土的交换容量相近,这表明阳离子水解为中性物质。

6. 被氢氧蒙脱土和氢氧高岭土的吸附

当粘土在 NaOH 稀溶液中平衡 24 h 后,可在 Fe^{3+}、Al^{3+}-粘土表面形成氢氧化"砂土"。Al^{3+}-体系的深入研究表明阳离子被中和为 $Al(OH)_3$,这种氢氧化物不能与 0.1 mol/L NaCl 溶液进行离子交换,$Al(OH)_3$ 中的 OH^- 对负电荷有贡献,在 pH=8 时 HZ 和 MMH 被 Al^{3+}-蒙脱土键合的主要机理是肼离子与 Na^+ 的交换(Na^+ 来自生成 $Al(OH)_3$ 的 NaOH),主要包括：

① 强碱与氢氧化物作用：

$$-Al-OH+N_2H_4 \rightarrow AlO^- + N_2H_5^+$$

② 在吸附质与粘土表面之间以及在表面吸附质分子之间范德华力的作用。

③ 质子化和非质子化物质之间的 OH 键。

④ HZ 和 MMH 作为单配位基或在铝晶格之间作为成键配位基。

在 pH＝10 时吸附作用比 pH＝8 时少的事实说明氢氧化物仅在某一 pH 值范围内才是稳定的，最大吸附量出现在粘土表面形成中性物质最多时，而不是生成 OH⁻ 时。

二、肼在砂质土壤中迁移数值模拟[38]

Mansell 提出了一个描述含有 N_2H_4、$N_2H_5^+$ 和土壤阳离子，如 Cu^{2+} 的溶液流过水饱和土壤时的迁移转化模型。在模型中假设存在于土壤中的 N_2H_4、$N_2H_5^+$ 通过不可逆的化学吸附转移到土壤溶液中，通过可逆的物理吸附转移至土壤固体相上，并可由细菌和化学降解作用完全降解。当 pH＜7.8 时，假定一部分 N_2H_4 通过水解作用转化为 $N_2H_5^+$，$N_2H_5^+$ 可与土壤交换相中最初存在的离子（如Cu^{2+}）进行离子交换。

N_2H_4（溶液 1#）、$N_2H_5^+$（溶液 2#）和土壤阳离子（溶液 3#）的迁移转化数学方程如下

$$\frac{\partial c_1}{\partial t} = D \frac{\partial^2 c_1}{\partial z^2} - v \frac{\partial c_1}{\partial t} - \sum_i^3 \phi_{1i} \tag{3-1}$$

$$\frac{\partial c_2}{\partial t} = D \frac{\partial^2 c_2}{\partial z^2} - v \frac{\partial c_2}{\partial t} - \sum_i^4 \phi_{2i} \tag{3-2}$$

$$\frac{\partial c_3}{\partial t} = D \frac{\partial^2 c_3}{\partial z^2} - v \frac{\partial c_{13}}{\partial t} - \phi_{3i} \tag{3-3}$$

式中，c_1、c_2、c_3——N_2H_4、$N_2H_5^+$ 和土壤阳离子浓度，$\mu g/ml$；

$\quad$ D——扩散系数，cm^2/h；

$\quad$ v——$v=q/\theta$ 是孔隙水速率，cm/h，q 是达西速率，cm/h，θ 是体积水含量，cm^3/cm^3；

$\quad$ z——通过土壤的距离，cm；

$\quad$ t——时间，h；

$\quad$ ϕ_{1i}、ϕ_{2i}、ϕ_{3i}——N_2H_4、$N_2H_5^+$ 和土壤离子的反应沉降项。

方程式(3-1)、(3-2)、(3-3)中的三个沉降项是由特定的反应给出，如肼的动力可逆物理吸附由方程(3-4)给出

$$\phi_{11} = k_f c_1^n - \left(\frac{\rho}{\theta}\right) k_b \bar{c}_1 \tag{3-4}$$

式中，k_f、k_b——分别代表正、逆速率系数，h^{-1}；

$\quad$ ρ——土壤容积密度，g/cm^3；

$\quad$ $\bar{c}_1$——在固相中肼的浓度，$\mu g/g$；

$\quad$ n——在平衡状态下，与 Freundlich 吸附等温线有关的无量纲指数。

在流动状态下对于局部平衡，方程(3-4)可变为

$$\phi_{11} = n\left(\frac{\rho}{\theta}\right) k c_1^{n-1} \frac{\partial c_1}{\partial t} = n\left(\frac{\rho}{\theta}\right) \frac{k_f}{k_b} c_1^{n-1} \frac{\partial c_1}{\partial t} \tag{3-5}$$

式中，k——Freundlich 扩散系数，cm^3/g。

假定肼的化学吸附、细菌降解和化学降解为一阶不可逆反应则

$$\phi_{12} = k_1 \cdot c_1 \qquad (3-6)$$

式中，k_1——反应速率系数总和，h^{-1}。

下式为肼的水解方程

$$\phi_{13} = 10^{\mathrm{pH}-7.8}\frac{\partial c_2}{\partial t} \qquad (3-7)$$

包括与土壤离子进行交换的 $N_2H_5^+$ 反应项

$$\phi_{21} = \left(\frac{\rho}{\theta}\right)\frac{\partial \bar{\bar{c}}_2}{\partial t} \qquad (3-8)$$

式中，$\bar{\bar{c}}_2$——土壤交换相中肼离子浓度，$\mathrm{mol/ml}$。

在方程（8）中需输入所用土壤的离子交换容量和交换选择性系数。肼的降解可表示如下

$$\phi_{22} = k_2 \cdot c_2 \qquad (3-9)$$

式中，k_2——总速率系数，h^{-1}。

物理吸附见下式

$$\phi_{23} = k_\mathrm{a}\, c_2^m - \left(\frac{\rho}{\theta}\right)k_\mathrm{d}\,\bar{c}_2 \qquad (3-10)$$

式中，$\bar{c}_2$——吸附相中肼离子的浓度，$\mathrm{mol/ml}$；

m——Freundlich 指数；

k_a——正速率系数，h^{-1}；

k_d——逆速率系数，h^{-1}。

对于吸附速率还需一个独立方程

$$\frac{\partial \bar{c}_2}{\partial t} = \left(\frac{\theta}{\rho}\right)k_\mathrm{a}\, c_2^m - k_\mathrm{d}\, c_2 \qquad (3-11)$$

水解由下式给出

$$\phi_{24} = 10^{7.8-\mathrm{pH}}\frac{\partial c_3}{\partial t} \qquad (3-12)$$

Cu^{2+} 阳离子交换由下式给出

$$\phi_{31} = \left(\frac{\rho}{\theta}\right)\frac{\partial \bar{\bar{c}}_3}{\partial t} \qquad (3-13)$$

式中，$\bar{\bar{c}}_3$——交换相中最初的土壤阳离子浓度，$\mathrm{mmol/ml}$。

在水饱和土壤柱中溶液和固相中 c_2 和 $\bar{c}_2$ 浓度最初为零，在整个期间维持液体流速恒定（v 是常数），溶液浓度为 c_0，边界条件是

$$vc_0 = vc_2 - D\frac{\partial c_2}{\partial z} \qquad (t>0) \qquad (3-14)$$

在长度为 $L(\mathrm{cm})$ 的柱底，边界条件是

$$\frac{\partial c_2}{\partial z} = 0 \qquad (t>0) \qquad (3-15)$$

用 Crank - Nicholsm[39] 有限差分法解在（14）、（15）条件的方程（2）、（8）、（9）、（10），在数据解中，调整时间间隔 Δt 和距离间隔 Δz，以确保解中累积质量平衡误差最小。

三、肼类燃料在土壤中的渗滤和吸附[40]

用三种不同土壤作为肼类燃料在土壤中的渗漏和吸附研究这三种土壤成分如表 3.12 所列。

表 3.12　土壤成分

土壤类型	潮湿组分/%	砂/%	粘土/%	有机质/%	pH
砂	—	100.0	—	—	—
粘　土	1.5	69.3	27.9	微量	3.7
有机质土壤	0.2	96.1	1.0	1.0	6.4

土壤渗滤结果如表 3.13 所列,从表中可以看出,肼与所有自然土壤之间的作用都很强烈。

表 3.13　土壤柱中肼类燃料的回收百分率
%

土壤类型	HZ	MMH	UDMH
砂　土	89.1±0.4	86.9±0.7	99.9±0.1
有机质土壤	1.3±0.6	6.5±0.3	21.9±1.8
粘土(10%)	7.6±2.0	6.3±1.6	7.2±0.8

推进剂与自然土壤的相互作用反映 2 个主要历程:(1)推进剂的化学吸附,(2)推进剂物理吸附到土壤组分上。在有机质土壤中,推进剂—土壤的相互作用反映了各种推进剂的反应活性大小为:HZ>MMH>UDMH,这表示了推进剂分解在这些土壤中是主要历程。在 HZ 和 MMH 中,每个氮原子上都有氢键,可分解形成活泼的二酰亚胺中间体。

$$RNH-NH_2 \xrightarrow{OX \cdot} RN=NH$$
$$R=H \text{ 或} CH_3$$

这些不稳定的二酰亚胺产物迅速分解,而 UDMH 在一个氮原子上有两个甲基,不易形成二酰亚胺中间产物。相反地,两个氢原子被缓慢氧化,形成一种稳定的二氮烯。

$$(CH_3)_2N-NH_2 \xrightarrow{OX \cdot} (CH_3)_2 N^+=N^-$$

土壤吸附研究旨在确定在肼类燃料与土壤之间相互作用中化学降解和物理吸附的作用。如前所述,"吸附的肼类燃料"是由肼溶液与土壤混合前后浓度差而计算得出,这个计算值实际包括了与土壤混合时的肼类燃料的物理吸附和化学降解。肼类燃料的物理吸附可由肼类燃料—土壤混合后从土壤酸洗洗脱出的燃料量而精确测量,在肼—土壤混合相中的化学降解可由"吸附"和"洗脱"差估算出,吸附结果如表 3.14 所列,这些结果再次表明肼与干净砂土不发生作用,但与自然土壤作用非常强烈,肼类燃料—自然土壤之间相互作用有几种不同趋势。首先,所有肼类燃料与粘土作用最强,对于 HZ 和 MMH 主要是物理吸附,而对于 UDMH 则是吸附和化学降解,因此,大部分被吸附的 HZ 和 MMH 可被酸洗回收。其次,HZ 和 MMH 与所有类型土壤的相互作用都比 UDMH 强,又反映了它们的较大活性。

表 3.14　在土壤吸附中肼类燃料行为

土壤类型	肼类燃料	吸　附	洗　脱	没有回收
砂　土	HZ	1	2	—
有机质土壤	HZ	53	25	28
粘　土	HZ	77	59	18
砂　土	MMH	0	3	—
有机质土壤	MMH	46	26	20
粘　土	MMH	73	64	8
砂　土	UDMH	0	5	—
有机质土壤	UDMH	26	15	11
粘　土	UDMH	80	30	50

注：(a) 肼类燃料初始浓度为 0.002%(V/V)；

(b) 土壤-肼类燃料混合时分解或吸附百分率；

(c) 用 0.1 mol/LHCl 酸洗百分率；

(d) 吸附/分解和洗脱之差，可表示被分解的部分。

四、肼类燃料与土壤微生物作用

肼类燃料对许多生物都是有毒的，Street 对它们在土壤中的残留性，HZ 和 MMH 与土壤微生物的作用进行了研究[41]。对土壤处理是将 100 g 或 200 g Arredondo 细砂土置于 250 mL 或 500 mL 有螺旋盖的塑料瓶中，用 10～500 $\mu g/g$ 的 HZ 或 MMH 溶液处理，混合后，加水使土壤-水含量为 8 mL H_2O/g 土壤。从土壤中提取残留肼的方法是将悬浮于 0.1 mol/L NaCl 溶液的试样振荡 10 min 后，离心分离。对于土壤呼吸量的测定是将土壤试样放出的 CO_2 由 KOH 捕集，由滴定法确定。

1. 肼

在较低浓度(≤100 $\mu g/g$)时，HZ 迅速从 Arredondo 土壤中消失，即使在 500 $\mu g/g$ 时，在 8 d 内可完全化学去除，通过比较在无菌和有菌条件下 HZ 的损失可知，自动氧化是主要因素，生物降解作用相对较小，仅占 20% 左右。

在肼处理过的土壤试样中总 CO_2 放出量刚开始时被阻滞，并随 HZ 浓度增加阻滞作用也增强，然而，这种阻滞作用是暂时的。2 d 后，所有试样都从阻滞作用中恢复过来。

在肼处理试样中，刚开始时细菌数量有所减少，但真菌数量则不受影响。对于 100 $\mu g/g$ 处理过的试样，细菌数量迅速恢复，这反映了在该浓度上肼在 1 d 内迅速消失的事实。

从 Arredondo 土壤中分离出一种 Achromobacter，这种细菌可迅速降解肼。用高压釜消毒后对 HZ 没有降解能力，这说明降解主要是微生物。Achromobacter 可降解肼盐和肼，将 HZ 氧化为 N_2，同时还可提高水中肼的降解。当培养 18 h 后的 Achromobacter 被加入含有 50 $\mu g/g$ 肼的 6 种水溶液中，2 h 内有 96%～22% 的肼被降解，如果不加入细菌，HZ 在这些水中保温 2 h 没有任何降解。

2. 甲基肼

与 HZ 类似，MMH 在 Arredondo 土壤中降解非常迅速，对于 100 $\mu g/g$ 和 500 $\mu g/g$

MMH,在 48 h 内可完全降解。10 $\mu g/g$ 和 100 $\mu g/g$ 的 MMH 不会对土壤中细菌和真菌有任何毒性。事实上,28 d 后在 10 $\mu g/g$ 和 100 $\mu g/g$ 处理过的土壤呼吸作用比对比试验的还要大,部分是由于 MMH - C 降解为 CO_2,部分是由于一般的土壤呼吸作用没有被抑制。

Achromobacter 不仅对 HZ 有高度降解能力,而且对 MMH 的降解能力也很强。另外,从 Arredondo 土壤中分离出的另一种细菌——Pseudomonas 也可降解 MMH。

五、偏二甲肼在土壤中的吸附研究

徐勤[42]等取西北地区常见的黄棕土壤和南方的红壤土为实验对象,用特制的取样器钻取 0~20 cm 表层土壤,土样在空气中晾干、磨碎、过筛后,在实验室的温度为 20 ℃,准确称取 0.5~1 g 土样于 6 个三角瓶中(其中 0~3 号为红壤土,4~6 号为黄棕壤土,1~6 号中偏二甲肼溶液质量:土壤质量分别为 5:1、10:1、15:1、5:1、10:1、15:1),盖上反口胶塞充氮,各按比例加入 5% 偏二甲肼的水溶液,立即用分光光度法测悬浊液中的偏二甲肼浓度,然后每隔一定时间用相同的方法测量悬浊液中的偏二甲肼的浓度,观其变化趋势,等基本稳定后,即可认为浓度为吸附平衡浓度。用同样的方法分别测偏二甲肼浓度为 10%、22.22%、49.90%、98.80% 的水溶液与土壤吸附后的平衡浓度。通过实验得到偏二甲肼在土壤中的吸附曲线,建立吸附模型,同时对偏二甲肼在土壤中的吸附以及降解产生甲醛的动力学进行了初步探讨。

对于 1 号试样是酸性红壤土,因红壤土显弱碱性,而偏二甲肼为弱碱性物质,红壤土对偏二甲肼吸附中有较强的化学吸附,吸附等温线类似于第 1 类型的吸附曲线,吸附模型为

$$\frac{x}{m} = 23.23\, c^{0.6687}$$

式中,x——吸附质的量,kg;

　　c——吸附达到平衡时溶质在溶液中的浓度,mol/L;

　　m——吸附剂的量,kg。

其余的试样吸附等温线类似于 II 型吸附等温线,这说明在这 5 种试样中土壤对偏二甲肼的吸附均以物理吸附为主。4~6 号样中土壤是显弱碱性的黄棕壤土,对同样显弱碱性的偏二甲肼化学吸附较弱,而 2~3 号样虽然为红壤土,但由于偏二甲肼与土壤的比例大。物理吸附与化学吸附相比占优势,2~6 号样的吸附模型为

$$\frac{x}{m} = 44.02\, c^{0.9178}$$

$$\frac{x}{m} = 115.72\, c^{0.8246}$$

$$\frac{x}{m} = 24.82\, c^{0.9781}$$

$$\frac{x}{m} = 100.97\, c^{0.8276}$$

$$\frac{x}{m} = 188.54\, c^{0.7539}$$

土壤对偏二甲肼的吸附过程由初始阶段的快速反应和后续期的慢速反应 2 部分组成,前者历时约 6 h,土壤胶体的吸附部位大部分迅速被偏二甲肼占据,吸附量增长很快,但 6 h 后,土壤吸附量虽也随时间增加,但增值越来越小,吸附量逐渐接近最大值,说明土壤对偏二甲肼

的吸附不是简单的一级或二级动力学反应。1 号试样的吸附率在 35%~65% 之间,比较其他试样 70%~90% 的吸附率要小,这是因为 1 号样中土壤对偏二甲肼是单分子层吸附,当土壤胶体表面被一层偏二甲肼分子所覆盖后,不再吸附偏二甲肼分子。而 2~6 号样为多分子层吸附,在吸附一层偏二甲肼分子后还可继续吸附,第一层吸附是偏二甲肼分子与土壤胶体表面直接发生联系,吸附热一般较大,相当于化学反应的数量级,而第二层以后的各层是相同分子之间的相互作用,吸附热都相等,而且相当于该气体的冷凝热。在吸附的同时还伴随着解吸过程,因此在吸附过程中出现了吸附量迅速增大的快速反应和后续期缓慢增长的慢速反应 2 个部分。

　　偏二甲肼在土壤中分解产物有甲醛、二甲胺、甲胺和氢氰酸。甲醛在水-土体系中存在着吸附-解吸平衡,同时由于甲醛的挥发性,在液相与气相中还存在一个挥发溶解的平衡,如图 3.3 所示。

$$\text{偏二甲肼} \xrightarrow{\ \nu\ } \text{土壤} \underset{\text{解吸}\nu_2}{\overset{\text{吸附}\nu_1}{\rightleftharpoons}} \text{液相} \underset{\text{挥发}\nu_4}{\overset{\text{溶解}\nu_3}{\rightleftharpoons}} \text{气相}$$

图 3.3　偏二甲肼在土壤中的相平衡

　　在实验条件,试样与大气隔绝,因此可认为在此条件下,甲醛的挥发量相当少,挥发和溶解达到平衡时,即 $\nu_3 = \nu_4$,由实验数据可知,在低浓度下,水相中甲醛浓度在出现一个下降峰后,逐渐上升,最后趋近于一个恒定值,这是由于在低浓度下,土壤吸附的偏二甲肼量小,则降解产生的甲醛量较小,同时土壤对甲醛的吸附速度主要是由甲醛分子在土壤胶体上的覆盖率决定,显然 $\nu_1 > (\nu_2 + \nu)$,因此水相中甲醛出现一个低峰值,在这个过程中,ν_1 逐渐变小,而 ν_2 慢慢增大,当 $\nu_1 = \nu_2$ 时达到吸附平衡,而附在土壤上的偏二甲肼分子一直在缓慢降解,产生的甲醛进入液相,可以近似认为 ν 为定值,当 $\nu_1 = (\nu_2 + \nu)$ 时,达到最低点,而此时并未达到吸附平衡,因此 ν_1 继续下降,ν_2 继续升高,即 $\nu_1 < (\nu_2 + \nu)$,液相中甲醛浓度升高,达到吸附平衡后,土壤中偏二甲肼的降解完全主导了液相中甲醛的浓度,在实验中一开始就测到了甲醛的浓度,这是因为在配制试样中所用去离子水中有氧气,同时偏二甲肼本身亦含有微量氧化产物。

习　题

　　1. 举例说明液体推进剂在环境中的形态是多样的,有些中间产物毒性远远高于原来的物质形态?

　　2. 肼类燃料与氮氧化物在环境中的相互作用机理是什么?

　　3. 偏二甲肼在环境中的迁移转化作用主要有哪些?举例说明。

　　4. 偏二甲肼对水生生物的毒性体现在哪些方面?

　　5. 偏二甲肼在水环境中的迁移转化遵循那些平衡?

　　6. 硝基氧化剂对环境的破坏主要体现在哪些方面?

　　7. 浅谈肼类燃料对土壤的作用机制。

第4章　推进剂气态污染物的治理

第1节　大气污染基本知识

人类生存的地球周围被空气笼罩,这就是人们俗称的大气。据统计,整个大气的重量约为 6×10^{15} t,95%集中在地表上空的对流层中。

空气是人类赖以生存的必要因素之一。人们通过呼吸过程吸收空气中的氧,维持身体各部组织和细胞的生存。正常人一次呼吸空气量约 500 mL。按每分钟呼吸 16 次计算,则每人吸入空气量约 1 万立升,约为每天所需食物和饮水重量的 10 倍。

我们吸入的空气中氮气占 78.09%、氧气占 20.95%、氩气占 0.93%、二氧化碳占 0.027%。它们在清洁空气中浓度分别是:氮气 780 900 mg/m³、氧气 209 500 mg/m³、氩气 9 300 mg/m³、二氧化碳 272 mg/m³。

由于人类的活动,特别是近代科学技术的进步,工农业生产的发展,使大量废气排入到空气中。废气中的主要污染物质有:氮氧化物、硫氧化物、飘尘、一氧化碳和二氧化碳等。

作为火箭推进剂来讲,在火箭发射、试车、燃料贮存、运输、转注和加注过程中,同样对大气和操作人员造成不同程度的污染和危害。

一、大气和大气层

大气是指环绕地球的全部空气质量的总和。空气是指人类、植物、动物和建筑物暴露于其中的室外空气。大气污染控制工程中的"大气"和"空气"同义,组成成分在均质层也是一样的;它们的区别在于"大气"指的范围更大,"空气"的范围相对小些,除描述特定场所的空气外,"大气"和"空气"主要是指"环境空气"。主要研究范围也是对流层空气。

自然地理学把受地球引力而随地球旋转的大气叫做大气圈,厚度大约 10 000 km。在大气物理学和污染气象学研究中,常把大气圈层的上界定为 1 200~1 400 km,1 400 km 外,气体已非常稀薄,就是宇宙空间了。

世界气象组织 WMO 根据大气温度垂直分布特点,并考虑大气垂直运动特点将大气分为 5 层:对流层、平流层、中间层、暖层和散逸层。从地球表面向上到大约 80~85 km 高度,大气的主要成分氮和氧的组成比例基本不变,称为均质层。大气圈中的对流层和平流层与大气污染关系密切,尤其是对流层,大气污染主要涉及的是对流层空气污染。

1. 对流层

底部与地面直接接触,受地面影响最大,厚度最薄。厚度随纬度和季节变化而变化,低纬度地区平均为 17~18 km,中纬度地区平均为 10~12 km,高位度地区平均为 8~9 km,夏季的厚度大于冬季,整个大气质量的 3/4 以及几乎全部水蒸气都集中在对流层中。

对流层中既有大规模的空气水平运动,又有强烈的空气垂直运动以及不规则的湍流运动,从而使不同区域不同层次间的空气得以交换。通常所讲的大气污染主要发生在这一层里。对流层温度随高度升高而降低,平均每升高 100 m,气温降低 0.65 ℃。

1 500 m 以下的对流层称为摩擦层,该层受地表性质影响很大,特别是 50～100 m 以下的贴地层,主要受地表热力性质和摩擦力影响。这一层是人类活动的主要场所,进入大气中的污染物绝大部分在该层活动。气象条件对大气污染物迁移扩散影响很大。边界层以上的对流层称自由大气层,受地表面影响较小。

对流层和平流层之间,有一层厚度约为几百米到 1～2 km 的过渡层,称为对流层顶,气温随高度变化几乎不变,因而对下层的垂直运动起着阻挡作用。

2. 平流层

从对流层顶向上到 50 km 左右是平流层。平流层中空气密度较小,垂直运动微弱,大气比较稳定。对流层顶到 30 km 左右的大气层温度变化很小,为 −55 ℃ 左右,故称为同温层。同温层以上的平流层中气温随高度升高而升高,至平流层顶达 −3 ℃ 左右。平流层集中了大气中大部分臭氧,并在 20～25 km 高度上达到最大值,形成臭氧层。臭氧层吸收了大量的太阳紫外辐射,保护地球上的生命免受紫外线伤害。但是,近年来由于大气污染,使臭氧层的臭氧浓度降低,在极低处已形成臭氧洞,这种情况必须引起高度重视。

3. 中间层

平流层顶到 85 km 高度左右的气层称为中间层。主要特征是温度随高度的增加迅速降低,顶部温度可降到 −83 ℃ 以下。因此气流有强烈的垂直运动,故又称为高空对流层。

4. 暖　层

从中间层顶向上到 800 km 高度为暖层,在强烈的太阳紫外线和宇宙射线作用下,气温随高度升高而增高。据人造卫星探测,顶部温度的达到 1 700 ℃ 以上。暖层空气分子被高度电离,生成大量的离子和电子,故又称为电离层。

5. 散逸层

散逸层处在暖层上面,又称为外大气层,底部大约在 800 km 高度处。该层空气极其稀薄,气体粒子的运动速度很高,而且有向星际空间散逸的特性,成为整个大气层和星际空间的过渡带。

大气圈中的对流层和平流层与大气污染关系密切,尤其是对流层,大气污染主要涉及的是对流层空气污染。

二、大气的组成

自然状态下的大气(空气)由干燥清洁的混合气体、水蒸气和悬浮颗粒物组成,除去水蒸气和悬浮颗粒物的大气称为干洁空气。地球大气的总质量约为 $5.3×10^{15}$ t,占地球总质量的 1% 左右,其中 98.2% 集中在 30 km 以下的大气层中,约有 50% 集中在 5～6 km 以下的对流层中。

1. 干洁大气的组成

干洁大气的主要成分是氮 N_2、氧 O_2 和氩 Ar,它们分别占空气总体积的 78.08%、20.95% 和 0.93%,共占干洁大气总体积的 99.96%。其他气体随占体积不到 0.04%,包括二氧化碳 CO_2、氖 Ne、氦 He、氪 Kr、氙 Xe、氢 H_2 和臭氧 O_3 等。干洁大气是永久气体,可视为一个整体,相对分子量为 28.966,临界温度为 −413.85 K,临界压强为 $3.2×101.33$ kPa。

由于大气的水平、对流、湍流和分子扩散,使不同地区、不同高度的大气得到交换和混合。

所以,从地面到 90 km 高度,干洁大气的主要成分和含量基本保持不变。在 90 km 以上氮稍有减少,氧稍有增多,氩和二氧化碳明显减少,其中氧和氮分子开始电离。根据火箭探测,在 95 km 高度上,干洁大气中各成分的体积分数约为:氮 77%、氧 21.5%、氩 0.76%。

2. 蒸　气

水蒸气是实际大气的重要组成部分,在大气中的平均含量不到 0.5%,而且随空间、时间和气象条件变化而变化。在热带多雨地区,体积分数可达 4%;沙漠干燥区或极地地区可小于 0.01%。一般低纬度地区大于高纬度地区,下层高于上层,夏季高于冬季。观测表明,在 1.5~2 km 高度处,空气中的水蒸气含量已减少为地面的 1/2,在 5 km 高度上减少为地面的 1/10,再往上含量就更少了。

水蒸气是实际大气中唯一在自然条件下发生相变的成分。通过水蒸气相变,使得地表和大气之间以及大气内部的水蒸气、热和能量得以输送和交换。水蒸气对太阳辐射的吸收能力较小,但对地面长波辐射的吸收能力较强。因此它与二氧化碳一起,对地球起着保温作用。

3. 悬浮颗粒物

实际大气除含有上述气体成分外,还含有沉降速率很小的固体和液体微粒,称为悬浮颗粒物,它是低层大气的重要组成部分。大气中悬浮微粒粒径一般在 10^{-4} μm 到几十微米之间。悬浮颗粒物包括固体颗粒和水蒸气凝结成的水滴和水晶;固体颗粒物可分为有机物和无机物两类。其中,有机物微粒较少,主要有植物花粉、微生物和细菌等;无机物微粒数量较多,主要来源是:岩石或土壤风化后的尘粒,流星燃烧后的灰烬,火山爆发时的尘埃等。悬浮颗粒物多集中于大气底层,不论是含量还是化学成分都是变化的。这些物质中,有许多是引起大气污染的物质。它们的分布,也随时间、地点和气象条件而变化,通常是陆上多于海上,城市多于乡村,冬季多余夏季。它们的存在对辐射的吸收与散射,云、雾和降水形成的大气中的各种光电现象具有重要作用,对大气污染有重要影响。

4. 大气污染的定义及解释

大气污染是指不受欢迎的物质存在于大气中,其量达到造成危害的水平。

污染从广义上讲,空气中进入了异物,改变了原来的组成比例或成分。从狭义上讲,空气中进入了某些物质,数量、浓度和在空气中滞留时间足以危害人们的舒适、健康和福利,影响动植物生长,损害人们的财产和器物。

自然活动和人类活动都会引起大气污染,但主要是人类活动,包括生产和生活活动,如工业生产、交通运输、炊事、取暖等引起的大气污染。一般就全球而言,自然过程如火山喷发、山林火灾、海啸、土壤和岩石风化及大气运动等造成的大气污染,由于现有规模及自然环境的物理、化学和生物机能等自然环境的自净作用,经过一定时间后会自动消除,即逐渐恢复生态平衡,所以不会影响人类生存,不是大气污染的主要原因。

5. 大气污染的发生和发展

(1) 大气污染的回顾

大气污染与人类的生产生活密切相关,由于人类活动而造成的大气环境污染,最早可追溯到人类开始用火的上古时期。柴薪燃烧、森林火灾等都有可能造成局部大气污染。不过那时候的大气污染在性质和程度上与现在的大气污染完全不同。那时的人们,不仅没有意识到大气污染对人类生存的危害,而且也没有能力控制它,只有在不得已时暂时离开污染的环境。那时以及以后相当长的时期,环境大气基本上没有受到污染,能够满足人类生存的需要。

现在所讲的大气污染,是指 18 世纪中叶产业革命后的污染。伴随着蒸汽机的发明与广泛使用,生产力迅速发展,化石燃料逐渐上升为主要能源,燃料燃烧等造成的大气污染日趋严重。工业发达国家的大气污染是和现代工业同步发生和发展的,大体上经过三个阶段。

第一阶段:18 世纪末到 20 世纪中期,大气污染状况随着工业的发展而趋于严重。大气污染主要是燃煤引起的所谓"煤烟型"污染,主要污染物是烟尘和二氧化硫。这一阶段的后期,由于加强了能源管理,采取消烟除尘等措施,初步解决了视觉上的烟尘污染,但飘尘和二氧化硫的污染却更加严重了。

第二阶段:20 世纪 50 年代至 60 年代,各国工业畸形发展,汽车数量猛增,石油类燃料成倍增加,大气污染日趋严重。这一阶段的大气污染,已不再局限于城市和工矿区,而呈现出所谓"石油型"的广域污染,飘尘、重金属、二氧化硫、NO_x、CO 和 CH 等污染物已普遍存在,大气污染的危害已不能用某一种污染物的特性解释,而是多种污染物同时作用的结果,即所谓"复合污染"。令人记忆犹新的英国"伦敦烟雾"、美国"多诺拉烟雾"及日本"四日市气喘病"等污染事件都是大气中的 SO_2 与飘尘中的重金属等共同作用的结果,即所谓硫酸烟雾污染。美国的洛杉矶烟雾,则是汽车尾气引起的光化学烟雾污染事件。硫酸烟雾和光化学烟雾均属二次污染物,危害比一次污染物更大。这一时期工业发达国家迫于人们反公害斗争的压力,不得不着手治理大气环境污染。

第三阶段:20 世纪 70 年代后期,在一些发达国家更加重视环境保护,花费了大量人力、物力和财力,经过严格控制和综合治理,环境污染基本得到控制,环境质量有所改善。但是,由于汽车数量不断增加,CO、NO_x、CH 和光化学烟雾等污染仍很严重,且不易解决,大气污染的范围也越来越大,有点、线、面扩展为广域乃至全球性污染,出现了全球性的大气环境问题,如酸雨、温室效应、臭氧层破坏等。

液体推进剂在生产、贮存及使用过程中会产生一系列气态污染物,引起大气污染事故。比如肼类燃料排放至大气中时不仅仅是被稀释,还会与大气中的各种成分发生复杂的化学反应,例如与大气中的 O_2、CO_2、H_2O、O_3、NO_x、SO_2 等组分发生反应;在小于 290 nm 的紫外光照射下发生光解;在光照情况下还会与 NO_x 发生光化学反应;肼在 OH 基存在的情况下,衰变加快,一甲基肼和偏二甲肼在 O_3 或 OH 基存在时的半衰期比肼还小一个数量级。

推进剂泄漏导致的环境污染事故的后果往往比较严重,尤其是在发生推进剂泄漏后引发的次生着火爆炸事故更值得关注。

推进剂泄漏爆炸事故在美国大力神火箭的使用过程中发生过,造成了井毁人亡的灾难性事故。液体推进剂泄漏、着火和爆炸往往会产生环境污染事故,产生的气态污染物会快速向大气扩散,影响范围达数十千米。

(2)当代世界面临的主要大气环境问题

发达国家的环境质量在 20 世纪 70 年代后期已有所改善。我国的环境质量也没有随着国民经济的高速发展而恶化,环境污染得到了一定得控制。但是,当代世界仍面临人口膨胀、资源枯竭、生态破坏和环境污染等问题。就大气环境污染而言,主要是全球性的温室效应、酸雨和臭氧空洞等问题。

① 温室效应

随着大气中某些痕量气体含量的增加,引起地球平均气温升高的现象,称为温室效应。这类痕量气体称为温室气体,主要有CO_2、CH_4、O_3 等,其中尤以CO_2 的温室作用最明显。

CO_2 等能产生温室效应的机理,普遍认为与 CO_2 等温室气体的物理性质有关。这些气体对来自太阳的短波辐射具有高度的透过性,但能吸收地面的长波辐射。CO_2 的强吸收带在 $12.5\sim17.0\ \mu m$ 之间,其他温室气体的吸收带大多在 $7.0\sim13.0\ \mu m$ 范围内。由于 CO_2 等温室气体的含量在大气中增加,使大气层吸收地面的长波辐射能力增强,导致大气层温度升高,气候变暖,形成温室效应。

② 酸　雨

酸雨是 pH<5.6 的雨、雪或其他形式的大气降水(如雾、露、霜),是一种大气污染现象。空气中 CO_2 的平均质量浓度为 $621\ mg/m^3$,此时被 CO_2 饱和的雨水 pH 值为 5.6,故清洁的雨、雪、雾等降水呈弱酸性。由于人类活动向大气排放大量的酸性物质,使降水 pH 值降低,当 pH<5.6 时便发生了酸雨。

形成酸雨的主要污染物是 SO_2 和 NOx 等。以 SO_2 为例,大量 SO_2 进入大气后,在合适的氧化剂和催化剂存在时,就会发生化学反应生成硫酸。在干燥条件下,SO_2 被氧化成 SO_3 的反应十分缓慢;在潮湿空气中,SO_2 转化成硫酸的过程与云雾的形成同时进行,SO_2 首先生成亚硫酸,而后在铁、锰等金属盐杂质催化下,被迅速氧化成 H_2SO_4。

酸雨的主要危害是破坏森林生态系统和水生态系统,改变土壤性质和结构,腐蚀建筑物,损害人体呼吸道系统和皮肤等。酸雨在世界上分布较广,可以飘越国境影响他国。最早深受酸雨之害的是瑞典和挪威等国家,而后是加拿大和美国东北部,我国华南等地区也出现了酸雨。酸雨是国际社会关注的重要环境问题,我国正积极采取控制措施,规划酸雨控制区,控制 SO_2 排放总量等。

③ 臭氧层破坏

臭氧是大气中的微量气体之一,主要浓集在平流层 $20\sim25\ km$ 的高空,该层大气也称为臭氧层。臭氧层对保护地球上的生命,调节气候具有极为重要的作用。但是,近几十年来,由于出现在平流层的飞行器逐渐增多,人类生产和使用消耗臭氧的有害物质增多,导致排入大气层中的 NOx、氯氟烃等增多,使臭氧层遭到破坏。以氯氟烃为例,它在对流层内性质稳定,进入平流层后,易于臭氧发生反应消耗臭氧,使臭氧层中 O_3 浓度降低。

臭氧层被破坏的危害有以下几点:

● 臭氧层破坏使大量紫外线辐射到地面,危害人体健康。有人估计,臭氧层 O_3 体积分数减少 1%,地面紫外线光辐射增加 2%,使皮肤癌发病率增加 2%~5%。

● 臭氧减少会使白内障发病率增高,并对人体免疫系统功能产生抑制作用。

● 紫外光辐射增大,也会对动植物产生影响,危机生态平衡。臭氧层破坏还将导致全球气候异常,带来灾害。防止臭氧层破坏已成为全球关注的问题,受到科学界和各国政府的高度重视。《保护臭氧层维也纳公约》《关于消耗臭氧层物质的蒙特利尔协议书》等国际法律文件,都是为保护臭氧层制定的。

除温室效应、酸雨和臭氧空洞等全球性的大气污染之外,汽车数量的迅速增加,NOx、CH、苯并(a)芘和 Pb 等污染也是不可忽视的当代大气污染问题。

(3) 大气污染源及主要污染物

① 大气污染源。

大气污染源通常是指向大气排出足以对大气环境产生有害影响的有毒或有害物质的生产过程、设备或场所等。按污染物质的来源可分为天然污染源和人为污染源。天然污染源指自然原因向环境排放污染物的地点和地区,例如:排出火山灰、SO_2、H_2S 等污染物的活火山,自然逸出瓦斯气和天然气的煤田和油气井,发生森林火灾、飓风和海啸等自然灾害地区。人为污染源指人类活动和生产活动形成的污染源。

人为污染源有多种分类方法,按污染源空间分布可分为:点污染源,即污染物集中于一点或相当于一点的小范围发生源,如工厂的烟囱等;面污染源,即在相当大的面积内有多个污染物发生源,如居民区的炉灶等;区域性污染源,即更大面积范围内,甚至超出行政区或国界的大气污染物发生源。另外,还有高架点源、低架点源和复合污染源等提法。按人们的社会活动功能,可将人为污染源分为生活污染源、工业污染源及交通污染源。

Ⅰ. 生活污染源:人们由于烧饭、取暖、沐浴等生活需要,燃烧化石等燃料向大气中排放烟气而造成大气污染的污染源,如炉灶、民用锅炉等。这类污染源因分散于整个居民区,往往构成面污染源。

Ⅱ. 工业污染源:火力发电厂、钢铁厂、化工厂及水泥厂等工矿企业生产和燃料燃烧过程中所排放的煤尘、粉尘及无机或有机化合物等造成大气污染的污染源。

Ⅲ. 交通运输污染源:汽车和船舶等交通工具排放尾气所造成的大气污染,称为交通污染源。这种污染源因位置是移动的,又称移动污染源或流动污染源。生活污染源和工业污染源的位置是固定的,故称固定污染源。

大气污染按范围分为 4 类:

- 局部地区大气污染,如某个工厂烟囱排气造成的污染;
- 区域性大气污染,如工矿区及附近或整个城市的大气污染;
- 广域性大气污染,如城市群或大工业地带的污染;
- 全球性大气污染,如温室效应、酸雨和臭氧洞等。

② 主要的大气污染物。

大气污染物指由人类活动或自然过程排入大气,并对人或环境产生有害影响的那些物质。大气污染物种类很多,按存在状态可概括为 2 大类,即气溶胶状污染物和气体状污染物。

Ⅰ. 气溶胶状污染物

在大气污染中,气溶胶是指细小固体粒子、液体粒子或固体和液体粒子在气体介质中的悬浮体系。

按照气溶胶的来源和物理性,可以分为如下几种:

- 粉尘(dust):粉尘指悬浮于气体介质中的小固体颗粒,受重力作用可发生沉降,但在一定时间内能保持悬浮状态。粉尘通常是由固体物质的破碎、研磨、筛分、输送等机械过程,或土壤、岩石风化等自然过程形成的,形状往往是不规则的。粉尘粒子的粒径在气体除尘技术中,一般为 $1\sim100~\mu m$ 左右,粉尘的种类很多,如粘土粉尘、石英粉尘、煤粉、水泥粉尘及各种金属粉尘等。
- 烟(fume):烟一般指冶金过程形成的固体气溶胶。它是熔融物质挥发后生成的气体物质的冷凝物,生成过程中总是伴随着氧化类的化学反应。烟粒子很小,一般在 $0.1\sim1~\mu m$左右。有色冶炼过程中产生氧化铅烟、氧化锌烟、核燃料后处理中的氧化钙烟等都属于这一类污染物。
- 飞灰(fly ash):飞灰指随燃烧产生的烟气排出的分散得很细的无机灰分。
- 黑烟(smoke):黑烟通常指燃料燃烧产生的能见气溶胶,是燃料不完全燃烧的产物,除炭粒外,还有炭、氢、氧、硫等组成的化合物。

在某些情况下,粉尘、烟、飞灰和黑烟等效固体粒子气溶胶的界限很难明确分开,特别是在工程的运用中,也没有严格的规范。根据我国的习惯,一般讲冶金过程或化学过程形成的固体粒子气溶胶称为烟尘;燃烧过程产生的飞灰和黑烟,在不必细分时,也称为烟尘。在其他情况或泛指固体粒子气溶胶时,则通称为粉尘。

- 雾(fog):雾是指气体中液滴悬浮体的总称。气象学中指能造成能见度小于 1 km 的小水滴悬浮体。工程中,雾一般指小液体粒子悬浮体,液体蒸气的凝结,液体的物化等过程都可形成雾,如水雾、酸雾、碱雾和油雾等。

在大气控制中,根据大气中颗粒物的大小,还可分为飘尘、降尘和总悬浮颗粒物。

- 飘尘(PM10):指大气中粒径小于 10 μm 的固体颗粒物。它能长期漂浮在大气中,有时也称为浮游粒子或可吸入颗粒物。
- 降尘:指大气中粒径大于 10 μm 的固体颗粒物,由于重力作用,在较短时间内可沉降到地面。
- 总悬浮颗粒物(TSP):指悬浮于大气中粒径小于 100 μm 的所有固体颗粒物,包括飘尘和部分降尘。

Ⅱ. 气体状态污染物

气体状态污染物是指以分子状态存在的污染物,简称气态污染物。气态污染物种类很多,主要有 5 类:含硫化合物、含氮化合物、碳氢化合物及卤素化合物等,如表 4.1 所列。

表 4.1　气态污染物种类

污染物	一次污染物	二次污染物
含硫化合物	SO_2,H_2S	SO_3,H_2SO_4,MSO_4
含氮化合物	NO,NH_3	NO_2,HNO_3,MNO_3
碳氢化合物	C1~C5 化合物	醛,过氧乙酰硝酸酯
碳氧化物	CO,CO_2	—
卤素化合物	HF,HCl	—

注:M 代表金属离子。

气态污染物还可分为一次污染物和二次污染物。一次污染物,也称原发性污染物,指从污染源直接排入大气中的原始污染物;二次污染物,也成继发性污染物,指一次污染物进入大气后经过一系列大气化学或光化学反应生成的与一次污染物性质不同的新污染物。在大气污染中受到普遍重视的一次污染物主要有硫氧化物、氮氧化物、碳氧化物和碳氢化合物等;二次污染物主要有硫酸雾(Sulfurous smog)和光化学烟雾(Photochemical smog)。

三、大气污染物的危害

大气污染物不仅对人体健康有直接的危害,而且对动植物生态系统、建筑物、器物也有很大影响。

1. 大气污染物对人体健康的影响

① 引起急性中毒,直至死亡。如一氧化碳中毒等。
② 使慢性疾病恶化。如慢性支气管炎、支气管哮喘、肺气肿、肺病、肾脏病等。

③ 引起身体机能障碍,如使肺气肿病人肺部气体交换量减少,血液循环障碍等。

④ 引起癌症,如城市居民肺癌、肝癌、血液病等发病率高于农村,就与城市的大气污染有关。苯并(a)芘是公认的强致癌物质,其他芳烃等有机化合物也有不少具有致癌或致畸形作用。

⑤ 引起其他症状,如刺激感官,导致呼吸困难,危害心肺肝肾等内脏。

人们现在已经认识到光说某种物质有害是无意义的,除非能确定物质的量。帕拉西斯(Paracelsus)说过:"任何东西都是有毒的,没有没有毒的东西,只是造成危害时才起作用。"大气污染也是这样,要进行任何关于大气污染对人类健康影响有意义的表述,我们就必须考虑人们吸收的剂量,即

$$剂量 = \int (呼吸空气中的浓度) \mathrm{d}t$$

目前大气污染和健康影响的研究大多数针对长期低浓度的暴露问题(能够导致慢性反应)。短期高浓度暴露(能够导致急性反应)一般只发生在工业事故(如博帕尔事件)或空气污染紧急事件中。后者在过去偶尔会出现,然而现在在具有现代污染控制措施的国家中已经很少发生了。

2. 大气污染物对动植物的影响

二氧化硫、氟化物和光化学烟雾等能使植物叶子出现明显的伤害,使植物生理活动减退,生长缓慢,结实减少。城市工矿区排出的有害气体常使附近的农作物、蔬菜减产,使果树、森林、城市绿化树木受到损害。国内外有关因大气污染使农作物减产的例子并不鲜见。

对动物的影响主要是通过呼吸,引起牛羊等家畜生病。另外,是饲料被污染的空气和水间接污染,从而影响到水和饲料的质量,危害家畜的正常生长。国内外大气污染事件中,猪、牛、鸡、狗生病或死亡的消息时有报道。

3. 大气污染物对器物的危害

大气污染物对器物的危害有 2 类:一是大气污染物沾污器物表面;二是器物被沾污后,污染物与器物发生化学作用,使器物变质或腐蚀。如硫酸雾、盐酸雾、碱雾等沾污器物表面后造成严重腐蚀;光化学烟雾对橡胶制品的破坏作用等。大气污染物对金属材料和设备的腐蚀所造成的损失巨大。此外许多艺术珍品也受到大气污染的腐蚀和破坏。

4. 大气污染对财产的影响

在大气污染控制的早期,人们重视大气污染造成的财产损失,而今这已不再是人们关注的重点了。这种变化是因为 50 年前,污染物对动植物的损失是可见。这些财产所有者对造成损害的排污者的指控促进了大气污染科学和工程的早期发展。由于我们采取了严格的控制措施保护人体健康,这种污染源如今已经很少出现了。

5. 大气污染对能见度的影响

多数气态污染物是透明的,唯一的特例是 NO_2 是棕色的气体。像一些有机蒸气一样,氟、氯、溴和碘也是有色气体,但是它们释放到大气中的量很少。某些城市烟雾呈现为棕色应含有 NO_2。多数大气污染物造成的视觉影响是由于悬浮颗粒物与光的相互作用造成。

如图 4.1 所示,显示的是由城市烟雾造成的可见阴霾。在靠近地表的地方,空气中含有许多细小的颗粒物,这种阴霾是可见的,不仅散射了来自下方建筑物和街道的情景,同时还将太阳光散射至我们的眼睛中。第二张照片中的小颗粒物多数是人为排放的污染物在大气中发生

化学变化而形成的二次污染物,也存在降低能见度的非人为源。在多数大城市,尤其在风速低的时候,人类活动引起的二次颗粒物会产生明显的阴霾。通常气候干燥的时候能见度比潮湿的时候好得多,主要是因为细颗粒物从大气中吸收水分长大到更有效散射太阳光的尺度。在城市中这种阴霾也许是有益的,因为它警示人们不可见污染物确实存在着的事实,也就愿意通过立法和金钱去控制大气污染物,顺便把那些威胁更大的但不可见的污染物也处理了。

图 4.1　由城市烟雾造成的可见阴霾

四、大气污染综合防治

大气污染综合防治的基本点是防与治的综合。这种综合是立足于环境问题的区域性、系统性和整体性之上。大气污染作为环境污染问题的一个重要方面,也只有将其纳入区域环境综合防治之中,才能真正获得解决。

所谓大气污染综合防治指为了达到区域环境空气质量控制目标,对多种大气污染控制方案的技术可行性、经济合理性、区域适应性和实施可能性等进行最优化选择和评价,从而得出最佳的控制技术方案和工程措施。

1. 大气污染控制发展的历史及趋势

1668 年,英国学者发表关于消烟机械方面的论文;

1809 年,英国采用石灰乳脱除烟煤中的硫化氢;

1863 年,英国《制碱法案》;

1952 年,伦敦烟雾《制碱法》;

1963 年,美国国会通过《清洁空气法》;

20 世纪前人们关注大气污染对财产的破坏;

20 世纪后人们关注大气污染对健康的危害。近年来,人们更加关注空气中细颗粒物 PM2.5 等对人体健康的危害。

2. 现行政策制定的理论基础

(1) 排放标准原则

排放标准理论的基本思想是最大限度(可操作)地控制污染排放。这种控制程度随排放源(如汽车、水泥厂)的不同而变化,但是每种排放源可实现的排放程度大致不变。由于,排放速率和大气清洁程度呈反向关系,那么如果每种排放源的可控程度为定值,且这类排放源每个排放点的排放量被最大限度地控制,那么污染物排放速率也会被降低到可能的最小值。如果这个理论被严格地执行我们就可能得到最清洁的大气,所以这个理论有时也被称为大气最可能清洁理论(cleanest possible air)。

首次大范围应用这个理论是 1863 年的英国《制碱法案》。这发生在引入制造碱、苏打、碳酸钠的 Leblanc 工艺后。在最初的 Leblanc 工艺过程中,HCl 等副产品作为蒸气或雾从烟囱排出,这种排放方式会损伤下风向的植被,因而引发争论,并引起了立法机构的关注。立法机构组成了名为"制碱检查员"的团体,他们的任务是定期巡视所有碱厂,找出能把有害污染物排放量降低到最低程度的技术。他们一但发现某种技术在某个工厂的污染减排上有效,那么就会强制其他厂家使用相同的方法。随着控制技术的提高,排放限制也日益变得严格,每个污染点必须将排放量降低到同类污染源中排放量最小的排污点的排放水平。由于每种污染源的每个排污点都要求用现在的最好技术来控制污染排放,并控制设备保持最好的运行条件,所以这种应用模式被称为排放标准的最好技术型。

在这种政策中通常没有设定排放速率,在一些监测排污速率很困难的情况下,"最好技术"制度仍被广泛应用。例如:以后具体控制技术中提到的美国联邦法规要求大的汽油储存罐要采用设计合理且容易维修封条的浮动顶;加油站采用第一阶段蒸气回收;禁止露天燃烧垃圾和农业废物,必须使用垃圾填埋、封闭焚烧、回收利用或堆肥这几种处理方法。

(2) 大气质量标准原理

如果排放标准原理理论上是大气尽可能清洁理论,那么大气质量标准原理则是零损害理论。我们知道了阈值的概念,如果污染物浓度低于这个值就不会造成损害,如果实际环境中大多数的主要污染物浓度存在先前的阈限值,并且我们能测定所有污染物的浓度及相应的阈限值,同时能够控制污染物排放的时间、地点和排放量以保证环境中污染物浓度不超过阈限值,那么无论何时何地,都将不再有大气污染损害。美国大气污染委员会正是想通过实施《清洁空气法》的大气质量标准来实现这一目标。

为了应用这个理论,就必须有可利用的剂量—反应数据,并测定污染物的阈限值。美国《大气污染防治法》中就确定了《国家环境大气质量标准》(NAAQS)。

对于特殊地点的特殊污染物控制程序的制定,首先要进行环境大气质量的监测,如果测到的污染物浓度是可以接受的,那么,则可以预见未来一段时间内大气质量状况。如果可以接受这样的大气质量,就不必采取其他污染控制措施。如果未来浓度(随着人口和工业增长)超过了标准,排放管理就必须想办法防止这种问题发生。

用大气质量模型可以计算需要减排多少,实施法规使排污者降低排放量。通常有一套排放标准,不必基于最好技术,而是基于要减排多少才能达到环境大气质量标准的要求。实施这些措施后,排放得以削减,在监测环境大气质量。如果还没有达到标准的要求,那么说明模拟计算结果不正确,所有的过程必须再次重复进行,直到达到大气质量标准的要求。对大多数情况而言,达不到排放标准是因为低估了总的排放量,过高地估计了控制措施的效率和用乐观的模式预测了未来的大气质量。

(3) 排污税收理论

依据排污税理念建立的法律法规就是根据排放量确定主要污染排放者须缴纳的税金。排污税可视为是对污染排放者的一种重要紧急刺激措施。其他的经济措施还包括政府通过低税率或低息贷款鼓励安装污染治理设备或对污染控制的企业给予直接的公共补贴。低税率、贷款和公共补贴通常被认为是区别于大气质量标准和排放标准理论的另一种形式。

排污税收的前提条件是认为自然界有能力去除污染物质,对于任何的污染水平自然界都有有限的、可更新的吸收和扩散能力。如果是这种情况,自然界的纳污能力是公共财富,从理论上看,它被租给私人使用,就应该向公众缴纳税款,但是环境不能超载;排污税收是一种市场分配公共资源的形式。

根据这种观点实施纯粹的排污税形式,可以得到 2 个令人满意的结果:

第一,每个工厂的污染程度变成了内部的经济决策。

第二,排污税收理论可以将污染控制资源不合理分配降低到最低。

（4）费用—效益原则

使用费用效益分析方法的前提是要么不存在阈值,如果存在阈值,该阈值也非常低以至于我们不能支付干净大气的费用。如果我们必须接受一定程度的大气污染对某一部分人或一些事物损害的实施,这个理论就建议我们尽可能合理地决定我们应该接受多大程度的损害,对治理污染愿意支付多少。

（5）几种大气污染控制理念的比较

几种大气污染控制理念的比较如表 4.2 所列。

表 4.2　几种大气污染控制理论的比较

理想的大气质量	排放标准	大气质量标准	排污税收	费用—效益分析
费用效益	非常糟糕	好	一般	非常好
简单性	非常好	很差	非常好	非常糟
可实施性	非常好	一般	非常好	不确定
灵活性	很差	一般	不需要	不确定
变更性	一般	一般	很好	很好

排放标准理念的简单性非常好,整套法规包括允许排放速率和检验排放是否达到排放标准测试方法的描述。排放标准原理的强制执行性是有益的,一旦标准及测试方法确定,就应该知道谁来监测,监测什么。但是这个原理的灵活性非常差,如果一个工厂订购声誉很好的污染控制设备,而这个设备没有达到生产厂家承诺的性能,那么要花几年时间去更换它,污染控制机构该如何处置该工厂? 根据原理他们可以关闭该工厂,处罚操作者,或者给一定的自由度去维修好设备。根据经验,关闭工厂是不可能的,严厉处罚也是非常困难的,而自由度会引起无限制的拖延。所以在这个原理下就没有其他更好的选择。

大气质量标准理论的费用效益是好的,但并不完美。它的优点是可以对存在严重污染的地区进行污染物控制,原则上又允许在轻微污染的地区进行较高的排放。目前还没有人根据这个理论制定出一套简单可行的法律法规。我们试图控制周围大气污染物的浓度,而这些污染物的浓度又受到或远或近的许多排放源的影响。某个地区污染排放和大气质量的关系决定于该地区大气传输、污染物扩散和大气污染物的反应。我们对这些因素中任何一个的了解程度,都无法达到准确和清楚地计算出某排放源对城市中某地大气污染贡献的程度。由于这些不确定性,试图处理造成地区和大范围影响排污者的法案公布后引起了很大的争议,而不得不进行修改和复杂性。当没有达到大气质量标准时,违规行为通常不很容易被辨别出来。如果在某地区只有一个主要的污染源,那么确定责任很容易。如果污染物是像臭氧一样的二次污染物,要经过很多污染物的复杂反应产生（VOCs 和 NOx）,而这些污染物是很多排放源排放的,那么责任就很难划分。

大气质量标准理论的灵活性是很明显的。因为有很多途径可以实施大气质量标准,管理大气质量也有很大的灵活性,每个地方政府可以指定自己的法律法规。大气质量标准理论有很大的发展潜力,当我们得到新的检测数据,标准发生新的变化,则可以制定新的法规,例如:美国在已有 PM_{10} 标准中增加 $PM_{2.5}$ 标准时,个地方政府就必须制定实施计划和针对 $PM_{2.5}$ 的法律法规,在控制技术上就要考虑新的数据和技术。这个理论中有如下异议:① 阈值是根据有限的数据来确定的,因此无法保证达到环境标准的清洁地区污染物质不会对人体造成危害;② 能见度不是一种阈值。随着越来越多的关于大气污染对人体健康影响数据的积累,阈限值的理论应用于人类的正确性越来越难以令人信服,如果阈值理论被淘汰,那么大气环境质量标准和零损害原理就失去理论基础。但即使这样我们仍可以使用大气环境质量标准,只需要基于其他某些原理来制定新的数值标准。

3. 中国废气治理工程

(1) 发展历程

① 起步阶段(1973—1981 年)

1973 年,第一次全国环境保护会议后,开展了以锅炉和工业窑炉为控制对象的消烟除尘工作,制定了第一个综合性排放标准《工业"三废"排放标准》,但由于技术经济水平的限制而难以实施。

② 发展阶段(1982—1991 年)

1982 年,正式颁布《大气环境质量标准》(GB 3095—82),共分三级,分别用于三类不同功能的地区,包括了 6 种污染物的标准,突出了要维持和改善大气环境质量,而不仅停留于消烟除尘的阶段,在此十年间,各项政策法规逐步形成体系,取得了综合防治和单项治理技术方面的发展。

③ 开拓阶段(1992—2009)。

1992 年,实施可持续发展战略,1996 年第四次全国环境保护会议制定了《国家环境保护"九五"计划和 2010 年远景目标》:"到 2000 年,力争使环境污染和生态破坏加剧的趋势得到基本控制,部分城市和地区的环境质量有所改善";"到 2010 年基本改变生态环境恶化的状况,城乡环境质量有明显的改善",为实现这一目标规定了大气污染控制任务如下:

- 工业污染源废气处理:最大限度的控制"三废";
- 城市大气污染防治:TSP 标准南北方分别达到二级和三级,实行民用燃料的优先的政策;
- 区域污染酸雨的控制:改善能源结构,积极使用水电、发展核电,加快工业锅炉的脱硫步伐;

④ 绿色发展阶段(2010—)

当前我国大气环境形势十分严峻,在传统煤烟型污染尚未得到控制的情况下,以臭氧、细颗粒物(PM 2.5)和酸雨为特征的区域性复合型大气污染日益突出,区域内空气重污染现象大范围同时出现的频次日益增多,严重制约社会经济的可持续发展,威胁人民群众身体健康。区域性复合型的大气环境问题给现行环境管理模式带来了巨大的挑战,仅从行政区划的角度考虑单个城市大气污染防治的管理模式已经难以有效解决当前愈加严重的大气污染问题,亟待探索建立一套全新的区域大气污染防治管理体系。北京奥运会、上海世博会、广州亚运会空气质量保障工作以及国际上区域空气质量管理的成功经验证明,实施统一规划、统一监测、统一监管、统一评估、统一协调的区域大气污染联防联控工作机制,是改善区域空气质量的有效途。2012 年 9 月 27 日,国务院批复了《重点区域大气污染防治"十二五"规划》。这是我国第一部综合性大气污染防治的规划,标志着我国大气污染防治工作逐步由污染物总量控制为目标导向向以改善环境质量为目标导向转变,由主要防治一次污染向既防治一次污染又注重二次污染转变。这个规则对切实改善大气环境质量具有重要意义,对重点区域乃至全国"十二五"大气污染防治工作发挥重要指导作用。

(2) 法律溯源

法律溯源的发展过程如图 4.2 所示。

宪 法 → 环境法律 → 单行法律 → 法 规 → 标 准 → 规 章

图 4.2 法律溯源的发展过程

① 宪法中有关环境保护的规范:宪法第二十六条规定:"国家保护和改善生活环境和生态环境,防治污染和其他公害。国家鼓励植树造林,保护林木";第九条第二款规定:"国家保障自然资源的合理利用,保护珍贵的动物和植物,禁止任何组织或者个人用任何手段侵占或者破坏自然资源";第十条第五款规定:"一切使用土地的组织和个人必须合理地利用土地",宪法中明确规定"环境保护是我国的一项基本国策"等等。宪法中这些规定是环境立法的依据和指导原则。

② 环境保护法:1979 年我国正式颁布了《中华人民共和国环境保护法》,1989 年根据我国环境保护事业发展的需要,对该法进行了修改,并于当年 12 月 26 日第七次全国人民代表大会常务委员会第十一次会议通过,2014 年 4 月 24 日第十二届全国人民代表大会常务委员会第八次会议修订,自 2015 年 1 月 1 日起施行。该法是我国有关环境保护的综合性法规,也是环境保护领域的基本法律,主要规定了国家的环境政策、环境保护的方针、原则和措施,是制定其他环境保护单行法规的基本依据,是由全国人大常务委员会批准颁布。

③ 环境保护单行法律:环境保护单行法律是污染防治领域和保护特定资源对象的单项法律。目前已经颁布的环境保护单行法律包括《中华人民共和国大气污染防治法》、《水污染防治法》、《海洋环境保护法》、《森林法》、《土地管理法》、《固体废弃物污染环境防治法》、《噪声污染防治法》,等等。这些法律属于防治环境污染、保护自然资源等方面的专门性法规。这些环境保护法律的颁布与修订完善,有力地推动了我国环保事业的发展。

④ 环境保护行政法规:这是国务院制定的有关环境保护的法规,例如:国务院《关于环境保护工作的决定》、《征收排污费暂行办法》、《中华人民共和国海洋倾废管理条例》、《水污染防治法实施细则》、《大气污染防治法实施细则》等。

⑤ 地方性环境法规:这是由各省、自治区、直辖市根据国家环境法规和地区的实际情况制定的综合性或单行环境法规,是对国家环境保护法律、法规的补充和完善,是以解决本地区某一特定的环境问题为目标的,具有较强的针对性和可操作性。例如:《吉林省环境保护条例》、《杭州西湖水域保护条例》,等等。

⑥ 环境保护标准:这是为了执行各种专门环境法而制定的技术规范。它是中国环境保护法体系中的一个重要组成部分,也是环境法制管理的基础和重要依据。我国环境保护标准包括环境质量标准、污染物排放标准、环保基础标准和环保方案标准。例如:已颁布的环境质量

标准有《环境空气质量标准》、《地面水环境标准》、《城市区域环境噪声标准》等,污染物排放标准有《工业三废排放标准》、《污水综合排放标准》、《大气污染物综合排放标准》等。

⑦ 环境保护部门规章:这是由国务院有关部门为加强环境保护工作而颁布的环境保护规范性文件,例如:国家环保局颁布的《城市环境综合整治定量考核实施办法》、《污染物排放申报登记规定》等。

此外,在我国其他法律(如民法、刑法、经济法),以及在我国参加的国际条约,或由其他国家签订为我国承认的国际协定中有关环境保护的条约,也属于我国环保法体系的组成部分。

环境空气质量标准是为贯彻《中华人民共和国环境保护法》等法规制定的,是进行环境影响评价,实施大气环境管理,防治大气污染的科学依据。规定了二氧化硫 SO_2、总悬浮颗粒物 TSP、颗粒物 PM10、颗粒物 PM2.5、氮氧化物 NO_x、二氧化氮 NO_2、一氧化碳 CO、臭氧 O_3、铅 Pb、苯并(a)芘 B[a]P、氟化物 F 等 10 种污染物的浓度限值。该标准将空气质量分为二级水平,将环境空气质量功能区分为二类:

一类区是自然保护区、风景名胜区和其他需要特殊保护的地区;

二类区是居住区、商业交通居民混合区、文化区和农村地区。

一类区执行一级标准,二类区执行二级标准。

(3) 我国大气污染物排放标准

我国 1973 年颁布了《工业"三废"排放试行标准》(GBJ 4—1973),暂定了 13 类有害物质的排放标准。经过 20 年的试行,1996 年修改制定了《大气污染物综合排放标准》(GB 16297—1996),规定了 33 种大气污染物的排放限值,指标体系为最高允许排放浓度、最高允许排放速率和无组织排放监控浓度限值。

《大气污染物综合排放标准》(GB 16297—1996)规定 1997 年 1 月 1 日前设立的污染物为现有污染源,1997 年 1 月 1 日后(新建、改建、扩建)的污染物为新污染源,执行不同的标准。

4. 大气污染综合防治的措施

(1) 全面规划,合理布局

影响环境空气的因素很多,从社会、经济发展方面看,涉及到城市规模、功能区划分、人口增长、经济发展类型、规模和速度、能源结构及调整、交通运输发展和调整等方面,从环境保护方面来看,涉及污染源类型、数量分布及污染物排放的种类、数量、方式和特性等。环境规划的任务:

① 综合研究区域经济发展将给环境带来的影响和环境质量变化的趋势,提出区域经济可持续发展和区域环境质量不断得到提高的最佳规划方案。

② 对工作失误已经造成的环境污染和环境问题,提出改善和控制污染具有指令性的最佳实施方案。

(2) 严格环境管理

狭义管理,对污染源和污染物进行管理,通过对污染物的排放、传输、承受三个环节的调控达到改善环境的目的;

广义管理,从环境经济、环境资源、环境生态的平衡管理,通过经济发展的全面规划和自然资源的合理利用,达到保护生态和改善环境的目的。

(3) 控制大气污染的技术措施

① 清洁生产,包括清洁的生产过程,无污染或少污染;清洁的产品,不产生危害生态环境、人体健康和安全,使用寿命长,易于回收再利用。

② 可持续发展:综合能源规划与管理、提高能源利用效率和节约能源、积极开发利用新能源和可再生能源。

③ 建立综合性工业基地:各企业之间综合利用原材料和废弃物,减少污染物的排放总量。

第 2 节　肼类气态污染物的治理技术

一、水吸收法处理偏二甲肼废气

关于液体火箭发动机试车、推进剂库房、转注间等产生的液体推进剂废气,一般采用水吸收法处理。该方法简单易行,运行费用低,水吸收推进剂后产生的废水,再采用推进剂废水常用的方法处理。

要完成水对偏二甲肼废气的吸收过程,必须使偏二甲肼废气与水充分直接接触。通常在工程中采用水喷淋气体吸收塔。结构形式如图 4.3 所示。

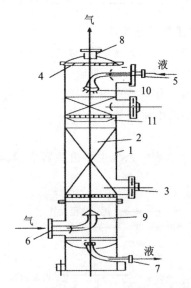

1—塔体;2—填料;3—支撑板;4—气液分离器;5—进液管;6—进气管;
7—出液管;8—出气管;9—气体分布器;10—液体分布器;11—导流图

图 4.3　填料塔结构图

从图 4.3 中可见,为增大水与废气的接触面积,水在塔的上部采用喷淋方式,使水成雨滴形式与塔底送入的废气逆流接触,使尽量多废气溶于水中。目前,液体填料吸收塔处理工业废气方面应用的比较广泛。填料的目的是增大气液两相的接触面积。

工业上填料塔所用的填料,大致可分实体填料和网体填料 2 大类。在实体填料中包括拉西环、鲍尔环、鞍形填料、波纹填料等。网体填料则包括由丝网体制成的各种填料,如鞍形网、网环填料等。

1. 水吸收法处理偏二甲肼偏二甲肼废气的机理

偏二甲肼吸湿性较强,在大气中能与水蒸气结合而冒白烟。由于偏二甲肼在常温下能与水完全互溶,因此,偏二甲肼废气易溶于水,溶解度系数大,液膜的阻力极小,可以忽略不计,吸收进行迅速。

水吸收偏二甲肼废气以物理吸收为主,其中也伴随化学吸收过程。水吸收偏二甲肼废气净化反应式如下

$$(CH_3)_2NNH_2 + H_2O \rightleftharpoons (CH_3)_2NNH_3^+ + OH^-$$

1 m³水吸收不同浓度偏二甲肼废气量及水吸收后所含偏二甲肼重量详如表 4.3 所列。

表 4.3   1 m³污水含偏二甲肼的重量及可吸收的废气量

项　　目	污水浓度/(mg·L⁻¹)						
	500	1 000	2 000	4 000	6 000	8 000	10 000
1 m³污水含偏二甲肼的重量/kg	0.5	1	2	4	6	8	10
可吸收 1%体积废气/m³	19	37	75	149	224	298	373
可吸收 5%体积废气/m³	3.8	7.4	15	29.8	44.8	59.6	74.6
可吸收 10%体积废气/m³	1.9	3.7	7.5	14.9	22.4	29.8	37.3

2. 水吸收法处理偏二甲肼废气工艺流程

水吸收法处理偏二甲肼废气工艺在某火箭发动机试验站多年应用证明,该方法对改善试验区的环境,保证试验人员的身体健康获得了明显的效果。

该试验站的水吸收法处理偏二甲肼废气装置分固定式和移动式 2 种。

(1)固定式水吸收法处理偏二甲肼废气工艺

① 系统组成及简图

固定式水吸收法处理偏二甲肼废气系统主要由填料塔、收集器及一级喷射泵等组成。工作原理如图 4.4 所示。

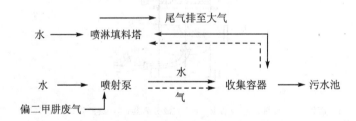

图 4.4   固定式水吸收法的工作原理图

② 水吸收法处理偏二甲肼废气工艺流程

固定式水吸收法处理偏二甲肼废气工艺流程如图 4.5 所示。

从图 4.5 可见,偏二甲肼废气经过二级水吸收处理。第一级是在喷射泵中完成。当高压水经过喷射泵时,使偏二甲肼废气管与泵壳的连接部位造成负压,偏二甲肼废气被吸入泵内,然后与水混合喷出,使水与废气充分接触。废气的第二级吸收在喷淋填料塔中完成。经过第一级吸收的废气经过喷淋填料塔时,与塔顶喷淋的水帘进行传质,使废气中的偏二甲肼进一步被水吸收。

该系统已实现全部程序控制。当废气压力低于 19.6 kPa 时,由系统中电接点压力表控制自动关闭水、气阀门,停止处理。

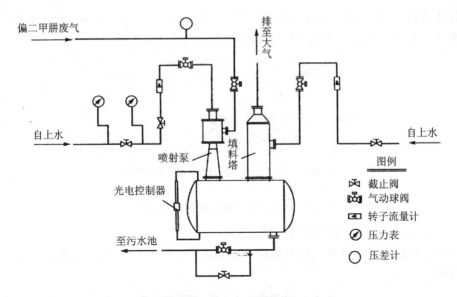

图 4.5　固定式水吸收法处理偏二甲肼废气工艺流程

系统工作参数为：

废气处理量：200 m³/h；耗水量：11 t/h。

（2）移动式水吸收法处理偏二甲肼废气工艺流程

① 移动式废气净化装置系统

移动式水吸收法处理偏二甲肼废气工艺装置如图 4.6 所示。

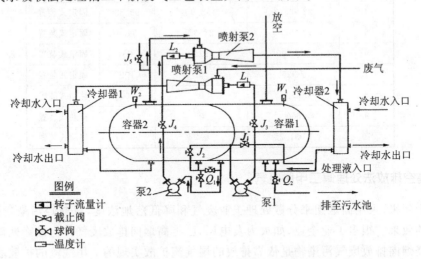

图 4.6　移动式废气处理装置系统原理图

由图 4.6 可见，该装置由两段组成，泵 1、容器 1、喷射泵 1、冷却器 1 为第一段，泵 2、容器 2、喷射泵 2、冷却器 2 为第二段。这套装置全部装在一辆汽车上，可根据需要开到工作现场。

由于该装置为车载式净化系统，因而具有较大的灵活性。尤其是对于分散的污染源最具有适用性和经济性。

② 移动式废气净化装置工作原理及运行参数

移动式废气净化装置工作原理如图 4.7 所示。从图 4.7 可见，废气先经第一段进行喷射泵湍流强化吸收,后经容器2鼓泡吸收,再经第二段喷射泵及容器1鼓泡吸收。最后尾气经容器1顶部排至大气。含偏二甲肼的水溶液,排到污水池集中处理。

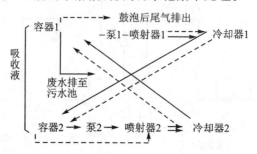

图4.7　移动式废气净化装置工作原理图

（3）水吸收法处理偏二甲肼废气效果

水吸收法处理偏二甲肼废气的实际应用证明,该方法简单易行,效果良好。处理效果如表4.4所列。

表4.4　水吸收法处理偏二甲肼废气效果

项　目	吸收前浓度 /(mg·m^{-3})	吸收后浓度 /(mg·m^{-3})	吸收率 /%	备　注
1	75 000	225	99.7	固定式装置
2	9 950	665	99.3	固定式装置
3	8 775	0	100	固定式装置
4	22 936.3	38.9	99.83	固定式装置
5	10 687.5	21.37	99.8	固定式装置
6	127 500	625	98	固定式装置
7	3 925	0	100	固定式装置
8	650	0	100	移动式装置
9	650	0	100	移动式装置
10	1 031.25	6.2	99.42	移动式装置

二、高空排放法处理偏二甲肼废气

近几十年来,采用高烟囱来分散处理工业废气和降低落地浓度,以减轻污染物的危害,已获得满意的效果。很多工业企业,如火力发电厂,已将高烟囱排放废气作为最终处理手段。

采用高烟囱排放废气污染物是依靠排放的尾气流扩散实现的。尾气流的扩散取决于废气的性质、排出口离地面的高度、气象因素、地面特征和周围地区建筑物等因素。其中气象因素是一个变量,一年四季、昼夜都在发生变化。为此,各国环境工作者进行了大量的研究工作,建立了一些大气扩散理论。例如:湍流扩散的统计理论、K理论和相似理论等。依据不同理论,相继推导出关于烟囱高度、风速、排放率与空气浓度之间相互关系的公式和模式。

在众多估算大气低层扩散的方法中,萨顿(Sutto·O.G.)的方法和赫帕斯奎尔(Hay-Pasquill)的方法得到了比较广泛的应用。二者都是由统计理论推导出来的,采用高斯内插公式,把烟团下风浓度与水平和垂直浓度分布函数的关系,表示成迁移时间或距离的函数。在这两种方法中,这些浓度分布函数是通过实际的示踪物释放试验求得的,并与烟云释放时所测气象参数联系起来。因此,只要通过简单的仪表设备测得必要的气象参数,就可进行扩散参数的计算,使其更具应用价值。

废气污染物排入大气后,是否会引起大气污染,这是个相当复杂的问题。因为决定污染物在大气中的净化、扩散稀释的因素较多,单纯的理论推导极难圆满回答这一问题。

污染物在大气中扩散主要受近地面大气层中湍流所影响,大气湍流是强或弱、是否会发展,决定于风速的大小、地貌地物和近地面的大气垂直温度结构。同时,污染物的成分、浓度和性质,在大气和阳光作用下的化学变化等都决定了排放到大气中的污染物是否会对大气造成污染。

气态污染物排入大气后是如何变化的呢？通过实测和观察知道,废气从烟囱排出后,在大气的运动大致可分为 3 个阶段:首先为动力或热力上升阶段。这是由于废气通过烟囱排放都是经过有组织的机械动力或压力排气实现的。对于烟囱排出的烟气都有一定温度,借热力上升。当废气上升到一定的高度,由于风的影响,气团破裂,发生较大的波动,这是废气的破裂上升阶段。第三阶段为废气扩散阶段,在大气湍流作用下,废气向上下左右扩散。

废气团上升的高度,对污染物的扩散影响很大。它是烟囱高度、动力和热力的函数。也就是说,废气团的上升高度受排放因子和气象因子的影响最大。这里说的排放因子有:废气在烟囱顶部的出口速度(V_s,m/s),废气在烟囱顶部出口的温度(T_s,K),以及烟囱出口的直径(d,m)。影响废气团上升高度的气象因子有:烟囱出口高度处的平均风速($\bar{u}$,m/s),烟囱出口处环境大气温度(Ta,K),风速垂直切变(du/qz,s^{-1}),以及大气稳定度等。

因此,合理利用气象条件,正确选择烟囱的高度。既可以高空稀释排放有害废气,又可以保持地面环境不受有害气体危害。实践证明,通过高烟囱一般可将地面烟气浓度降至烟囱出口浓度的 0.001%～1%。

由于高烟囱排放理论和技术不断发展和完善,该方法在国外也受到了欢迎,烟囱的高度也在不断增长。目前,世界上高 300 m 以上的烟囱已非罕见。例如:英国的一个电厂的排废气烟囱高达 260 m,美国建立了世界最高的烟囱 360 m。

我国某航天发射中心,为了排放推进剂库房、燃料转注间的废气,建立了一套高烟囱排放推进剂废气系统。该系统自建成以来工作状况良好,经高烟囱排放的废气,对地面环境未产生环境污染。

两个金属烟囱高 90 m 和 100 m,分别排放偏二甲肼和四氧化二氮废气。废气处理量为 300 m³/h。

高空排放法简单易行,但缺点是毒物未经化学处理仍会污染大气,所以从污染物排放总量控制的角度出发,高空排放法不是长久之计,关键是采用何种有效地措施来代替它。

目前,总装所有发射基地,均已采用焚烧法处理偏二甲肼废气。

三、活性炭吸附处理法

由于活性炭具有优良的吸附特性,它不仅在肼类废水处理上得到应用,而且在肼类废气的处理工艺中也得到了广泛的应用。

活性炭吸附法处理肼类废气工艺,是将肼类废气首先通过活性炭吸附装置,使废气中的肼类物质吸附到活性炭的表面。净化后的废气可直接排放。

当活性炭吸附饱和后,可用热蒸气再生活性炭。含肼类物质的热水蒸气,再经霍加拉特催化床进一步催化氧化处理。处理流程如图 4.8 所示。

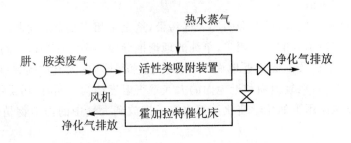

图 4.8　活性炭吸附法处理肼类废气工艺流程

图 4.8 中所示活性炭吸附装置,可根据废气浓度、性质,设多级吸附装置。吸附设备级数及活性炭再生周期,可通过试验确定。

活性炭的再生采用热水蒸气吹脱。水蒸气的温度为 100~150 ℃,水蒸气用量与吸附质量比为:1:3~1:5。

活性炭吸附法缺点是吸附剂需频繁再生、被吸附物质需再处理、设备投入产出较大、对高浓度增压废气效果不佳(主要问题是因吸附放热、致使温度升高,吸附效率降低)。

航天发射场初建时,曾使用过该法,虽然后来不断改进处理工艺,但处理效果仍欠佳,目前国内的航天发射场已不采用此法。

四、催化氧化处理法

催化氧化法是常用的有害废气净化方法之一。该方法与前文介绍的吸收和吸附法净化废气有根本的区别,它无需使污染物与主气流分离,而是使废气在催化剂的作用下直接进行无害化处理。使废气处理工艺更趋简单化、适用化。

1. 催化氧化法处理工业废气实例

催化氧化法处理工业废气在生产上的应用还是比较广泛的。例如:有色冶炼工业含 SO_2 废气,采用五氧化二钒作催化剂,将 SO_2 氧化成 SO_3,然后再用 SO_3 制取工业硫酸,使有害的 SO_2 废气变成硫酸。既达到了空气净化的目的,又使废物得到利用。又如化纤工业生产中产生的 H_2S 臭气,采用铝矾土作催化剂,将 H_2S 氧化成 H_2O 和 S,回收硫磺。

汽车尾气是城市大气的重要污染源,国内外对其净化技术的研究均取得了可喜的进展。目前,国外一些科学技术比较发达的国家,现正在重点研究改革燃料和改革汽车设备结构,发展无公害、高效交通系统。

对于含 HC 和 CO 的汽车废气,通常采用铂、钯催化剂和稀土催化剂,将 HC 和 CO 氧化成 H_2O 和 CO_2。目前,市售或已应用的各种汽车尾气净化装置,均按此原理制造。

油漆工业和漆包线生产中产生的含甲苯和苯废气,通常采用铂或钯催化剂,将苯、甲苯氧化成水和二氧化碳。

2. 催化剂应具备的特性和组成

由于催化剂对有机化工合成、环境治理有重要的作用,使催化剂的实际应用超过了催化理论的研究。

(1) 催化剂应具备的特性

作为优良的催化剂应具备下列特性：

① 良好的活性和选择性

要求某种催化剂对某种反应,能在简化反应条件下,快速、彻底的完成。

② 足够的机械强度

要求催化剂具有一定机械强度,保证使用的长期性。

③ 良好的热稳定性和化学稳定性

使催化剂在充分发挥其催化效能的情况下重复使用。

(2) 催化剂的组成

通常,催化剂由 3 部分组成:活性物质、载体和助催化剂。

活性物质是催化剂的主体,它可分为络合催化剂、酸碱催化剂、金属催化剂、金属氧化物催化剂等。

载体是活性物质的承载体,是催化剂的主体结构,它的存在对催化剂的催化作用有直接影响。

载体在催化剂中具有下列作用:

① 提供有效表面和适合的孔结构。

② 使催化剂具有一定强度。

③ 提高催化剂的稳定性。

④ 节省活性物质的用量。

通常作为催化剂的载体有:活性炭、分子筛、硅胶、氧化铝、碳化硅、浮石、金刚石、硅藻土、二氧化钛、三氧化二铁等。

助催化剂是指催化剂中为保持和提高催化剂活性的添加剂。助催化剂可以以元素状态加入,也可以以化合物状态加入,可以加入一种,也可加入多种。

几种废气催化剂的组成如表 4.5 所列。

表 4.5　几种废气净化催化剂组成

用　途	主要活性物质	载　体	助催化剂
SO_2 氧化为 SO_3	V_2O_5 6%～12%	SiO_2	K_2O 或 Na_2O
HC 和 CO 氧化成 H_2O 和 CO_2	Pt、Pd、Rh	Ni、NiO	
	CuO、Cr_2O_3、Mn_2O_3 和稀土氧化物	Al_2O_3	
汽车排气中 HC 和 CO 氧化成 H_2O 和 CO_2	V_2O_5　4%～7%	Al_2O_3 - SiO_2	Pd　0.01%～0.015%
	CuO　3%～7%		
苯、甲苯氧化为CO_2 和 H_2O	Pt、Pd 等	Ni 或 Al_2O_3	
	CuO、Cr_2O_3、MnO_2	Al_2O_3	

3. 肼类废气催化氧化工艺流程

火箭推进剂废气中,所含肼类物质,均属于还原性物质。当有催化剂存在的条件下,利用空气中的氧将其氧化分解,使肼类废气得以净化。

肼类废气催化氧化工艺流程如图 4.9 所示。

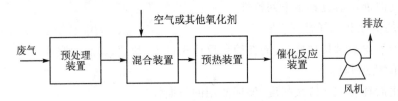

图 4.9　肼类废气催化氧化工艺流程图

图 4.9 中所示预处理装置的作用是,去除废气中的固体颗粒及杂质。如废气中含有使催化剂中毒的物质,在该装置中采用必要的处理手段,将其除去。

混合装置的作用,是使被处理废气与氧化剂充分混合。在肼类废气催化处理工艺中,采用的氧化剂是洁净空气。

预热装置的作用,是满足催化氧化作用的温度条件。在该装置中,将肼类废气与空气的充分混合物预热到 250℃～300℃。

催化反应装置是肼类废气催化氧化处理的核心设备。在该设备中,肼类废气通过催化床,使其氧化分解,达到废气净化的目的。

对于肼类废气催化氧化工艺中采用的催化剂有:铁系、锰系、稀土系催化剂。载体多采用活性炭、硅藻土。一般最常用的催化剂是颗粒状的霍加拉特催化剂。

稀土系催化剂是催化剂家族中的较新成员。它价格便宜,来源丰富。我国是稀土元素贮量最丰富的国家,应大力开发稀土系催化剂的研究和应用,使其早日取代贵重金属催化剂,使我国的稀土系催化剂占领世界催化剂工业的市场。

催化氧化法处理肼类燃料废气,耗时短、操作简单、易于实现自动化控制。但该法投资运行费用较高,日常管理、设备维修及电力消耗较大。

五、燃烧法处理

燃烧法是广泛利用的净化工业废气的方法之一。所谓燃烧法处理,是将有害气体、蒸气、烟气,通过高温燃烧手段使其净化的处理方法。

1. 燃烧法处理的分类

废气燃烧法处理可分 3 类:

(1)直接燃烧法

直接燃烧法是把可燃的有机有害废气直接当作燃料来燃烧的方法。

直接燃烧法通常是在 1 000 ℃以上的高温下进行。有机废气通常的燃烧产物是:CO_2、NO_2 和水蒸气,直接燃烧法工艺简图如图 4.10 所示。我们经常在油田或炼油厂看到整年在高烟囱出口燃烧的火炬,也是直接燃烧处理法的一种形式。

图 4.10　直接燃烧法工艺流程

（2）热力燃烧法

当需净化的有机废气中可燃有机物含量较低时，废气本身不能当作燃料持续燃烧，需要添加辅助燃料燃烧。此时，需净化的废气就可以作为净化燃烧对象。也就是说，这种燃烧方法需要有燃烧热源，这种净化废气的方法为热力燃烧法。

直接燃烧法燃烧温度一般在 1 000 ℃以上，而热力燃烧法一般需维持燃烧温度在 500～800 ℃左右。

国内外的大量资料和工程实践证明，热力燃烧必须在充分供氧的条件下，满足 3 个要素的要求，即：反应温度、反应时间、湍流混合。这就是经常在国外资料上看到的"三 T 条件"。

反应温度是实现热力燃烧法净化有机废气的重要条件。它依据废气中所含有机物质的种类不同而有所不同。对于大多数碳氢化合物来讲，通常在 590～650 ℃温度时，即可燃烧净化。但是，对于甲烷、甲苯、二甲苯的一定浓度的废气，燃烧净化温度需 760 ℃以上。

反应时间就是有机废气在燃烧炉中停留的时间。热力燃烧法需要的反应时间很短，一般在瞬间即可完成。

湍流混合也是废气热力燃烧净化的必要条件。通过湍流混合这种方式达到废气与高燃气的充分混合燃烧。

含有碳氢化合物的废气，热力燃烧所需的反应温度为 600～700 ℃，反应时间为 0.3～0.6 s。

（3）催化燃烧法

催化燃烧室采用催化剂废气中可燃物质在较低温度下氧化分解的净化方法。

2. 热力燃烧法处理肼类燃料废气

采用热力燃烧法处理肼类废气、废液及高浓度废水在国内外均有实例。美国马夸特公司生产的瞬时膨胀式焚燃炉，用天然气作燃料，每小时可焚燃 500 L 肼或 380 L 偏二甲肼。燃气中残留的燃烧物浓度低于 2 mg/m³，NO_x 低于 165 mg/m³。

热力燃烧法净化肼类废气、废液的关键是性能良好的燃烧炉。国外有定型产品，国内以锅炉改造的燃烧炉居多。燃料可采用天然气、液化石油气、柴油、酒精等，肼类废气、废液的输入采用特殊喷咀，使燃气与废气充分湍流混合，以达到废气净化的目的。

热力燃烧法处理肼类废气的产物是 CO_2、N_2 和水。

运行良好的焚烧炉，是可以实现肼类废气、废液的燃烧净化的。例如：某厂用一台工厂蒸气锅炉改装的焚烧炉，焚烧偏二甲肼废液，炉内温度可达 1 100～1 200 ℃，烟道出口处未检出偏二甲肼。

第 3 节　氮氧化物气态污染物的治理技术

一、氮氧化物来源及处理方法简介

氮氧化物主要来源于自然界和人类的活动。据不完全统计，全世界由于自然界细菌作用生成的氮氧化物，每年约为 50×10^7 t。人类活动所产生的氮氧化物每年约 5×10^7 t。从表面数字来看，人类活动产生的氮氧化物仅为自然界产生的十分之一。但是，由于产生源比较集中，大都在人类活动的环境区域内，因而危害更为严重。

人类活动产生的氮氧化物，主要来源于燃料的燃烧、工业生产和机动车排气。1968 年，美国由燃烧过程生成的氮氧化物,每年为 1 800 万吨,占总排放量的 88%。其中工业生产燃烧所生成的氮氧化物为 480 万吨,工业生产过程中排放的氮氧化物为 20 万吨。

一般燃料在燃烧过程中排放的氮氧化物数量如表 4.6 所列。

表 4.6　燃料燃烧过程排放的氮氧化物量

燃料名称	排放氮氧化物量/(kg/t 燃料)
煤	9.0
天然气	6.85
重油(燃料油)	12.3

航天工业氮氧化物的污染源主要来自于推进剂—氧化剂的生产、运输、使用、尾气排放和事故泄漏。对于氧化剂来讲,目前,我国仍以四氧化氮和红烟硝酸为主。

由于氮氧化物排放量的逐年增加,其危害程度的加重和污染范围的扩大,控制和治理氮氧化物的污染工作早已受到世界环境科学工作者的关注。把治理氮氧化物对环境的污染,作为保护地球的工作之一。

通过环境科学工作者的努力,目前对氮氧化物的治理技术已取得了较大发展。主要治理方法有:燃烧法、催化还原法、液体吸收法和固体吸收法几大类。其中,液体吸收法是中、小型化工企业处理氮氧化物废气常用的手段。例如:用硝酸氧化、金属抛光加工企业废气处理的常用方法。另外,采用氨气与氮氧化物反应,再用氢氧化钠溶液吸收的工艺流程,也不乏列举。

液体吸收法效果好坏的关键是吸收剂的选择和吸收设备的结构形式。作为吸收剂,应具备良好的吸收性能和稳定性,吸收设备要求具备阻力小,气、液两相接触面积大,以提高吸收效率。

目前,最常用的吸收设备有填料塔、湍流塔、喷洒塔和文丘里吸收器等。下面简单介绍填料塔和湍流塔的结构形式及主要设计参数。

填料塔时液体吸收处理废气的常用设备。广泛用于中、小型化工企业废气回收和治理。填料塔的结果形式如图 4.11 所示。

图 4.11 中所展示的为填料塔的一种。塔中,支撑板上放置填料。作用是增大气液两相的接触面积。液体吸收剂自塔上部向下喷淋,沿填料表面下降;被吸收废气沿填料间隙上升,在填料表面完成液体对气体的吸收。

填料的种类很多,常用的有拉西环、鲍尔环、波纹板等。近年又研制了一种网状隔板填料,效果良好。

该种填料塔一般要求液体喷淋密度在 10 m^3/m^2 · h 以上。填料塔的空塔气速一般为 0.3~1.5 m/s,压降通常为 15~60 mmH_2O/m 填料,液气比为 0.5~2.0 kg/kg。

湍流塔是近年来发展的一种新型吸收塔,它是填料塔的一种特殊形式。结构形状如图 4.12 所示。

从图 4.12 可见,湍流塔的填料是空心或实心的轻质塑料小球。当气流通过支撑栅板上升时,小球处于旋转、湍动状态。此时,吸收液自塔顶向下喷淋,随着小球的湍动,而达到气、液相充分接触,完成吸收过程。

湍流塔的空塔流速一般为 2~6 m/s。该塔由于气流速度高,处理能力大,设备体积小,是一种很有发展前途的废气吸收处理装置。

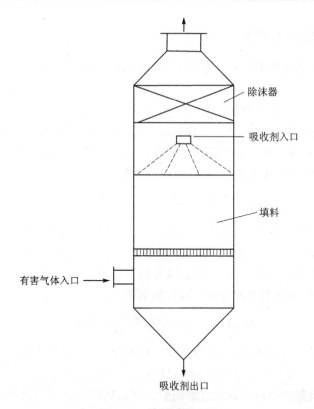

图 4.11   填料塔示意图

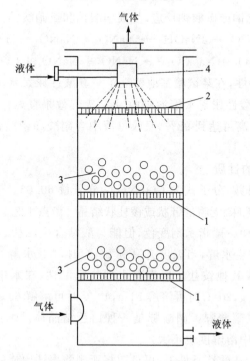

1—支承栅板；2—限位栅板；3—球形填料；4—喷淋器

图 4.12   活动填料吸收器

二、酸性尿素水溶液吸收法

火箭发射场的氮氧化物废气主要是 NO_2，它是 N_2O_4 的分解产物。N_2O_4 是液体火箭推进剂中重要的氧化剂。

四氧化二氮是一种红棕色液体，在常温下冒红棕色的烟，四氧化二氮的分解产物——二氧化氮。常温下四氧化二氮的离解只是部分离解。随着温度下降，部分二氧化氮又聚合成四氧化二氮，使二氧化氮在四氧化二氮中的含量减少。当达到凝固点温度时（$-11.23\ ℃$），二氧化氮完全聚合成四氧化二氮，成为无色的晶体，反应式如下

$$NO_2 + NO_2 \underset{离解}{\overset{聚合}{\rightleftharpoons}} N_2O_4 + 58.3\ kJ$$

从上面的反应式可以看出，当温度升高时，四氧化二氮吸热向二氧化氮转化。在大气压力下，当温度升高到 $140\ ℃$ 时，四氧化二氮完全离解为二氧化氮气体。

温度继续升高到 $140\ ℃$ 以上时，二氧化氮开始分解为一氧化氮和氧。在环境压力下，当温度升高到 $620\ ℃$ 时，二氧化氮全部分解。反应式如下

$$N_2O_4 + 13.93kcal \underset{\triangle}{\overset{140\ ℃}{\rightleftharpoons}} 2NO_2 \underset{\triangle}{\overset{620\ ℃}{\rightleftharpoons}} 2NO + O_2 + 113\ kJ$$

四氧化二氮是强烈的氧化剂，它易吸收空气中水分，与水作用生成硝酸并放热：

$$3N_2O_4 + 3H_2O \rightleftharpoons 4HNO_3 + 2NO + 272.3\ kJ$$

四氧化二氮可溶解在硝酸中形成红烟硝酸。其在硝酸中的溶解度随温度升高而减少，常温下的最大溶解度为 52%。

四氧化二氮与氢氧化钠或碳酸钠反应，生成硝酸钠和亚硝酸钠。反应式如下

$$N_2O_4 + 2NaOH \longrightarrow NaNO_3 + NaNO_2 + H_2O$$

$$N_2O_4 + Na_2CO_3 \longrightarrow NaNO_3 + NaNO_2 + CO_2\uparrow$$

依据 N_2O_4 的上述特性，在某试验基地建立了一套酸性尿素水溶液吸收法处理 NO_2 废气装置。几年使用证明，用酸性尿素水溶液吸收 NO_2 废气效果良好。在鼓泡接触条件下，吸收效率一般为 95% 左右，最高可达到 98%，吸收母液中含硝酸和硝酸铵，可以作肥料，不存在二次污染问题。

1. 尿素及其水溶液的性质

尿素化学名称为碳酰胺，分子式为 $CO(NH)_2$ 分子量 60.06。尿素为已知含氮最高的化肥。纯尿素是一种无色、无味、无嗅的针状或棱柱状结晶。熔点 $132.7\ ℃$。$20\ ℃$ 时比重为 1.33。

尿素呈微碱性，不能使一般指示剂变色，但能与酸结合生成盐。尿素在酸性、碱性或中性水溶液中，$60\ ℃$ 以下不发生水解，当温度升高到 $80\ ℃$ 时，$1\ h$ 水解 0.5%；$110\ ℃$ 时，$1\ h$ 水解 3%，水解产物为碳酸铵或其他铵盐。尿素有强烈的吸湿性，在水中溶解度很大，$100\ g$ 溶液中，$0\ ℃$ 时可溶解尿素 $40\ g$，$20\ ℃$ 时可溶 $51\ g$，$40\ ℃$ 时可溶 $63\ g$。

尿素与硝酸作用生成硝酸脲。硝酸脲是一种白色结晶体。熔点 $163\ ℃$，$20\ ℃$ 时的比重为 1.69。微溶于水，在硝酸中溶解度也不大。

尿素是一种还原剂。在酸性条件下，可迅速将亚硝酸根还原成氮。因此，利用尿素水溶液吸收 NO_2 废气是可行的。在美国有 3 家生产硝酸的工厂，采用酸性尿素水溶液吸收氮氧化物废气，并被认为是比较经济的方法之一。

2. 吸收过程中的主要化学反应

无论采用何种吸收液,氮氧化物的吸收过程都是十分复杂的。这是因为氮氧化物气相本体就有多种反应平衡;氮氧化物与吸收液的反应也很复杂,气、液相反应间的相互影响,都会影响传质过程。另外,废气浓度、温度变化、吸收设备的结构形式及特性、操作条件等都会给吸收过程的化学反应、吸收效果,带来不同的影响和结果。因此,对于氮氧化物吸收过程的化学反应,除依据理论指导外,仍需在分析试验中获取大量数据的基础上,找出相互之间的关系,确定主要化学反应过程。

吸收过程中的第一个反应是 NO_2 与水的反应,即

$$2NO_2 + H_2O \rightleftharpoons HNO_3 + HNO_2$$

$$N_2O_4 + H_2O \rightleftharpoons HNO_3 + HNO_2$$

亚硝酸可以与尿素作用,也可自行分解,即

$$HNO_2 + CO(NH_2)_2 + HNO_3 \longrightarrow N_2 + CO_2 + NH_4NO_3 + H_2O$$

$$2HNO_2 + CO(NH_2)_2 \longrightarrow 2N_2 + CO_2 + 3H_2O$$

$$3HNO_2 \longrightarrow HNO_3 + 2NO + H_2O$$

亚硝酸分解过程中的 NO,可在空气中进一步氧化生成 NO_2,即

$$2NO + O_2 \longrightarrow 2NO_2$$

亚硝酸与尿素的反应存在以下中间反应过程

$$HNO_2 + CO(NH_2)_2 \longrightarrow N_2 + HNCO + 2H_2O$$

$$HNCO + HNO_2 \longrightarrow N_2 + CO_2 + H_2O$$

$$HNCO + H_2O + HNO_3 \longrightarrow NH_4NO_3 + CO_2$$

但是,处理火箭发射场的 NO_2 废气时,情况就不同了。由于 N_2O_4 转注或加注管拆卸产生的 NO_2 废气浓度比较高,总反应式为

$$2NO_2 + CO(NH_2)_2 \longrightarrow N_2 + CO_2 + NH_4NO_3$$

1 mol 分子尿素可以处理 2 mol 分子 NO_2,并产生 1 mol 分子硝酸铵。因此,用酸性尿素水溶液吸收 NO_2 在理论上是可行的。某卫星发射场的实际应用效果良好,改变了过去黄烟弥漫的现象。

3. 酸性尿素水溶液吸收法处理 NO_2 废气在工程上的应用

我国某航天发射中心对于推进剂加注系统及库房产生的 NO_2 废气,就是采用尿素水溶液吸收法处理的。

该处理系统建成后,在历次执行发射任务中,处理了大量 NO_2 废气,消除了过去发射场区黄烟滚滚的现象,保护了环境及工作人员的身心健康。该处理系统的工艺流程如图 4.13所示。

图 4.13 所示尿素吸收法处理 NO_2 废气工艺为 4 级串联尿素吸收处理 NO_2 废气装置。NO_2 废气由管道先经过两个串联的洗涤塔,塔中 NO_2 废气与尿素水溶液逆向接触。每个塔中设 3 个花板,目的是使废气与尿素水溶液充分接触,提高 NO_2 的吸收率。从洗涤塔出来的废气,再顺次经过两个填料洗涤塔。塔中填料为波纹网填料,目的是增加 NO_2 废气与尿素水溶液的接触面积。经过 4 级串联洗涤塔吸收后,废气得到净化,再经气液分离器后排放。

填料洗涤塔中的波纹填料,是 60 年代发展起来的一种新型规整填料。目前,国外应用比较广泛。国内,北京、上海、天津等地化工精馏也广泛应用。波纹网填料与鲍尔环、阶梯环填料

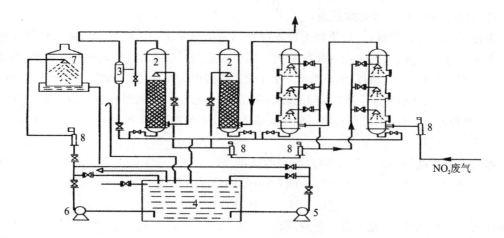

1—废气洗涤塔(ϕ500,H3466)；2—废气填料洗涤塔(ϕ500,H3466)；
3—气、液分离器；4—尿素水溶液贮箱；5—尿素水溶液提升泵；
6—尿素水溶液循环冷却水泵；7—冷却塔(BNP -型)；8—转子流量计

图 4.13　尿素吸收法处理NO₂废气工艺流程

相比有如下特点：

① 该填料由丝网组成，材料细薄，室隙率较大，故气流通过时，通量大、压降小。

② 波纹丝网细密，液体能在网体表面形成稳定薄液膜，使表面润湿提高，避免沟流现象，提高传质效率。

③ 气、液两相在填料中不断呈乙型曲线运动，在填料中流体分配良好，充分混合，因此效率高。

④ 填料规则排列，无积液死角，液膜较薄，故池液量小。

该系统中，吸收液尿素水溶液在尿素水溶液贮箱配制。尿素水溶液的配制浓度为：尿素10%，硝酸5%。配制好的溶液用耐酸泵供给各洗涤塔使用。

尿素水溶液吸收NO₂废气是放热反应，温度可高于60 ℃，这对吸收效果有影响。因此该工艺流程中设置了冷却循环系统。

该处理系统经多年使用证明，处理NO₂的效率高，性能稳定。工作参数是，处理气量为250～850 m³/h；喷淋吸收液量为2～3 m³/h。

三、氮氧化物气体的其他处理方法

氮氧化物废气的处理方法随着科学技术的发展和治理技术的研究以及工程实践，不仅治理技术日臻完善，而且供选择实施工程的方法也比较多。这里对处理方法作简要介绍。

1. 水—硫酸亚铁两段吸收法

氮氧化物废气常采用水吸收处理。反应式如下

$$2NO_2 + H_2O \longrightarrow HNO_3 + HNO_2$$

$$2HNO_2 \longrightarrow H_2O + NO + NO_2$$

水吸收NO₂生成硝酸和亚硝酸，而亚硝酸分解放出 NO 和NO₂。由于水吸收 NO 的效率低，该方法有局限性。

但是,硫酸亚铁对 NO 具有较好的吸收率,生成不稳定的络合物——$Fe(NO)SO_4$。反应式如下

$$FeSO_4 + NO \longrightarrow Fe(NO)SO_4$$

因此,对于氮氧化物废气可采用水—硫酸亚铁两段喷淋吸收法处理。

2. 氨—碱溶液两级吸收法

该方法是依据氨、碱两种溶液均可对 NO_2 废气进行吸收而建立的。

第一级采用氨溶液吸收,反应式如下

$$2NH_3 + 2NO_2 \longrightarrow NH_4NO_3 + N_2 + H_2O$$

第二级采用 NaOH 作为吸收液,反应式如下

$$2NaOH + 2NO_2 \longrightarrow NaNO_3 + NaNO_2 + H_2O$$

该方法的吸收产物为 NH_4NO_3、$NaNO_3$、$NaNO_2$。经两级吸收处理后,废气即可排放。

吸收液氢氧化钠可循环使用,其浓度应控制在 30% 以上。这样即可保证良好的吸收效率,又可防止亚硝酸钠结晶堵塞管道。

3. 氯氨法处理

吸收法处理氮氧化物废气,由于采用的吸收剂品种不同,吸收率有较大差别。水吸收法效率为 20%～33%,10% 氢氧化钠吸收法效率为 28%～41%,氯吸收法效率为 53%～84%,氨吸收法效率为 79%～86%。

近年来,日本科学家研制了高效氯氨法处理氮氧化物的新装置。该装置的去除效率达 80%～90%,而且主要反应产物为氮气。反应式如下

$$2NO + Cl_2 \longrightarrow 2NOCl$$

$$NOCl + 2NH_3 \longrightarrow NH_4Cl + N_2 + H_2O$$

$$2NO_2 + 2NH_3 \longrightarrow NH_4NO_3 + N_2 + H_2O$$

4. 碱—亚硫酸铵吸收法

该方法对氮氧化物实施碱和亚硫酸铵两级吸收。第一级吸收液为氢氧化钠,吸收产物为亚硝酸钠;第二级吸收液为亚硫酸铵,吸收产物为硫酸铵。反应式如下

$$2NaOH + NO + NO_2 \longrightarrow 2NaNO_2 + H_2O$$

$$(NH_4)_2SO_3 + 2NO_2 \longrightarrow (NH_4)_2SO_4 + NO$$

$$2(NH_4)_2SO_3 + 2NO \longrightarrow 2(NH_4)_2SO_4 + N_2$$

实践证明,该方法工艺合理、操作简单、运行费用低、净化效率高。

5. 石膏法

石膏法可以处理氮氧化物废气。例如:氨-石膏法、碱-石膏法和镁-石膏法。反应式如下

$$NO + 2NH_4HSO_3 \longrightarrow \frac{1}{2}N_2 + (NH_4)_2SO_4 + SO_2 + H_2O$$

$$NO_2 + 4NH_4HSO_3 \longrightarrow \frac{1}{2}N_2 + (NH_4)_2SO_4 + 2SO_2 + 2H_2O$$

$$2NO + 4NaHSO_3 \longrightarrow N_2 + 2Na_2SO_4 + 2SO_2 + 2H_2O$$

$$2NO_2 + 8NaHSO_3 \longrightarrow N_2 + 4Na_2SO_4 + 2SO_2 + 4H_2O$$

$$NO + Mg(HSO_3)_2 \longrightarrow \frac{1}{2}N_2 + Mg_2SO_4 + SO_2 + H_2O$$

$$NO_2 + Mg(HSO_3)_2 \longrightarrow \frac{1}{2}N_2 + 2Mg_2SO_4 + 2SO_2 + 2H_2O$$

6. 催化还原法

催化还原法是处理氮氧化物废气的有效手段。原理是在催化剂存在的条件下,利用还原性气体将氮氧化物还原为无害的氮气。

(1) 催化还原法使用的催化剂和还原剂

催化还原法处理氮氧化物废气使用的催化剂有贵金属催化剂,例如:铂、钯、铑等;亦有非贵重金属催化剂,例如:镍-铜系、镍-镉系、络-铜系、铜系催化剂等。

催化还原法处理氮氧化物废气通常使用的还原剂有 CH_4、CO、H_2 和氨。

(2) 催化还原法分为非选择性和选择性 2 种

① 非选择性还原法

非选择性还原法是指还原性气体与氮氧化物和氧同时起作用的方法。如 CH_4 与氮氧化物的反应为

$$CH_4 + 4NO_2 \longrightarrow 4NO + CO_2 + 2H_2O$$
$$CH_4 + 2O_2 \longrightarrow CO_2 + 2H_2O$$
$$CH_4 + 4NO \longrightarrow 2N_2 + CO_2 + 2H_2O$$

该方法处理效率高,操作简单。如果催化剂选择合理,温度控制合适,氮氧化物中氧含量不超过 3%,氮氧化物的含量可降至 $0.01\% \sim 0.02\%$。

② 选择性催化还原法

选择性催化还原法是指还原性气体只与氧化物起作用的方法。如氨与氮氧化物的反应为

$$4NH_3 + 6NO \longrightarrow 5N_2 + 6H_2O$$
$$8NH_3 + 6NO_2 \longrightarrow 7N_2 + 12H_2O$$

该方法技术成熟、净化效率高、操作简便,可净化低浓度氮氧化物气体。当氨与氮氧化物的分子比为 1 时,氮氧化物的去除率可达 99%。

用氨催化还原氮氧化物废气的工艺流程如图 4.14 所示。

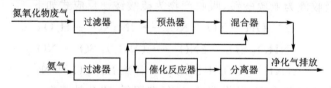

图 4.14　氨催化还原氮氧化物废气工艺流程

上述工艺流程中过滤器的作用是去除氮氧化物和氨气中的灰尘及雾滴等,是处理系统的预处理阶段。

预热器的作用是对氮氧化物气体加热,以维持催化反应器的温度在 $250 \sim 400$ ℃范围内。

混合器的作用是达到氮氧化物废气与氨气的良好混合。

催化反应器是氮氧化物和氨气进行催化反应的主体设备。

分离器的作用是进一步去除净化后废气中的固体粉尘。例如:催化剂粉末等。

7. 吸附法

固体吸附法也是净化氮氧化物废气常采用的方法。常用的吸附剂有丝光沸石、硅胶、活性炭、硅藻土等。

习　题

1. 什么是大气污染物？大气污染物的危害有哪些？

2. 清洁大气的组成有哪些成分？排放CO_2、NO_x后会造成什么大气污染事故？

3. 肼类推进剂气态污染物的处理方法有哪些？分析对比不同处理方法的优缺点？

4. 氮氧化物气体污染物主要包含哪几种？主要的处理方法有哪些？

5. 催化氧化法中的所使用的催化剂的组成是什么？在处理肼类气态污染物一般采用的催化剂是什么？

6. 结合目前我国推进剂气态污染状况说明大气污染综合防治的措施有哪些？

第5章 推进剂液态污染物的治理

第1节 废水处理技术概述

随着人类水资源的短缺,人类已经越来越清楚的意识到废水治理的必要性,对于废水的处理技术近年来一直在不断发展。废水中的污染物质是多种多样的,往往不可能用一种处理单元就把所有的污染物去除干净。一般一种废水往往需要通过几个处理单元组成的处理系统处理后,才能够达到排放要求。采用哪些方法或哪几种方法联合使用应根据废水的水量和水质、排放标准、处理方法的特点、处理成本和回收经济价值等,通过调查、分析、比较后才能决定,必要时还要进行小试、中试等试验研究。

一、物理处理技术

废水中的污染物一般以三种形态存在:悬浮(包括漂浮)态、胶体和溶解态。废水物理处理对象主要是悬浮态和部分的胶体,因此废水的物理处理一般又称为废水的固液分离处理。废水的固液分离技术从原理上讲,主要分为两大类:一类是废水受到一定的限制,悬浮固体在水中流动被除去,如重力沉淀、离心沉淀和气浮等;另一类是悬浮固体受到一定的限制,废水流动而将悬浮固体抛弃,如格栅、筛网和各类过滤过程。显然,前者的前提是悬浮固体与水存在密度差,后者则取决于阻挡(限制)悬浮物固体的过滤介质。

二、活性污泥法处理技术

活性污泥法的基本原理是利用人工曝气,使得活性污泥(微生物群体)在曝气池内呈悬浮状态与废水充分接触,利用微生物群体的凝聚、吸附和分解废水中溶解性有机物的作用,达到净化废水的目的。活性污泥是废水中通入空气一段时间后所产生的由大量微生物组成的絮凝体,它易于沉淀而与废水分离,并使废水得到澄清。

被活性污泥微生物去除的主要污染物有含碳有机物、含氮化合物和含磷化合物等。

参与污染物去除的活性污泥微生物,按生理特性可分为4类:

① 在好氧条件下,利用含碳有机进行生长繁殖的异氧微生物(包括细菌、原生动物和后生动物)。

② 在好氧条件下,将 NH_3-N 氧化为亚硝酸盐的自养菌(该反应称为硝化,这类细菌称为硝化菌)。

③ 在缺氧条件下,进行硝酸性呼吸或亚硝酸性呼吸的兼性厌氧菌(属异氧菌,称为脱氮菌)。

④ 在缺氧和好氧交替条件下,积聚大量聚磷酸的细菌(属异氧菌,称为聚磷菌)。

活性污泥法的净化机理包括以下几个方面:活性污泥对有机物的吸附;被吸附有机物的氧化和同化;活性污泥絮体的沉淀分离;硝化;脱氮;除磷。

三、生物膜法处理技术

生物膜法是与活性污泥法平行发展起来的生物处理工艺,是一大类生物处理法的统称。在生物膜法中,微生物吸附在载体表面生长而形成膜状,在废水流经载体表面和生物接触的过程中,废水中有机污染物即被微生物吸附、稳定,最终转化为 H_2O、CO_2、NH_3 和微生物细胞物质,废水从而得到净化。

生物膜法现有生物滤池、生物转盘、生物接触氧化法、微孔膜生物反应器,以及生物流化床等。目前,常用于废水处理的有生物滤池和生物接触氧化法。

四、自然生物处理技术

1. 稳定塘

稳定塘又称氧化塘,净化废水的原理与自然水域的自净机理相似,是利用水塘中的微生物和藻类对废水中的有机物进行生物处理的方法。

按塘内充氧状况和微生物优势群体,稳定塘可分为好氧塘、厌氧搪、兼性塘、曝气塘等。除利用茵藻外,还利用水生植物和水生动物处理废水的稳定塘称为生物塘或生态塘。

稳定塘可采用不同的工艺流程,典型流程如图5.1所示。

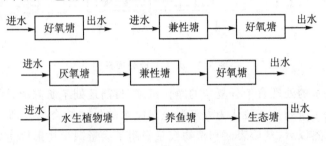

图 5.1　稳定塘典型工艺流程

稳定塘废水处理工艺具有以下特点:

① 建设投资小,运行费用低,但占地面积大。

② 出水的生化需氧量 DOD_5 一般能满足排放要求,好氧塘的 BOD_5 降解效果好,去除率可达 80%~95%。

③ 在好氧塘和兼性塘的出水中,由于含有藻类,所以出水的悬浮固体(SS)浓度一般高于"二级处理"出水。

④ 在生物氧化塘中也能使粪大肠杆菌群浓度显著降低,当水中停留时间充分时,即使不消毒,粪大肠杆苗群数可降至每升 2 000 个。

⑤ 一般规定,厌氧塘进水硫酸盐的浓度不宜大于 500 mg · L^{-1};进水的 BOD_5:N:P 为 100:2.5:1。

2. 土地处理系统

土地处理系统是以土地为处理构筑物,利用土地上土壤—植物系统净化废水的功能,达到一定的处理目标。土地处理系统实质上是一种生态工程系统。土地处理系统对污染物的去除过程包括土壤的过滤截留、物理和化学吸附、化学分解和沉淀、植物和微生物摄取、微生物的氧化降解、蒸发等。

土地处理主要的工艺类型有:慢速渗滤、快速渗滤、地表漫流、湿地和地下渗滤。由这些基本工艺类型可组合成多种复合土地处理系统。

湿地处理系统是将废水投放到的土壤经常处于水饱和状态而且生长有芦苇等耐水植物的沼泽地的土壤上,废水沿一定方向流动,在流动的过程中,在耐水植物和土壤联合作用下,使废水得到净化的一种土地处理工艺如图5.2所示。人工湿地是一种由人工建造和监督的与沼泽类似的地面,它利用自然湿地生态系统中物理、化学、生化反应协同作用来处理废水。人工湿地可分为表面流湿地、潜流湿地、立式流湿地。表面流湿地与自然湿地相似,废水在填料表面漫流,绝大部分有机物的降解由位于植物水下茎秆上的生物膜来完成,这种类型未能充分发挥填料和丰富的植物根系的作用,且卫生条件不好;潜流湿地是水在填料表面向下潜流,充分利用整个系统的协同作用,卫生条件较好,占地小,处理效果较好;立式流湿地的水流情况综合了表面流湿地和潜流湿地的特点,但建造要求高,易滋生蚊虫。所以,潜流式湿地系统是目前研究和应用最为广泛的。

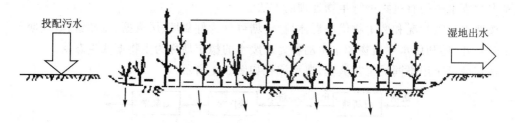

投配污水　　　　　　　　　　　　　　　　　　　　　　湿地出水

图 5.2　人工湿地处理系统

人工湿地对废水的处理有十分复杂的净化机理,目前还处于研究中,深圳市沙田人工湿地的处理效果如表5.1所列。一般认为人工湿地对废水的处理综合了物理、化学和生物的三种作用。湿地系统成熟以后,基质表面和植物根系吸附了大量微生物形成生物膜,废水流经生物膜时,大量的 SS 被基质和植物根系截留,有机污染物则通过生物膜的吸收、同化及异化作用而被去除,湿地床系统中因植物根系对氧的传递释放,使周围的环境依次呈现好氧、缺氧和厌氧状态,保证了废水中的氮磷不仅能被植物和微生物作为营养成分而直接吸收,而且还可以通过硝化、反硝化作用及微生物对磷的过量积累作用将其从废水中去除,最后通过湿地床基质的定期更换和栽培植物的收割而使污染物最终从系统中去除。

表 5.1　深圳市沙田人工湿地的处理效果

项　目	COD	BOD$_5$	SS	T - N	T - P
进水浓度范围/(mg·L^{-1})	120.3～204.3	64～110	53.8～72.1	20.4～37.4	3.27～4.03
进水平均浓度/(mg·L^{-1})	181.77	91.83	60.31	28.7	3.64
出水浓度范围/(mg·L^{-1})	30.45～36.1	6.5～9.0	7.32～8.97	9.16～9.87	0.056～0.56
出水平均浓度/(mg·L^{-1})	33.01	7.97	8.01	9.32	0.11
平均去除率/%	81.54	91.22	86.62	68.15	96.76

表 5.2 列出了各种废水土地处理类型的出水水质。

表 5.2　各种废水土地处理类型的净化出水水质(典型值)

废水水质指标/ (mg·L^{-1})	慢速 渗滤	快速 渗滤	地表 漫流	湿　地	地下 渗滤	新型快速渗滤 (人工土壤)
BOD$_5$	<2	5	10	10～20	<2	5
SS	<1	2	10	10	<1	10
T - N	3	10	5	10	3	20
NH$_3$ - N	<0.5	0.5	<4	5～10	<0.5	—
T - P	<0.1	1	4	4	<0.1	—
大肠杆菌/(个·L^{-1})	0	100	2 000	400 000	0	—

五、废水的三级处理

废水处理级别可分为一级处理(包括一级强化处理)、二级处理(包括二级强化处理)和深度处理。

一级处理系统主要由格栅、筛网、沉砂地、沉淀池(初沉池)等组成,是以物理处理技术为主体的处理工艺。目的是拦截废水中较大的悬浮物或漂浮物,去除废水中密度比较大的固体颗粒和小颗粒状的悬浮固体。在处理过程中,向废水中投药进行混凝沉淀,或向废水中加入一部分回流剩余活性污泥,利用微生物絮凝吸附作用去除大量的污染物质,则称为强化一级处理。强化一级处理工艺包括化学强化处理法、生物絮凝吸附强化一级处理法、化学—生物联合絮凝强化一级处理法、AB 法前段工艺、水解好氧法前段工艺、高负荷活性污泥法等技术。

二级处理为生物处理系统,以生物处理技术为主体。主要的处理工艺有常规活性污泥法、A/O 法、A/A/O 法、AB 法、氧化沟法、SBR 法、UNITANK 法、BIOLAK 法、生物膜法等。二级处理系统可以大幅度去除废水中呈胶体和溶解状态的有机污染物。具有较强的脱氮除磷功能的二级处理也称二级强化处理(如 A/O 法和 A/A/O 法)。有时也采用稳定塘和土地处理系统进行二级处理。

深度处理也叫做高级处理或三级处理,目的是进一步去除废水中的悬浮物、有机物、氮和磷等营养盐及可溶的无机盐等。目前常用的废水深度处理技术是由絮凝、沉淀(澄清)、过滤、活性炭吸附、离子交换、反渗透、电渗析、氨吹脱、臭氧氧化、消毒等单元技术优化组合而成的。

第 2 节　肼类推进剂废水的治理技术

肼类燃料属于双组元液体推进剂中的燃烧剂,是国防和航天领域常用的一种双组元燃烧剂。迄今为止,国内外所使用过的液体推进剂中,除液氢、液氧外,都具有不同程度的毒性,尤其是肼类燃料毒性较大,如果不当摄入会给操作人员和环境带来不同程度的危害和污染。

一、臭氧氧化法

推进剂污水中所含的肼类物质从化学属性分类,属于还原性物质。因此,很多科学工作者在寻求肼类污水处理技术时,首先想到用氧化剂来氧化破坏污水中有毒的肼类物质,使其向低度、无毒化方面转化,从而实现推进剂污水净化和保护环境的目的。

目前,在肼类污水处理中使用的氧化剂种类很多,像臭氧、过氧化氢、液氯、空气、次氯酸钠、漂白粉、漂粉精、二氧化氯等。综合各种氧化剂在处理肼类污水中的效果和应用范围,臭氧法处理推进剂污水技术应用最广泛。现将臭氧的制备及性质;偏二甲肼的化学性质;臭氧氧化破坏偏二甲肼的机理以及臭氧法处理偏二甲肼废水的效果等介绍如下。

1. 臭氧的性质

臭氧的分子式为 O_3。在常温、常压下是一种淡紫色的气体。臭氧的分子量为48。在0 ℃和一个大气压下,臭氧的比例为2.144。臭氧的密度,液态为1.572 g/cm^3(温度−183 ℃),固态为1.738 g/cm^3(温度−195.2 ℃)。臭氧的沸点为−111.9 ℃。

纯的臭氧具有爆炸性,因为臭氧分解时释放相当大的热量。一个臭氧分子自行分解的热效应为35.5 kJ,工业上实际应用的臭氧并不是纯的臭氧,而是臭氧和空气或臭氧和氧气的混合气体。以无声放电法生产的臭氧为例,臭氧只占空气的1%～2%。据有关资料介绍,臭氧在混合气体中浓度不超过10%就不会发生爆炸。

在常温下,臭氧在空气中自行分解为氧。臭氧在空气中的分解速度与空气中的湿度、温度有关。空气的湿度越大、温度越高,分解速度也越快。臭氧在水溶液中的分解速度比在空气中快,在强碱性溶液中分解速度更快。但是,在酸性溶液中分解速度明显缓慢。臭氧在水中的半衰期为17 min。若水中有二氧化锰、铜等物质存在时,臭氧会加速分解。

臭氧是一种强氧化剂。在酸性介质,臭氧的氧化还原电位是2.07 V;在碱性介质中,氧化还原电位是1.24 V。由于臭氧具有很强的氧化能力,它可以同有机物、无机物、蛋白质进行氧化反应,可以把难以生物降解的物质氧化分解为可生物降解的物质。

臭氧在同有机物的反应过程中,是臭氧分子同双键或三键的碳-碳化合物直接结合,生成臭氧化物。臭氧化物是一个不稳定化合物,在水解作用下进行分解,实现臭氧的氧化过程。

臭氧具有良好的杀灭细菌、病毒、芽孢的作用。它的杀菌作用与常用的杀菌剂液氯不同,氯是通过细菌细胞壁的渗透作用来抑制细胞中酶而实现的。臭氧的杀菌作用是通过直接氧化构成细菌机体的蛋白质而实现的。因此,臭氧的杀菌效果好、速度快。

臭氧处理推进剂肼类废水的技术,经过深入的试验研究和长期的实际使用,已取得了满意的效果。

2. 臭氧的制备

臭氧自1785年发现,1840年命名以来,其制备方法有光化学法、电解法、无声放电法。由于无声放电法操作简单,管理方便,可获得大量低浓度臭氧化气,我国工业臭氧制备均采用该方法。国外一些工业比较发达的国家,像法国、美国、日本、原苏联等国也采用无声放电法来制取工业臭氧。

无声放电法制取臭氧的发生装置包括臭氧发生器、空气净化装置、供电设备、电气控制及测量设备等。

目前,国内外生产的臭氧发生器种类有板式(立板式、卧板式)和管式(立管式、卧管式)两种。卧管式的臭氧发生器使用最为广泛。

3. 偏二甲肼的化学性质

为了深入探讨和研究臭氧氧化分解偏二甲肼的机理,应对偏二甲肼的化学性质有所了解。

偏二甲肼是一种弱有机碱,它与水作用生成共轭酸和碱,与多种有机酸反应生成盐。偏二

甲肼与水反应的方程式为

$$(CH_3)_2 NNH_2 + H_2O \rightleftharpoons (CH_3)_2 NNH_3^- + OH^-$$

偏二甲肼与空气中的二氧化碳作用生成白色的碳酸盐沉淀,反应方程式为

$$2(CH_3)_2 NNH_2 + CO_2 \longrightarrow (CH_3)_2NNHCOOH \cdot H_2NN(CH_3)_2 \downarrow$$

偏二甲肼是还原剂,废水中释放出的偏二甲肼蒸气在常温下能被空气缓慢氧化,氧化产物主要是甲醛二甲腙(即偏腙)、水和氮,反应式:

$$3(CH_3)_2NNH_2 + 2O_2 \longrightarrow 2(CH_3)_2NN=CH_2 + 4H_2O + N_2$$

该反应比较复杂,除以上主要产物外,还有少量的氨、二甲胺、亚硝基二甲胺、重氮甲烷、氧化亚氮、甲烷、二氧化碳、甲醛等。因此,偏二甲肼长期暴露于空气中,逐渐变成一种粘度较大的黄色液体,容器底部存在少量白色固体沉淀物。

偏二甲肼与许多氧化物的水溶液发生强烈反应并放出热量。例如:次氯酸钠,高锰酸钾、漂白粉、漂粉精(俗名三合二)等。该反应的另一特点是,反应过程中溶液的颜色发生变化。溶液由无色逐渐变为淡黄色、黄色、淡红色、红色、淡黄色、无色。偏二甲肼浓度越高,溶液的颜色变化越明显。

偏二甲肼与卤素的反应生成四甲基四氮烯,反应式为

$$2(CH_3)_2NNH_2 + 2I_2 \longrightarrow (CH_3)_2NN=(CH_3)_2 + 4HI$$

偏二甲肼与盐酸反应式如下

$$(CH_3)_2NNH_2 + HCl \longrightarrow (CH_3)_2NNH_2HCl$$

偏二甲肼与亚硝酸的反应式如下

$$(CH_3)_2NNH_2 + HNO_2 \longrightarrow (CH_3)_2NNHNO + H_2O$$

偏二甲肼是易燃液体。在常温下能与强氧化剂硝酸四氧化二氮、高浓度过氧化氢自燃。作为推进剂在航天工业上被广泛应用。

4. 臭氧处理偏二甲肼废水的机理

为了提高臭氧处理偏二甲肼废水的效果,降低能耗,必须了解偏二甲肼与臭氧的反应机理。

前文简单介绍了臭氧与偏二甲肼的化学性质,应该说一个氧化剂一个还原剂,二者实施氧化分解反应是理所当然的。但是,实际上二者的反应相当复杂,在反应的过程中生成了一系列中间产物。臭氧与偏二甲肼反应首先生成偶氮化合物,多数偶氮化合物联成四甲基四氮烯,部分偶氮化合物继续被臭氧氧化分解,生成二氧化碳、氮气和水。反应式如下

$$(CH_3)_2NNH_2 + O_3 \longrightarrow (CH_3)_2^+N=N^- + H_2O + O_2$$

偶氮化合物

$$2(CH_3)_2N^+=N^- \longrightarrow (CH_3)_2NN=NN(CH_3)_2$$

四甲基四氮烯

$$2(CH_3)_2N^+=N^- + 3O_2 \longrightarrow 2CO_2 + N_2 + O_2 + 3H_2O$$

从以上反应式可以看出,臭氧与偏二甲肼反应的部分中间产物主要是四甲基四氮烯和少部分偶氮化合物、氮、二氧化碳和水。

中间产物四甲基四氮烯进一步被臭氧氧化分解成甲胺、二甲胺、甲醛和氮气,反应式如下

$$(CH_3)_2NN=NN(CH_3)_2 + O_3 \longrightarrow CH_3NH_2 + (CH_3)_2NH + CH_2O + N_2 + O_2$$

据有关资料介绍,在碱性条件下,臭氧可氧化分解二甲胺和甲胺,氧化产物主要是甲醛和

部分亚硝酸盐、硝酸盐。

四甲基四氮烯被臭氧氧化分解的主要产物是甲醛。氧化过程中也伴随甲胺、二甲胺的不断生成和不断被氧化分解的动态过程。

在臭氧处理偏二甲肼废水的过程中，甲醛是重要的中间产物早已得到证明。废水未经处理前，废水中偏二甲肼含量较高，而甲醛含量很少。当废水在臭氧的作用下，水中偏二甲肼含量趋于零时，甲醛含量达到最高值。这一规律无论是实验室试验还是实际废水处理都是如此。

臭氧与偏二甲肼反应过程和机理是相当复杂，反应过程如图 5.3 所示。

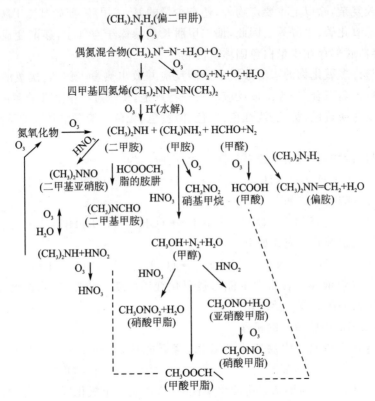

图 5.3　偏二甲肼与臭氧反应机理图

从以上的分析我们清楚的看到，采用臭氧处理偏二甲肼废水理论是可行的。由于偏二甲肼是易氧化分解化合物，因而在实际应用中也获得了满意的效果。

但是，我们从偏二甲肼与臭氧反应机理图中可以了解到，臭氧氧化分解偏二甲肼并不是一个简单的氧化过程。该过程中，既存在偏二甲肼氧化分解产生一系列中间产物，又存在中间产物继续分解、中间产物之间、中间产物与偏二甲肼之间的反应。该过程是一个复杂的化学反应过程。

由于臭氧氧化分解产生一系列中间产物，而某些中间产物的毒性并不低于偏二甲肼，例如：甲醛、四甲基四氮烯、二甲胺、亚硝基二甲胺、硝基甲烷等。在采用臭氧法处理偏二甲肼废水时，不但应检测偏二甲肼的氧化分解情况，而且更应注意一系列中间产物的氧化分解情况，使废水真正实现无害化。

偏二甲肼与其一系列分解产物绝大部分可氧化分解为甲醛。甲醛是无色透明液体，与水可任意混合。它是一种较强的还原剂,具有较强的刺激性气味。含有甲醛的废水排入水体,对水生动物尤其是鱼类有一定程度的危害。我国地面水甲醛最高容许浓度为 0.5 mg/L。对于偏二甲肼废水中的甲醛含量必须严格控制。

甲醛虽然属于还原性较强的物质,但是,由于偏二甲肼废水中含量比较低,一般为 10 mg/L 左右,因而单纯用臭氧去氧化分解废水中的甲醛是相当困难的。

为解决甲醛进一步氧化分解的问题,采用了紫外线与臭氧联合处理工艺,实现了推进剂废水中主要污染物偏二甲肼及其一系列中间产物完全氧化分解的难题。甲醛在紫外线照射下与臭氧反应生成甲酸和氧气,甲酸进一步氧化生成二氧化碳和水。甲醛臭氧氧化分解反应方程式如下

$$\text{HCHO} + O_3 \xrightarrow{\text{光}} \text{HCOOH} + O_2$$

$$\text{HCOOH} + O_3 \xrightarrow{\text{光}} CO_2 + H_2O + O_2$$

5. 臭氧—紫外线联合处理推进剂废水工艺

前面已经叙述了,采用臭氧—紫外线联合处理偏二甲肼废水,不仅能去除废水中的偏二甲肼,而且可进一步氧化分解偏二甲肼一系列氧化中间产物,使废水得以净化。实际工程应用的处理流程如下:

光氧化塔处理流程(一)如图 5.4 所示。

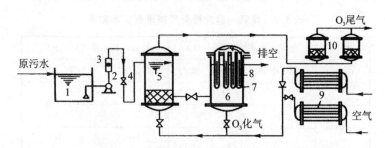

1—污水调节池;2—污水泵;3—转子流量计;4—调节阀;5—接触氧化塔;6—光氧化塔;
7—石英玻璃套管;8—紫外线灯管;9—臭氧发生器;10—臭氧尾气罐

图 5.4　臭氧—光氧化塔处理流程(一)

光氧化箱处理流程(二)如图 5.5 所示。

6. 臭氧—紫外线光氧化处理偏二甲肼废水的结果

该处理工艺已应用我国某航天发射中心,在多次执行卫星发射任务中,处理推进剂废水数千吨。各项指标均满足国家排放标准。现将废水中主要指标偏二甲肼与甲醛处理前后变化值列入表 5.3 中。

从 5.3 表中所列数据可以看出,臭氧—紫外线处理卫星发射场推进剂废水是比较好的方法之一。优点如下:

① 该方法由于采用臭氧—紫外线—活性炭联合处理,不仅能氧化分解推进剂本身,而且对氧化分解中间产物也能进一步氧化分解,使废水中各项指标均能达到国家排放标准。

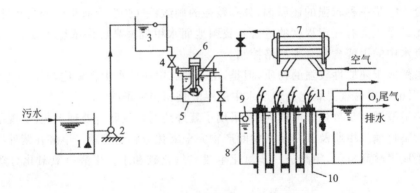

1—污水调节池;2—污水泵;3—高位水箱;4—阀门;5—气水混合器;6—乳化搅拌器;
7—臭氧发生器;8—光氧化箱;9—配水管;10—石英玻璃管;11—紫外线灯管

图 5.5　臭氧—光氧化箱处理流程(二)

② 该方法反应迅速,处理时间短,处理后的废水几乎不含异味,可直接排放。

③ 臭氧本身反应后的产物是氧气,不产生二次污染。同时,废水中溶解氧增加,对排放水体的生化自净有利。

④ 该处理方法简单、便于操作、占地面积小。

⑤ 该方法是采用设备化组合处理,宜于实现自动化控制。

但从实际工程应用过程中发现,空气中臭氧浓度过高,对人体健康有影响,故在水处理中散发的臭氧尾气必须处理,同时臭氧发生器需要冷却水降温,管线复杂,价格昂贵。

表 5.3　臭氧—紫外线处理推进剂废水效果

序　号	处理前废水浓度/(mg/L)		处理后废水浓度/(mg/L)	
	偏二甲肼	甲　醛	偏二甲肼	甲　醛
1	3.8	2.2	0	0
2	138	7.0	0	0
3	50	19.5	0	0
4	90	27.8	0	0.198
5	108	36.4	0	0.217
6	325	87.3	<0.1	0.327

7. 臭氧法处理甲基肼、无水肼废水

在火箭推进剂家族中,甲基肼和无水肼同样占有重要地位,国内外均在使用。

甲基肼可以单独使用,也可与肼或偏二甲肼,或与肼和硝酸肼组成混合燃料使用。

无水肼同样可以单独作为燃烧剂使用,也可与偏二甲肼或甲基肼等量混合作为燃烧剂使用。若 50% 的无水肼与 50% 的偏二甲肼混合,即是称为混肼 50(即 A-50)的火箭燃烧剂;若 50% 的无水肼与 50% 的甲基肼混合,即是称作 M-50 的火箭燃烧剂。同时,肼或肼的混合物还应用作为火箭姿态控制的单元推进剂。

由于甲基肼和无水肼的单独或混合使用,在设备或管道洗消过程中便产生了待处理的废水。实践证明,含有甲基肼或无水肼的废水虽然水量不大,但毒性不可忽视。

（1）甲基肼的性质及含甲基肼的废水的毒性

甲基肼的分子式为 $CH_3N_2H_3$，分子量为 46.08，冰点－52.5 ℃、沸点 87.5 ℃、密度 0.874 4 g/cm^3。

甲基肼的性质介于肼与偏二甲肼之间，物理性质与偏二甲肼形似。它具有较强的吸湿性，在潮湿空气中因吸收水蒸气而冒白烟。甲基肼能溶于水、低级醇和某些碳氢化合物中。

甲基肼是一种强还原剂。能与许多氧化物发生强烈化学反应，与酸作用生成盐，与醛或酮反应生成腙。它在空气中极易发生氧化反应，生成叠氮甲烷、氨、甲胺等。

（2）臭氧法处理甲基肼废水的机理与效果

甲基肼是一种强还原剂，臭氧是一种强氧化剂，因此，臭氧极易氧化破坏甲基肼。

臭氧与甲基肼的反应式如下

$$CH_3N_2H_3 + 2O_3 \longrightarrow CH_3OH + N_2 + H_2O + 2O_2$$
$$CH_3N_2H_3 + 5O_3 \longrightarrow CO_2 + N_2 + 3H_2O + 5O_2$$

试验研究证明，臭氧与甲基肼反应中所产生的 O_2，也可氧化分解甲基肼。反应过程中若有 Cu^{2+} 存在时，可明显提高反应速度。

（3）无水肼的性质

肼是火箭的高能燃料，它的分子式为 N_2H_4。肼具有很强的吸湿性，蒸气在大气中与水蒸气结合而冒白烟。肼与大气中的二氧化碳作用而生成盐。

肼是一种还原剂，能与许多氧化物发生猛烈反应，如高锰酸钾、次氯酸盐等。

肼与液氧、过氧化氢、硝基氧化剂（如红烟硝酸、四氧化二氮）、卤素（如液氟等）、卤间氧化剂（如三氟化氯、五氟化氯等）等强氧化剂接触，可瞬时自燃。

（4）臭氧法处理含肼废水

由于肼是一种还原剂，因此，采用臭氧氧化法处理含肼废水是一种有针对性的处理方法。臭氧处理无水肼废水的反应方程式如下

$$3H_2N_4 + 2O_3 \longrightarrow 3N_2 + 6H_2O$$

试验研究证明，影响臭氧氧化法处理无水肼的效果和速度的重要因素是废水的 pH 值。当废水的 pH 在 9 左右，反应时间为 1 h，臭氧的投配比为 $O_3:N_2H_4 = 1\sim1.3:1$ 时，无水肼含量可由 200 mg/L 降至 0.5 mg/L 以下，去除率可达 99.9%，COD 去除率在 80% 左右。当废水的 pH 调整到 11 以上时，废水浓度仍为 200 mg/L，降低至 0.5 mg/L 以下，处理时间可缩短 1/2。

二、自然净化法

1. 简　述

臭氧光氧化处理工艺采用了紫外光处理手段，设备投资较高，一般一套固定或车载设备需几十万元，加上基建工程费用，一次性投资需 100 万元以上；日常运行管理、设备维修及电力消耗经费每年需上万元，显然经济代价较大。

原国防科工委后勤部军事医学研究所与某工程设计研究所合作，经过充分地论证，在偏二甲肼废水成分分析和亚急性毒性试验的基础上，进行了偏二甲肼废水自然净化法的研究。该试验研究经过了实验室小型模拟试验；中间扩大模拟试验；火箭发射阵地实际废水处理试验。试验结果表明，推进剂废水中偏二甲肼及其分解产物偏腙、亚硝胺、甲醛和氰化物等指标，当偏二甲肼废水在碱性条件下（pH＝8～9）自然存放半年左右，在阳光的照射和空气的自然氧化作

用下,废水中主要有害成分均可达到排放标准;若在废水中加入 $1×10^{-5}$ mol/L 的二价铜离子,自然净化周期可缩短到 2 个月甚至更短。

实践证明,该方法处理推进剂肼类废水经济、适用性强,特点如下:

① 该方法首次提出和研究了处理偏二甲肼废水的新方法,处理后废水中主要有害成分均可达到排放标准。

② 由于该工艺的主要特点是在 Cu^{2+} 离子催化作用下自然缓慢氧化,偏二甲肼的分解中间产物偏腙、甲醛、亚硝胺、氰化物等也随之缓慢氧化,不会产生短期某中间产物浓度相对增加的现象,较好的防止了二次污染。

③ 该方法简便、有效、节能、实用,不需专用处理设备,一次性投资少,具有明显的经济效益和环境效益。

④ 不使用臭氧,避免了臭氧对环境的污染。

2. 影响自然净化法处理肼类废水的因素

大量的试验研究和实际应用证明:影响自然净化法处理推进剂废水效果的主要因素有光照、催化剂、空气、温度以及废水的 pH 值。例如:光照对净化效果的影响,如表 5.4 所列出的 3 组加铜离子的偏二甲肼配制废水在有光照和无光照条件下的净化效果。

表 5.4　阳光对三组加铜离子配制废水偏二甲肼分解影响

样品组		1		2		3	
样品放置条件		光　照	避　光	光　照	避　光	光　照	避　光
UDMH 起始浓度/(mg/m^3)		97.2	97.2	93.3	93.3	101	101
UDMH 终止浓度/(mg/m^3)		0.5	5.9	0.5	7.3	0.4	11.2
自然净化天数		7	60	12	52	42	42

从表 5.4 所列数据可以说明,光照对偏二甲肼废水的自然净化效果影响很大。在光照条件下偏二甲肼的分解速度可提高十几倍。光照对偏二甲肼提高分解速度的机理比较复杂,它既有能量转换,又有催化活化作用。在光照作用下,紫外光的辐射能可以被废水中的偏二甲肼吸收,成为活化分子;废水中溶解的氧等氧化剂,在紫外光的照射下,产生了各种游离基,像 O、HO、HO_3、O_3 等,这些游离基具有很强的活性,尤其以 HO 为最强。它可以把偏二甲肼分子的 H 拉出来,成为进一步分解偏二甲肼的引发剂,加速偏二甲肼的分解。

实现偏二甲肼自然净化的另一重要条件是加催化剂 Cu^{2+}。偏二甲肼自然净化的过程是一个复杂的反应过程,即有偏二甲肼分解成一系列氧化中间产物;又有中间产物之间或中间产物的进一步氧化分解。偏二甲肼及中间产物在催化剂和紫外光的照射下进一步分解,实现有机物向无机化,有害物质向无害化转变。反应过程主要是氧化还原反应。

氧化还原反应的速度除由参加反应的化学物质本身的性质决定外,催化剂的参加是一个很重要的条件。Cu^{2+} 在偏二甲肼自然净化过程中就是起到催化剂的作用。它不仅加速偏二甲肼的进一步分解,而且也进一步提高了偏二甲肼的分解中间产物的降解速度。如表 5.5 所列数据为偏二甲肼原始浓度为 100 mg/L,加酸碱(pH 不同)及加铜离子配制废水在高温季节(6 月~9 月),在有阳光照射条件下,废水中亚硝胺含量的测定结果。

表 5.5 所列数据表明,当有 Cu^{2+} 催化剂存在的条件下,废水中偏二甲肼分解产物——亚

硝胺的含量可降低 100 倍～500 倍。

表 5.5　加酸、碱及 Cu²⁺ 的偏二甲肼废水光照后亚硝胺含量

废水类型	单一 UDMH	UDMH＋HNO₃	单一 UDMH	UDMH＋NaOH	UDMH＋Cu²⁺
pH	8～9	2～3	8～9	10～11	8～9
自然净化天数	110	110	50	50	15
亚硝胺浓度/(mg/L)	0.07	1.94	0.41	1.96	0.008

关于空气和温度的影响机理是显而易见的,空气主要是提供偏二甲肼分解的氧化剂,温度是提高分子的活性和运动速度,增加分子的碰撞机会,提高了偏二甲肼废水的处理效果和缩短净化周期。

3. 自然净化法在工程上的应用

(1) 自然净化法处理偏二甲肼废水工艺流程

自然净化法处理偏二甲肼废水的工艺流程应具备如下条件:首先应具备光照条件;其次应提供充分溶解空气中氧的条件。为此,处理工艺中必须设置自然净化池。工艺流程如图 5.6 所示。

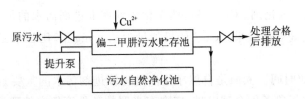

图 5.6　自然净化法处理偏二甲肼污水工艺流程简图

(2) 自然净化池的结构及作用

自然净化池是自然净化法处理偏二甲肼废水的关键部分,是实施偏二甲肼废水净化的重要手段。下面以某工程为例简述其结构形式及每一处理单元的要求。

某工程是火箭发射场的废水处理站。火箭发射场燃料库房的洗消防水都汇集到发射场的导流槽中,构成了火箭推进剂废水。废水量一般为每次发射产生 300～400 m³;废水浓度为 100 mg/L 左右。贮存于导流槽的废水,经水泵提升、管道输送到废水处理场的废水贮存池中。废水贮存池的结构如图 5.7 所示。

由图 5.7 可知,该废水贮存池分为两格,每格可贮存污水 200 m³,二者交替使用。

偏二甲肼污水贮存池的作用除起到污水贮存、均质均量作用外,还起到污水初级自然净化的作用。由于池水比较深,影响光照和空气溶入,只能达到自然净化的初级阶段或辅助作用。

污水自然净化池的结构形式及具体尺寸如图 5.8 所示。

从图 5.8 可见,污水贮存池中的偏二甲肼污水,经 2 台 YQX－23 型潜水泵(H＝7.5 m、Q＝23 m³/h),提升到自然净化池的导流槽。污水沿着溢流堰经三级跌水汇集到集水槽,通过管道自流回污水贮存池。这样不断循环,直至污水经检测合格后排放。

污水在自然净化池中的流动状态是:污水在跌水部分形成水膜垂直流下,造成局部湍流旋涡,可携带大量空气的污水沿着自然净化池的坡面顺坡逐级流下。坡面上的水膜厚度达 5 mm 左右,在阳光的照射下造成了一个良好的自然氧化条件。

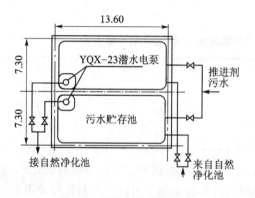

图 5.7　污水贮存池结构图

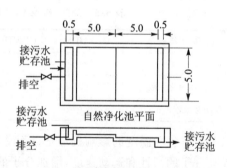

图 5.8　污水自然净化详图

采用跌水和薄水膜形式是自然净化的必备条件。自然净化池的尺寸大小可根据污水量的多少,污水处理周期的要求,可占用地的多少做适当的增减,以便充分发挥自然净化池的处理效果。

（3）自然净化法处理推进剂污水的操作与管理

自然净化法处理推进剂污水的净化周期一般为两个月或更短。管理中应注意以下问题:

① 定量投加 Cu^{2+} 催化剂。Cu^{2+} 是自然净化法处理推进剂污水的催化剂。它的存在可大大缩短处理周期和提高处理效果。Cu^{2+} 的投加量为 0.6 mg/L,用污水提升泵进行搅拌,混合均匀。

② 充分利用光照时间。光照是自然净化法处理推进剂污水的重要条件。因此,推进剂污水的处理时间应根据气象条件合理安排,应在有光照的条件下集中处理。

③ 应随时注意污水水质的变化。自然净化法处理推进剂污水的周期较长,水质的变化特点是前期变化比较大,到后期变化速度比较慢。对水中污染指标的检测在前 15 天内应每天取样化验分析;16～30 天内最好 3 天取样分析一次;30～60 天可 5 天分析一次。

④ 污水检测项目。为更好的鉴定自然净化法处理推进剂污水的效果,保证排水对环境不造成有害影响,应定期对污水中的有毒成分进行检测分析,分析项目有:偏二甲肼、甲醛、氰化物、pH、COD、亚硝胺类。如全部指标检测有困难的话,亚硝胺、氰化物可在处理后期进行抽样检测。

（4）自然净化法处理其他污水的应用前景

实践证明,自然净化法是一种有效、经济、适用、简便、节能的污水处理方法,尤其是采用强氧化剂氧化后易产生一系列有毒中间产物的污水采用自然净化法更有优越性。该方法可应用于化工、医药、印染行业的污水治理工程,随着应用领域的不断扩大,经济效益和环境效益会越来越被人们所认识。

三、氯化法

氯和氯制剂是较强的氧化剂,它作为氧化剂和消毒剂广泛应用于给水消毒和污水处理领域。对于肼类推进剂污水治理来讲,氯及氯制剂是常用的处理药剂。

1. 氯化处理药剂种类及性质

氯和氯制剂的种类很多,目前应用较多的有液氯、漂白粉、次氯酸钠、二氧化氯等,现将其性质简述如下。

（1）氯

氯是重要的化工原料。在通常条件下，氯是黄绿色带强烈特殊刺激性气味的气体。重量为空气的 2.5 倍，密度为 3.2 kg/m³（0 ℃，1 个大气压）。

水处理工艺中常用的氯是装于有绿色环带钢瓶中的液氯。液氯的比重为 1.5（0 ℃，1 个大气压）。

在常温常压下，液氯极易气化。它的沸点（液化点）为−34.5 ℃（1 个大气压）；1 kg 液氯可气化成 0.31 m³ 氯气。氯气能溶于水，并与水发生水解作用。氯在水中的溶解度与压力和温度有关。

当温度 20 ℃，压力为 1 个大气压时，氯在水中的溶解度为 7.3 kg/m³；当温度为 10 ℃，压力为 1 个大气压时，氯的溶解度为 9.65 kg/m³。

氯气溶解在水中迅速水解成次氯酸，并进一步离解成离子，反应如下

$$Cl_2 + H_2O \longrightarrow H^+ + Cl^- + HOCl$$
$$HOCl \rightleftharpoons H^+ + OCl^-$$

次氯酸的离解度与水的 pH 值有关。当 pH 为 7.5 时，HOCl 和 OCl⁻ 各占 50%。随着 pH 的提高，OCl⁻ 的浓度将越来越大，HOCl 的浓度将相应减小。

（2）漂白粉

漂白粉是氯制剂的一种，常用于山区给水和游泳池杀菌消毒。漂白粉常态下是白色粉末，保存时应注意防潮避光，防止漂白粉失效。

按化学成分来说，漂白粉是钙盐与次铝酸盐的混合物。稳定的漂白粉成分有

$$50\%CaCl_2 \cdot Ca(OH)_2 \cdot H_2O, 30\%Ca(ClO)_2 \cdot 2\,Ca(OH)_2 \text{ 和 } 20\%Ca(ClO)_2$$

市售漂白粉有效氯的含量为 25%～30%。

漂白粉的投加方式应根据用量大小，先制成浓度为 1%～2% 的澄清液（以有效氯计为 0.2%～0.5%）再通过计量设备注入待处理的水中。

（3）次氯酸钠

次氯酸钠是继液氯后应用非常广泛的一种氯制剂消毒剂。它除用于饮用水和游泳池水杀菌消毒外，还应用于医院污水、生活污水和其他工业废水治理领域。

次氯酸钠的分子式为 NaClO。它在溶液中生成次氯酸离子，通过水解反应生成次氯酸。具有和其他氯的衍生物相同的氧化和消毒作用。

次氯酸钠溶液在 pH=11 时最稳定。含有量为 160～180 g/L。次铝酸盐的饱和强碱性溶液能保存 2 周，活性氯的浓度可达 100～180 g/L。次氯酸钠的生产现已实现产品系列化。目前，我国次氯酸钠发生器的生产厂家已有几十家，次氯酸钠发生器有效氯的产量在 50～2 000 g/h 内均有定型产品。

由次氯酸钠发生器生产的次氯酸钠为淡黄色透明的液体，pH=9.3～10，含有效氯为 6～11 mg/L。

每生产 1 kg 有效氯，耗食盐 3～4.5 kg，耗电为 5～10°。

次氯酸钠发生器由电解槽、整流器、贮液箱及盐水供应系统、冷却水循环系统及自控系统组成。

（4）二氧化氯

二氧化氯作为控制引用水的味和嗅是 20 世纪 30 年代末至 40 年代初的事。由于二氧化氯制造技术逐步完善，尤其是工业化生产型二氧化氯发生器的出现，使它在 80 年代初进入了消毒剂的行列，并越来越受到人们的重视。

二氧化氯的分子量为 67.5，其中氯占 53%，氧占 47%。它是一种带强烈气味的黄绿色的气体。10 ℃时密度为 3.09 g/L。

二氧化氯易溶于水，在室温及标准大气压下，在水中的溶解度为 2 900 g/L。二氧化氯的水溶液在 pH＝2 时最稳定；在碱性条件下，分解速度很快，反应停留在生成次氯酸盐的阶段。反应式如下

$$2ClO_2 + 2NaOH \longrightarrow NaClO_2 + NaClO_3 + H_2O$$

二氧化氯是强氧化剂，它对废水中的硫化物、氰化物、铁、锰、酚、氯酚、硫醇、仲胺和叔胺均有降解作用。

当污水的 pH 在 5～9 之间，平均 5.2 倍重量的二氧化氯可迅速把 1 份重量的硫离子（S^{2-}）氧化成硫酸盐离子（SO_4^{2-}）。二氧化氯能把简单的氰化物，如氰化钠和氰化钾氧化成氰酸盐。试验得知，平均 2.5 倍份重量的二氧化氯可将 1 份重量的氰化物（CN^-）氧化成氰酸盐离子（CNO^-）。当 pH 在 10 以上时，平均 5.5 份重量的二氧化氯可将 1 份重量的氰化物离子（CN^-）氧化成二氧化碳（CO_2）和氮（N_2）；平均 3.3 份重量的二氧化氯可把 1 份重量的苯酚氧化成低分子非芳香羧酸。

二氧化氯发生器是美国查尔斯·斯威尼先生 1980 年研制的，1988 年由我国四价科技有限公司引进。目前国内十几家工厂已有定型系列产品。

二氧化氯发生器主要由电解槽和电源两部分组成。构造简图如图 5.9 所示。

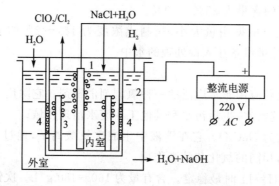

1—阳极；2—阴极；3—双性电极；4—隔膜

图 5.9　二氧化氯发生器电解槽筒体结构示意图

从图 5.9 可见，电解槽为一个不锈钢圆筒，筒体内由塑料圆筒隔开，不锈钢内壁与塑料筒体之间的部分为外室（或阴极室），塑料筒体内的部分称为内室（或阳极室）。在阳极室里设有阳极和双性电极；在阳极室和阴极室交界处设有离子交换隔膜。二氧化氯发生器整流电源采用硅全波整流技术，输出电压为 6 V 和 12 V 两种直流电压。

二氧化氯发生器的工作原理是，在电场作用下，阳极室（内室）的盐水清液中存在下列平衡

$$NaCl \rightleftharpoons Na^+ + Cl^-$$

$$H_2O \rightleftharpoons OH^- + H^+$$

阳极上发生的主要电化学反应为

$$2Cl^- = Cl_2\uparrow + 2e$$

中性电极上发生的主要电化学反应为

$$Cl^- - 4e + 2H_2O = HClO_2^- + 3H^+$$

$$HClO_2^- - e = ClO_2\uparrow + H^+$$

$$Cl_2 + 2H_2O - 2e = 2HClO_2^- + 2H^+$$

$$HClO_2^- - e = ClO_2\uparrow + H^+$$

当阳极电位较高,盐水浓度降低时,阳极上也发生下列反应

$$2OH^- - 2e = H_2O_2$$

$$3OH^- - 3e = O_3\uparrow + 3H^+$$

$$3OH^- - 3e = H_2O_3^- + H^+$$

盐水溶液中的钠离子穿过全氟碳酸离子膜进入阴极室(外室),在电场作用下阴极室存在下列反应

$$H_2O \rightleftharpoons OH^- + H^+$$

$$Na^+ + OH^- \rightleftharpoons NaOH$$

阴极上发生的主要电化学反应为

$$2H^+ + 2e = H_2\uparrow$$

从以上电化学反应方程式可知,二氧化氯发生器所产生的并不是单一的二氧化氯气体,它是多种强氧化剂气体的混合物,例如:ClO_2、Cl_2、$HOCl$、O_3、H_2O_2、$H_2O_3^+$ 等。由于集中强氧化剂的联合协同作用,提高了氧化降解肼类污水的能力。二氧化氯发生器结构简单,使用方便,易实现自动控制。二氧化氯对净化肼类污水是很有发展前途的。

2. 氯化法在处理肼类推进剂污水工程上的应用

氯制剂处理含肼类废水,在常温下 3～5 min 内即可完成反应,在 0～5 ℃低温下反应略慢一些,但相差不多。当原水浓度较高时($C_0 > 100$ mg/L),随反应过程的进行,废水有明显变红然后再变黄至无色的颜色变化过程。这是肼在氧化剂的作用下逐步分解成一系列中间产物以及中间产物不断再分解的过程。

试验研究证明,1 mol 分子偏二甲肼需 8 mol 当量的次氯酸钙方能实现彻底反应。依次,1 kg 偏二甲肼需用 6.5 kg 次氯酸钙(有效氯 80%)或 9.5 kg 三合二(有效氯 58%)固体。

氯化处理后的含肼类污水,残余浓度很低,不易产生呼吸道和皮肤中毒。Mach·M·H 等人发现用过量的 $Ca(OCl)_2$ 处理偏二甲肼主要生成物是甲醛、二甲基腙和四甲基四氮烯,不生成二甲基亚硝胺。

由于该氧化过程比较复杂,既有偏二甲肼的氧化破坏,又有一系列中间产物的存在和进一步氧化分解。因此,氯化处理过的废水不应立即排放,应在观察池中存放 3～5 天。一方面污水可在观察池中进行自然净化;另一方面可继续抽样检测,以保证排出的污水无害化。

氯气处理肼类污水,使用次氯酸钙时沉渣较多,使用次氯酸钠时污水中溶解盐类增加,使用氯气应考虑投配时氯气逸出及贮瓶漏氯的安全问题。

(1) 漂白粉、漂粉精处理肼类污水流程

漂白粉、漂粉精(三合二)处理肼类污水工艺流程如图 5.10 所示。

从图 5.10 可见,污水沿着管道 1 经阀门 2 流入间歇式接触氧化池 3 中。在接触氧化池中

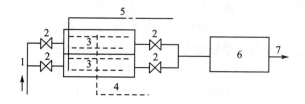

1—原污水管;2—阀门;3—接触池;4—压缩空气管;
5—投药管;6—沉淀池;7—处理污水排放

图 5.10　漂粉精处理偏二甲肼污水流程示意图

由投药管加入漂白粉或漂粉精溶液。池中可通过压缩空气搅拌,使药液与污水均匀混合。氯化处理后的污水进入沉淀池 6 经沉淀去除悬浮渣后,合格水经管道 7 排放。

（2）次氯酸钠、二氧化氯处理肼类废水工艺流程

次氯酸钠、二氧化氯处理肼类污水工艺流程如图 5.11 所示。

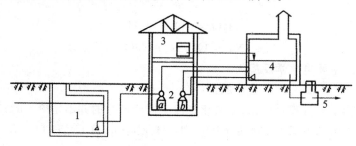

1—污水集水池;2—水泵间;3—加药间;4—接触池;
5—排放管;6—提升泵;7—循环泵

图 5.11　次氯酸钠法处理偏二甲肼污水流程图

从图 5.11 可见,污水集水池 1 中的污水,经泵提升到接触氧化池 4,加药间 3 中的次氯酸钠发生器或二氧化氯发生器生产的次氯酸钠或二氧化氯经计量设备投入接触氧化池 4 中,与待处理水混合。搅拌是由水泵间 2 中的循环泵完成。

处理合格后的水经管道 5 进入观察池停留 3～5 天后排放。

四、催化氧化法

肼类污水采用强氧化剂臭氧、次氯酸钠、过氧化氢等氧化处理,均获得了较好的效果,有的已用于工程实际。国外有关杂志也曾披露,偏二甲肼发生少量泄露时采用高锰酸钾、次氯酸钠、漂粉精中和清洗的事例,充分说明对肼类污水,采用氧化法处理是可行的。

氧在空气中占 21%。如果利用空气中的氧来氧化分解肼类污水中的有毒成分,那将是最经济、最具有应用价值的好方法。

试验研究已证明,氧气与偏二甲肼的反应生成物主要有甲醛二甲腙(偏腙)、水和氮气。二者的反应方程式如下

$$3(CH_3)NNH_2 + 2O_2 \longrightarrow 2(CH_3)_2NN=CH_2 + 4H_2O + N_2$$

但是,实际上空气氧化偏二甲肼污水氧化效率相当低。例如:2 L 含有 75 mg/L 偏二甲肼的污水,1 min 通入 2 L 空气,氧化 3 h,出水中偏二甲肼的浓度仍为 70.2 mg/L 左右。

实验证明,如果在空气氧化偏二甲肼污水处理工艺中,加入活性炭或者加入浸渍铁、锰、铜离子的活性炭,氧化效率有明显提高。例如:当原水偏二甲肼浓度为 100 mg/L,采用唐山 TW - 400 号浸渍金属离子的活性炭处理,由于金属催化剂的作用,用空气氧化处理 3 h,出水偏二甲肼浓度可降到 1 mg/L。

1. 空气催化氧化法处理偏二甲肼污水工艺流程

空气催化氧化法处理偏二甲肼污水工艺流程如图 5.12 所示。

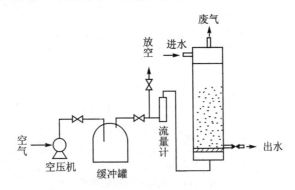

图 5.12　空气催化氧化法污水处理流程图

从图 5.12 可见,偏二甲肼污水从反应塔顶部进入,从塔下部流出,由空压机供给的空气,经缓冲罐、调节阀、流量计从塔底部进入,再经微孔布气板,使空气变成微小气泡 垂直上升,与偏二甲肼污水充分混合。塔内装入一定量活性炭,由于上升空气的吹浮作用,活性炭在塔内上下翻浮。

2. 影响催化氧化效果的因素

(1) 活性炭的种类及投配量

为了考察不同类活性炭对空气氧化偏二甲肼污水催化效果,曾在图 5.12 试验装置中进行了系统的试验研究。氧化塔采用长 2 m,内径 56 mm 的有机玻璃柱。内装 100 mg/L 的偏二甲肼污水 2 L,不同种类的活性炭 20 g,空气流量为 200 L/h。定期分析塔中水样的偏二甲肼浓度,并将不同种类活性炭处理效果及通气历时曲线绘于图 5.13 中。

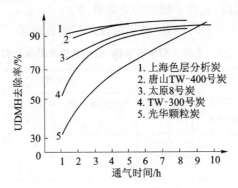

图 5.13　不同活性炭的强化效果

从图 5.13 中所绘出的 5 条曲线来看,在条件相同的情况下,上海色层分析碳、TW - 400 号炭比太原 8 号炭、TW - 300 号炭、光华颗粒炭催化效果好。

投加的催化剂数量,对于空气催化氧化偏二甲肼污水处理效果有明显影响。当活性炭投配量由 20 g/L 增加到 40 g/L 时,处理效果明显提高;当活性炭投配量从 40 g/L 增加到 100 g/L 时,处理效果虽有所提高,但提高幅度较小。

(2) 空气投加量

空气是实施空气催化氧化法的重要条件。但是,对于原水浓度为 100 mg/L 的偏二甲肼污水,空气量由 200 L/h 增加到 400 L/h,对处理效果影响不大。试验结果如图 5.14 所示。

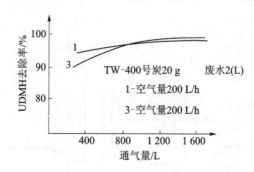

图 5.14   不同空气量的影响

3. 空气催化氧化法处理偏二甲肼污水工程应用参数

综上所述,采用活性炭作催化剂,空气催化氧化偏二甲肼污水是可行的。活性炭除起催化作用外,还起到富集氧化作用。因为活性炭具有较强的吸附作用,它可以将污水中的偏二甲肼和溶于水中的氧同时吸附到活性炭表面,为氧化分解污水中偏二甲肼提供了有利的条件。

空气催化氧化法处理偏二甲肼污水工程应用参数如下:

① 活性炭种类:建议采用唐山 TW-400 号炭。该种炭处理效果好,价格便宜。

② 活性炭投配比:为 20~40g/L 污水。

③ 空气投配量:100(L/h·L)污水。

④ 反应时间:3~4 h。

4. 其他催化剂的催化氧化效果

采用空气氧化法处理偏二甲肼污水的试验研究中,除了探讨活性炭的催化作用外,也进行了载铁、载锰催化效果的试验,获得了较好的处理效果。

表 5.6 中列出了太原 8 号炭与载铁、载锰活性炭的催化效果。

表 5.6   太原 8 号炭与载铁、载锰活性炭的催化效果

催化剂	偏二甲肼污水进水浓度/(mg/L)	通气量/(L·h^{-1})	处理参数		甲醛含量/(mg·L^{-1})
			氧化时间/min	偏二甲肼污水出水浓度/(mg·L^{-1})	
载铁活性炭	116	100	30	43.5	10
载锰活性炭	116	100	30	11.2	17.6
太原 8 号	100	100	60	55	/

五、吸附法

吸附法是利用活性炭及其他吸附剂通过物理吸附及化学吸附作用,对废水的污染物进行吸附处理而使废水得到净化的过程。

水处理吸附剂应具备良好的吸附性、较大的比表面积、良好的再生能力和耐磨强度、来源丰富、成本低廉等条件。对于水处理领域,常用的吸附剂有活性炭、硅藻土、氧化铝、合成沸石、白土、硅胶和分子筛等,其中活性炭是应用领域最广的重要吸附剂。

活性炭及其他吸附剂处理废水的能力依赖于它们的吸附作用,即固体吸附剂对溶液中溶质的吸附。固体在溶液中的吸附作用是一个比较复杂的问题,尚需深入研究。固体吸附剂在溶液中的吸附是溶剂、溶质和固体综合组成体系中的界面现象。这种现象可能由两方面的推动力促成,一种是溶剂对憎水溶质的排斥作用,另一种是固体对溶质的亲和吸引作用。

固体在溶液中的吸附是一个动态平衡过程,在达到平衡时,被吸附的溶质在固体表面和溶液中的浓度按一定的规律分布。吸附量 Q 同吸附剂和溶液中各种物质的化学特性、温度、被吸附物质在溶液中的浓度 C 有关。

在温度固定的条件下,吸附量同溶液浓度之间的关系称为等温吸附规律,可以用吸附等温式来表示,一般常采用弗林德利希经验公式

$$Q = KC^{\frac{1}{n}}$$

式中,Q 为吸附量(mg/L),C 为浓度(mg/L),K 及 n 都是在一定范围内表达吸附过程的经验常数,$n>1$。

在实际应用过程中,常对上式进行线性化处理

$$\log Q = \log K + \frac{1}{n}\log C$$

确定某种吸附剂对废水中某有毒成份的吸附量很有实用价值,对吸附剂的种类、废水处理效果起着决定性意义。

为了降低处理成本,一般需要对已经吸附饱和的吸附剂再生,以恢复其吸附能力,除非吸附剂用量较少或再生比较困难。

吸附剂的再生方法以活性炭为例有加热法、化学法、湿式空气氧化法、生物法等。在诸多方法中,加热法仍是目前应用最普遍的方法。

加热再生法是利用高温,使吸附质分子振动能增加到足以克服吸附剂的吸引力,离开吸附剂表面。在高温的作用下,各种有机吸附质被氧化,最后生成二氧化碳、一氧化碳、水蒸气及氮的氧化物等炉中排出。

活性炭的再生是在专用活性炭再生炉中进行。活性炭在水蒸气存在的条件下,在 $800 \sim 1\,000$ ℃ 的高温下,依次完成干燥(水分蒸发)、熔烧(吸附物质的挥发、热分解和炭化)、活化(碳化物的氧化分解和活化)等 3 个过程。

活性炭吸附法处理肼类燃料废水,在工程上已得到实际应用,并取得了理想的效果。在应用此法时,要对活性炭的种类、粒度及与废水的投配比、溶液 pH、温度等参数进行研究,以确定最佳的工艺条件。

活性炭处理肼类燃料废水的工艺流程如图 5.15 所示。在此工艺中,需要对活性炭再生过程中,吹脱产生的含肼类化合物的废气进行催化分解,以达到国家废气排放标准。

六、离子交换法

离子交换法是利用离子交换剂中的交换离子同废水中的有害离子进行交换取代反应,去

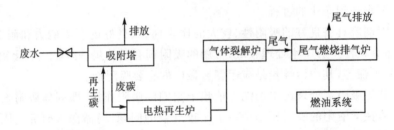

图 5.15 活性炭吸附法处理肼类燃料废水工艺流程图

除废水中的有害物质,使废水得以净化的一种方法。

离子交换可以看作是一种特殊的固体吸附过程,它是由离子交换剂在电解质溶液中进行的。离子交换剂能够从电解质溶液中吸附某种阳离子或阴离子,而把本身所含的另外一种相同电荷符号的离子等当量地交换放出到溶液中去。离子交换和其他化学反应一样,严格按照化学当量定律进行,这是它与其他吸附过程的明显区别。

离子交换是一种可逆过程。交换剂对各种离子具有不同的亲和力,它可以优先吸取溶液中的某些离子,这是离子交换的选择性。

离子交换剂分无机和有机 2 大类:无机交换剂有天然海绿砂和合成沸石等;有机离子交换剂又可分为碳质和有机合成离子交换剂。碳质离子交换剂主要是磺化煤,有机合成离子交换剂即为离子交换树脂。

离子交换树脂是一种带有交换离子基团的高分子有机化合物,由 2 大部分组成。一部分是交换剂本体,为高分子化合物和交联剂组成的高分子共聚物,它构成了离子交换剂的固体骨架也称母体,不溶于水,结构呈晶体状态或者凝胶状态,分布成空间网状物。另一部分是交换基团,由能起交换作用的阳(阴)离子与交换剂本体联结在一起的阳(阴)离子组成。

离子交换树脂根据离子基团的本性可分为阳离子交换树脂和阴离子交换树脂。阳、阴离子交换树脂又可根据它们的酸碱反应基的强度分为强酸性和弱酸性,强碱性和弱碱性等。

当用离子交换树脂处理肼类燃料废水时,可以用下式表示净化的反应过程

$$(CH_3)_2NNH_2 + H_2O \longrightarrow (CH_3)_2NNH_3^+ + OH^-$$

$$R^- H^+ + (CH_3)_2NNH_3^+ + OH^- \longrightarrow R^- (CH_3)_2NNH_3^+ + H_2O$$

式中 $R^- H^+$ 为阳离子交换树脂。

由于肼类燃料废水中还含有肼类分解的中间产物亚硝基、氰基等阴离子,所以还需要用阴离子交换树脂处理后,才能达到废水排放标准。

离子交换剂的离子交换能力有一定的限度,通常称为交换容量。当某一时刻离子交换剂的交换量达到交换容量时,交换剂就失去了继续交换水中阳、阴离子的能力,即达到了饱和状态,此时就需要通过一定的方法再生。

离子交换树脂的再生通常采用化学药剂法又称酸碱再生法。它的基本原理是将一定浓度的酸、碱溶液加入失效的离子交换树脂柱中,利用酸、碱溶液中的 H^+ 和 OH^- 离子,分别将饱和树脂上所吸附的阳、阴离子置换下来,使离子交换树脂重新获得交换水中阳、阴离子的能力。

离子交换树脂的再生过程,实际上就是交换反应的逆过程。对于不同种类的阳、阴离子交换树脂,再生过程可以用下列方程表示

强酸性阳离子交换树脂

$$R(-SO_3)_2Ca + 2HCl \longrightarrow R(-SO_3)_2H_2 + CaCl_2$$

强碱性阴离子交换树脂

$$R \equiv NCl + NaOH \rightarrow R \equiv NOH + NaCl$$

在离子交换树脂再生的过程中,已被树脂吸附的有毒离子又进入再生液中,因此,再生液的处理是决定离子交换法处理肼类燃料废水成功与否的关键。

离子交换法处理肼类燃料废水的工艺流程如图 5.16 所示。废水首先用提升泵进入装有石英砂等过滤介质的过滤器中,以除去悬浮物防止堵塞离子交换柱;然后再进入阳离子交换柱,以除肼类化合物;阳离子交换柱的出水再进入脱气塔,除去二氧化碳以减轻阴离子交换树脂的负荷;出水再进入阴离子交换柱,以除去氰根、亚硝基等阴离子。处理后的出水进入循环水池,可用于对再生后的离子交换树脂进行冲洗或排放;再生液进行焚烧无害化处理。

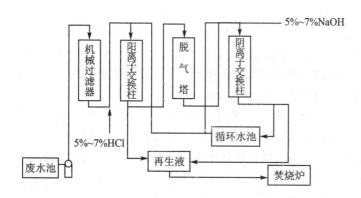

图 5.16　离子交换法处理肼类燃料废水工艺流程图

离子交换法处理肼类燃料废水是一种简单、实用的方法,但一次性投资太大,并且废水中如果可溶性盐类太多,影响离子交换树脂的交换能力,缩短树脂再生周期。

七、光催化法

催化技术是多学科交叉的基础研究问题,在能源、资源和环境问题日趋严重的今天,有着极其重要的应用背景和前景。近 30 年来,随着先进的实验方法和理论计算及模拟方法的发展,催化技术的研究已逐步从宏观实验现象的观察和总结深入到原子和分子层次,催化剂结构和催化机理导向的分子设计概念已经在新型工业催化剂设计和新型催化机理的研究中逐步深入。催化学科已发展成为化学学科中最前沿的分支学科和最活跃的领域之一。

光催化剂是 20 世纪 70 年代以来国际学术界最活跃的催化研究领域之一。该技术在环境保护、太阳能利用和新功能材料开发等方面具有广阔的应用前景,具有重大经济效益和社会效益。该技术符合绿色化学的理念,使用过程中不会产生二次污染,并且可以在常温常压下进行,应用范围相当广泛。

在光催化技术中,金属氧化物半导体催化剂是最为常见、应用最为广泛的光催化剂,其化学组成可以分为非计量的和计量的。在非计量的半导体中,最常见的是 n 型半导体和 p 型半导体。常用的 n 型半导体有 TiO_2、ZnO、CdS、Fe_2O_3、SnO_2、WO_3 等。

1. 光催化技术原理

光催化剂的催化机理是基金属的能带理论。半导体粒子与金属相比,能带是不连续的。

半导体的能带结构通常是由一个充满电子的低能价带(Valence Band,VB)和一个空的高能导带(Conduction Band,CB)构成,价带和导带之间存在一个区域为禁带,区域的大小通常称为禁带宽度(Eg)。半导体材料吸收能量大于或等于 Eg 的光子,将发生电子由价带向导带的跃迁,这种光吸收称为本征吸收。本征吸收在价带生成空穴 h^+,在导带生成电子 e^-,光生电子及空穴因为库仑相互作用被束缚形成电子—空穴对。电子—空穴对可以重新复合,发出热量,这样,光能转化成了热能。如下式(式中 SC 代表半导体)

$$SC + h\nu \longrightarrow SC(h^+ + e^-)$$
$$h^+ + e^- \longrightarrow \text{energy}(h\nu' < h\nu)$$

在适合条件下,电子与空穴分离并迁移到粒子表面不同位置,还原和氧化吸附在粒子表面的物质。光致空穴有很强的得电子能力,可夺取半导体颗粒表面有机物或溶剂中的电子,使原本不吸收光的物质被活化氧化,而电子受体则通过接受表面上的电子被还原,迁移到表面的光致电子和空穴既能参与氧化还原反应,也因复合使能量以热能的形式散失掉。选用适当的俘获剂或表面空位来俘获电子或空穴,电子与空穴的复合就会受到抑制,从而产生大量以羟基为自由基为代表的一系列氧活性物种,这些基团的氧化作用几乎无选择性,可以氧化包括难生物降解化合物在内的众多有机物,使之完全氧化。

用作光催化剂的半导体大多为金属的氧化物和硫化物,一般具有较大的禁带能,如图 5.17 所示。由图可见,常用的宽带隙半导体的吸收波长阈值大都在紫外区域。以半导体 TiO_2 为例,其光吸收阈值为 387.5 nm,只有紫外光波长小于 387.5 nm 时,TiO_2 才会被激发产生光生电子和空穴,从而具备光催化氧化和还原的作用。

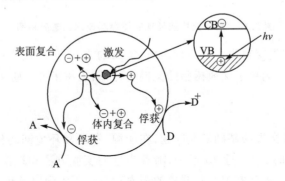

为还原性的电子,⊕为氧化性的空穴

图 5.17　光催化反应原理图

通常情况下,研究者们认为空穴对有机物的氧化作用是通过羟基自由基(·OH)来间接完成的,但也有人提出了双空穴自由基机制:当催化剂表面的主要吸附物为氢氧根或水分子时,它们俘获空穴产生羟基自由基,由该羟基自由基氧化有机物,这是间接氧化过程;当催化剂表面的主要吸附物为有机物时,由空穴直接氧化有机物,这是直接氧化过程。

目前,TiO_2 是应用最为广泛的半导体催化剂。作为光催化剂,TiO_2 具有以下 4 个优点:

① 合适的半导体禁带宽度(3.0eV 左右),可以用 385 nm 以下的光源激发活化。在此波段区间内,通过改性有望直接利用太阳能来驱动。

② 光催化效率高,导带上的电子和价带上的空穴具有很强的氧化—还原能力,可分解大部分有机污染物。

③ 化学稳定性好,具有很强的抗光腐蚀性。

④ 价格偏宜,无毒而且原料易得。

2. 光催化技术的应用

迄今为止,光催化机理及应用研究已经从最初的光催化分解水制氢拓展到光催化技术处理污水、固氮固碳、染料敏化太阳能电池以及光催化净化环境材料等多个领域。由于受到基础理论、材料和成本等方面的制约,相比之下,光催化技术和材料在环境清洁方面的应用得到了较大的发展。

对于环境治理来说,需要的光催化剂应该是宽光谱响应,特别是应能响应太阳光谱,同时还具有高反应活性,即具有高的氧化能力和还原能力。因为环境污染物是普遍存在的、复杂的、多样的、不可预测的。TiO_2 光催化剂可以基本满足这些要求。TiO_2 粒子在紫外光照下产生载流子(电子—空穴对),空穴能与周围的物质作用产生活性羟基自由基·OH,电子能使空气中的氧还原成活性氧离子,因而显示出极强的氧化能力,使性能具有可调变性,污染物可以直接分解矿化到 CO_2 和 H_2O。由于其光催化活性高,能彻底分解污染物,无二次污染且费用不太高,因此被广泛的用于环境科学中,成为新一代"绿色"环保技术。

3. 污水处理

自 1976 年 Carry 等报道了在紫外线照射下,纳米 TiO_2 可使难降解的有机化合物多氯联苯脱氯以来,纳米 TiO_2 光催化技术作为一种 H_2O 处理技术引起了各国众多研究者的广泛重视。至今,已发现 3 000 多种难降解的有机化合物可以在紫外线的照射下通过 TiO_2 降解,特别是当水中有机污染物用其他方法很难降解时,光催化技术有关明显的优势。研究表明,TiO_2 可对水体中的大量有机污染物质实现光催化降解。

(1) 卤代化合物

卤代化合物是天然水体中主要的一类污染物,毒性大,分布广。它们包括卤代脂肪烃、卤代芳香烃、卤代脂肪酸等。这类化合物结构比较稳定,采用一般的水污染治理技术来处理,效果并不理想。利用锐钛矿型 TiO_2 对水中卤代烷烃、芳香烃以及烃基类化合物进行光催化降解研究的结果表明这些有机污染物能被完全降解为二氧化碳和水等无害物质。研究证明卤代化合物在光催化降解的过程中,一般都先羟基取代,再脱卤,逐步降解,直至矿化为 CO_2、H_2O 等简单的无机物。

(2) 染料废水

随着染料纺织工业的迅速发展,染料的品种和数量日益增加,印染废水已成为水体环境的重点污染源之一。染料分子进入水体后会对生态环境和自然水体等造成极大危害,如含有苯环、氨基、偶氮基等的染料是可致或潜在可致癌物质。印染废水处理难度大、可生化性差,不适宜采用生物处理法。近年来,光催化技术在染料的脱色、光解等方面的研究日益增多。如用活性炭负载 TiO_2 或纳米复合 TiO_2 光催化降解各种染料废水,取得了很好的效果。

(3) 表面活性剂

表面活性剂在工业和生活中的广泛应用及任意排放,使得水体污染日益严重。它进入水体后能产生异味和大量泡沫,污染水体,同时又影响废水的生化处理;并且有些表面活性剂属于激素,进入人体后,影响正常的生理活动,刺激体重增加,提高肝脏合成胆固醇的速率。目前,采用 TiO_2 光催化分解表面活性剂已日益引起人们的关注,开展了对表面活性剂光催化降解过程的系统研究,结果表明含芳环的表面活性剂比仅含烷基或烷氧基的表面活性剂更易断裂降解而实现矿化;表面活性剂结构的直链部分降解速率极慢。采用此方法可以对一些表面活性剂进行降解,实验取得了较好的结果。如在对壬基聚氧乙烯苯表面活性剂光催化降解的研究中,通过分析中间生成物,探讨了反应该催化反应的机理。

（4）农　药

农药一般分为除草剂和杀虫剂。由于它的广泛使用和稳定的结构,农药在环境中的危害范围很广,在大气、土壤和水体中的停留时间长,极其通过生物链进入人体中。因此,控制农药污染、保护生态环境已成为环境保护的一个热点问题。近些年加强了光催化技术处理农药的研究,利用光催化剂 TiO_2 产生的光生电子、空穴和强氧化性的羟基自由基,将农药氧化降解为无毒物质。利用光催化去除农药的优点是不产生毒性更高的中间产物,这是其他方法所无法相比的。对有机磷农药废水光催化降解的研究表明,该法能将有机磷完全降解为 PO_4^{3-},COD 去除率达到 $70\%\sim90\%$。

（5）含油废水

随着石油工业的发展,每年有大量石油流入海洋或淡水中,对水体及海岸环境造成严重污染。对于这种不溶于水且漂浮于水面上的油类及有机污染物的光催化处理,也是近年来的研究热点之一。利用环氧树脂将 TiO_2 粉末黏附在木屑上,可以对水面油层进行光催化降解;也可以用硅烷偶联剂将纳米 TiO_2 偶联在硅铝空心微球上,制备飘浮于水面上的 TiO_2 光催化剂,对水面油膜污染物进行光催化分解,取得满意效果。

（6）其他有机化合物

主要包括酚类、多环芳烃以及含氮化合物等有机化合物。对于这类化合物,光催化技术也能有效地进行处理。

（7）无机污染物

光催化技术不仅能除去有机化合物,同时也能去除大量的无机化合物,如氨、迭氮化物,含铬、铜、金、铁、锰、汞离子等的化合物、氰化物等。

尽管光催化技术可以将有机污染物分解矿化成无机物、CO_2 和 H_2O,但是目前在规模处理或工业化处理方面还存在一些难题急需解决。这是由多方面的因素造成的。除了光反应器的因素外,就废水本身而言,所含污染物复杂多样,浓度高、浊度大、透光性差,使用光催化剂单一的处理方法效果不理想,并且光催化剂本身对太阳能的利用效率低,反应活性不高、反应速率慢,对高污染物浓度的污水处理还不能完全满足要求。

半导体光催化反应过程中,参与有机物氧化反应的是空穴、羟基自由基、各种活性氧化物种,其中具有代表性的是羟基自由基。对大多数有机分子而言,尽管不能排除体系中羟基自由基均相反应的可能性,但它对整个光催化反应的贡献是很有限的,而表面反应是主要的。

（8）肼类废水

偏二甲肼（UDMH）是一种弱有机碱,它与水作用生成共轭酸和碱,与多种有机酸反应生成盐;同时它还是一种还原剂,可与许多氧化剂的水溶液发生反应并放出热量,例如:次氯酸钠、高锰酸钾,漂白粉等。偏二甲肼与还原剂反应的一个特点是反应过程中溶液的颜色发生一系列变化,由无色历经淡黄、黄、淡红、红、淡黄和无色过程。偏二甲肼浓度越高,颜色变化越明显。对不同颜色的偏二甲肼溶液进行 GC/MS 分析,发现有含量不等的不同化合物,如甲醛、四甲基四氮烯、硝基甲烷、氰根离子、二甲胺等,如图 5.18 所示为其总离子图。这说明偏二甲肼的降解氧化过程是一个复杂的化学反应过程,既存在偏二甲肼氧化分解为一系列中间产物,又存在中间产物继续分解、中间产物之间、中间产物与偏二甲肼之间的反应等,经历了许多中间产物,最终生成CO_2、H_2O 和 N_2。

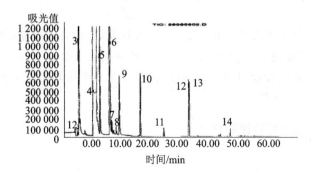

1—二氧化碳；2—甲胺；3—二甲胺；4—偏二甲肼；5—甲基肼；
6—偏腙；7—二甲基乙基肼；8—三甲基肼；9—偶氮甲烷；
10—偏二甲肼乙醛腙；11—1H-3-甲基-1,2,4-吡唑；
12—亚硝基二甲胺；13—四甲基四氨烯；14—二甲基甲酰

图 5.18　偏二甲肼自氧化产物 TIC 图

用 TiO_2 光催化降解偏二甲肼废水时,首先光催化剂在光的诱导下生成羟基自由基等一系列活性氧化物种,然后偏二甲肼与活性氧化物种反应生成活泼的中间体,中间体再逐步被降解为小分子物质。

① UDMH 与·OH 反应生成活泼中间体$(CH_3)_2N=N$

$$(CH_3)_2NNH_2 +\cdot OH \longrightarrow (CH_3)_2NN\cdot H + H_2O$$

$$(CH_3)_2NN\cdot H +\cdot OH \longrightarrow (CH_3)_2N^+ = N^- + H_2O$$

并在水溶液中存在如下平衡

$$(CH_3)_2N^+ = N^- + H_2O \longrightarrow (CH_3)_2N^+ = NH + OH^-$$

② 活泼中间体$(CH_3)_2N=N$ 进一步分解为

$$2(CH_3)_2N^+ = N^- \longrightarrow (CH_3)_2N^+ = NCH_3 + CH_3N = N^-$$

$$(CH_3)_2N^+ = NCH_3 \longrightarrow (CH_3)_2NN = CH_2 + H^+$$

$$CH_3N = N^+ + H^+ \longrightarrow CH_4 + N_2$$

③ 生成的$(CH_3)_2NN=CH_2$ 发生如下反应

$$(CH_3)_2NN = CH_2 +\cdot OH \longrightarrow (CH_3)_2NH + CO_2 + H_2O + N_2 + NO_x$$

生成的$(CH_3)_2NH$ 等最后被降解成小分子物质。

综合以上反应式,可以得出偏二甲肼降解反应的基本历程如下所示

$$(CH_3)_2NNH_2 \xrightarrow{\cdot OH} (CH_3)_2N^+ = N^- \underset{}{\overset{H_2O}{\rightleftharpoons}} (CH_3)_2N^+ = NH + OH^-$$

$$\downarrow$$

$$(CH_3)_2N^+ = NCH_3 + CH_3N = N^- \xrightarrow{H^+} CH_4 + N_2$$

$$\downarrow$$

$$H^+ + (CH_3)_2NN = CH_2 \xrightarrow{\cdot OH} (CH_3)_2NH + CO_2 + H_2O + N_2 + NO_x$$

第 3 节　氮氧化物废水的治理技术

液体推进剂中的氧化剂有四氧化二氮、红烟硝酸等,其氮氧化物废液来源主要是加注系统的残留液、成份变质不能使用的废液,以及含有这些物质的废水。

为了防止氮氧化物的废液对环境的污染,在排放前必须对其实施中和处理,使废液的 pH 达 6.5～8.5 范围内方可排放。

一、氮氧化物废液中和处理的方法

1. 采用废碱中和

氮氧化物废液是酸性废液,排放前必须用碱中和。如能用废碱中和达到节省处理费用,以废治废是最理想的治理方法。处理中使酸液与废碱液充分混合,待废液 pH 达到 6.5～8.5 时,即排放。

2. 加碱性物质

向氮氧化物废液中投加碱或碱性氧化物是实施中和处理的重要手段。通常投加的碱或碱性氧化物有氢氧化钠、碳酸钠、氧化钙、氢氧化钙、碳酸钙等。中和 1 kg 硝酸需氢氧化钠 0.635 kg,碳酸钠 0.84 kg,氧化钙 0.455 kg,氢氧化钙 0.59 kg,碳酸钙 0.795 kg。在实施工程时,应依据氮氧化物废液量、废液浓度、需处理周期及环保部门的要求等,对上述提供的碱及碱性氧化物作综合比较后,确定选择某种碱或碱性氧化物。

二、氮氧化物废液中和处理实施工程

氮氧化物废液中和处理设施在我国各航天发射中心均实施工程。工艺流程如图 5.19 所示。

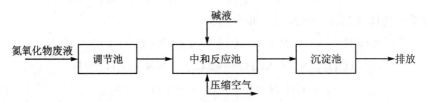

图 5.19　氮氧化物废液中和处理工艺流程

习　题

1. 臭氧法处理肼类废水的机理分别是什么?
2. 氯化法处理肼类废水所采用的药剂有哪几种?
3. 影响催化氧化处理效果的因素有哪些?
4. 光催化技术有哪些应用? TiO_2 光催化偏二甲肼废水的机理是什么?

第6章　固体推进剂气溶胶、粉尘污染与治理

第1节　气溶胶、粉尘基本知识

粉尘与气溶胶是大气污染的重要组成部分,是评价大气质量的重要指标。世界各国对粉尘和气溶胶对大气污染的防治都很重视,对其在大气的含量均作出了明确的规定。例如:我国《环境空气质量标准》(GB 3095—2012)中对颗粒物含量有明确规定,PM_{10}浓度限值,年平均一级标准为 40 $\mu g/m^3$ 时,二级标准为 70 $\mu g/m^3$,日平均一级标准为 50 $\mu g/m^3$、二级标准为150 $\mu g/m^3$。$PM_{2.5}$浓度限值,年平均一级标准为 15 $\mu g/m^3$ 时,二级标准为 35 $\mu g/m^3$,日平均一级标准为 35 $\mu g/m^3$、二级标准为 75 $\mu g/m^3$。

我国是一个发展中国家,经济实力还不够强大,人们的环境意识还有待于提高。因此,我国的大气污染还比较严重。据统计,我国每年排入大气的粉尘达 2 000 万吨。所调查 12 个城市大气污染日平均,北方城市为 0.24~1.98 mg/m^3,南方城市 0.19~0.95 mg/m^3,超标现象比较严重。因此,对粉尘和气溶胶的治理是防止大气污染的重要课题之一。

一、气溶胶的分类

所谓气溶胶是指固体、液体颗粒悬浮在空气中形成的气态分散体。在气态分散体中的固体颗粒的粒径,经检测证明,波动范围很大,通常在 0.001 至几百微米。这样大的范围已超出了胶体化学认定的分散质点构成胶体系统的界限。因此,在气溶胶的概念及分类问题上的认识并不是完全一致的,也产生了对气溶胶分类的不同形式。

1. 粉　尘

粉尘是分散在大气中的固体颗粒,依据粒径大小又分为落尘和飘尘两类。

落尘是指粒径>10 μm 的颗粒。由于重力等因素的作用,它在大气中的漂移时间短,很快就降落到地面上。

飘尘是指粒径<10 μm 的尘埃。由于粒径小,它可以较长时间在大气中漂移。

2. 烟　气

烟气是指高温升华、蒸馏及熔烧过程中产生并分散到大气中的固体颗粒。烟气的粒径范围在 0.001~1 μm。

二、粉尘和气溶胶的危害

粉尘和气溶胶的来源是非常广泛的,它不仅来源于人类的生活、生产活动,而且也来源于自然界本身。例如:气象变化、地壳变迁,岩石风化、火山爆发。可以说,我们人类就是生活在尘、烟、雾中。

由于气溶胶是分散于大气中的固液颗粒,而这些颗粒的一部分本身就是有害物质,或者由于吸附作用,颗粒吸附了有害物质,因此,气溶胶对人类的危害作用是不可低估的。资料介绍,

粉尘中以 $0.5 \sim 5 \ \mu m$ 的飘尘数量居多,漂移时间长,它可以通过人的呼吸系统直接进入肺部,进入血液循环系统,危害人的身体健康。例如:煤矿、岩矿开采行业的矽肺病。

空气中飘尘的浓度与人的发病率有直接关系,当空气中飘尘浓度为 $100 \ \mu g/m^3$ 时,儿童呼吸道感染显著增加;浓度为 $200 \ \mu g/m^3$ 时,慢性呼吸道疾病死亡率增加;浓度达 $300 \ \mu g/m^3$ 时,呼吸道疾病急剧恶化;浓度达 $800 \ \mu g/m^3$ 时,呼吸道疾病和心脏病死亡率增加。

当空气中的烟气、雾、飘尘超过一定量时,给人类生活、农作物生长、工业生产、交通运输均带来不同程度的影响。

三、粉尘污染治理技术分类

为了消除粉尘、气溶胶的危害,依据流体力学、热力学、传热学、力学、电力学等知识和理论,研制了不同类别的消烟除尘设备。在工业生产实际应用中,已获得了满意的效果。

按照各种除尘装置的作用机理,可分为 4 大类:

① 机械除尘器,主要包括重力除尘器、惯性力除尘器、离心力除尘器。

② 湿式除尘器,主要包括重力喷淋式、离心或湿旋风式、自诱导喷淋式、板式、填料式、文丘里式、机械诱导喷淋式等。

③ 电除尘器,包括干式、湿式两种。

④ 过滤除尘器,主要包括滤布式、纤维床式、颗粒床式。

在实际工作中,根据粉尘与气溶胶的性质不同,浓度不同,治理程度要求不同,在治理工艺设计中,可采用不同类型除尘设备的组合,也可采用单一型除尘设备。

第 2 节　固体推进剂生产过程的粉尘与气溶胶

航天事业的发展历程证明,固体推进剂火箭发动机与液体推进剂火箭发动机相比,它的构造比较简单,一般不需要冷却,发射前不需要加注。便于贮存、保管和使用。地面发射、测试、检测系统也比较简单。由于它没有泵、阀门及控制系统,因而事故发生率也比液体发动机少。

一个典型的固体火箭发动机由 3 个主要部分组成:推进剂药柱、点火器和金属件。

推进剂药柱主要由氧化剂、燃烧剂、黏合剂以及增塑剂、交联剂、固化剂、稳定剂等添加剂组成。在各种药剂的生产过程中,在固体推进剂药柱的加工、浇铸过程中,都会产生有机溶剂废气和固体推进剂粉尘。

固体火箭发动机的金属件包括燃烧室、排气喷管以及各种零件。在这些金属件的加工制作过程中同样产生粉尘与气溶胶污染。

一、固体推进剂粉尘污染源

固体推进剂发动机生产的粉尘有以下几种。

① 金属壳体的加工粉尘。金属壳体加工包括切割、焊接、砂轮打磨、抛光等机加工处理。该种粉尘主要是金属颗粒,虽然浓度不会太高,但对操作人员的危害不能低估。

② 金属抛光、喷砂粉尘。该种粉尘量大且集中,主要是被加工金属及石英砂粉尘。

③ 非金属壳体生产加工粉尘。该类粉尘包括玻璃纤维、石棉、炭黑粉尘等。

④ 绝热层胶片炼制粉尘。主要包括二氧化硅(白炭黑)、石棉粉尘等。

⑤ 铝粉生产和备料时产生的铝粉粉尘。

⑥ 固体推进剂中铍、锂、硼、镁、碳等燃烧剂加工生产中产生的粉尘。

⑦ 固体火箭推进剂氧化剂粉碎加工粉尘。

主要包括高氯酸铵、高氯酸钾、高氯酸锂、硝酸氨、硝酸钾等氧化剂的加工制造、粉碎组装时产生的氧化剂粉尘。

⑧ 固体火箭发动机喷管喉封加工时产生的石墨、酚醛树脂等粉尘。

⑨ 成品固体推进剂试样加工时产生的推进剂粉尘。

⑩ 固体推进剂火箭试车或发射产生的烟尘对大气的污染。

二、固体推进剂粉尘与气溶胶的治理技术

固体推进剂粉尘与气溶胶的治理技术,通常采用工业粉尘治理技术。因为工业粉尘的治理技术已日趋成熟,粉尘处理设备已定型化、系列化,它为固体推进剂粉尘与气溶胶治理打下良好的基础。

1. 机械式除尘器

机械式除尘器是指利用重力、惯性力和离心力的作用,使尘粒与气流分离的装置。

(1) 重力除尘器

① 除尘原理

重力除尘器是利用含尘气体中粉尘粒子的重力作用而进行自然沉降分离的装置。简单的重力式沉降室如图 6.1 所示。

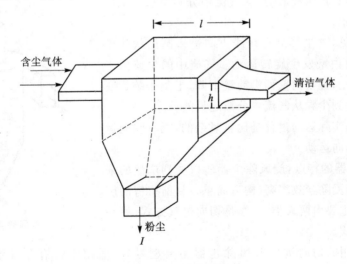

图 6.1　重力沉降室

从图 6.1 可见,当含尘气体进入沉降室后,由于流体截面积扩大,流体流速显著降低,气体中的尘粒在重力作用下,沉降于灰斗之中,使气体得到净化。

② 层流式重力沉降室的设计与计算

层流式重力沉降室是重力除尘最简单的装置。在设计计算中假定气流在沉降室中处于理想层流状态。

设粒子的平均流速为 μ_0,垂直沉降速度为 μ_{TS},沉降室的长、宽、高分别为 L、M、H,处理的

含尘气量为 Q,则气流在沉降室的停留时间为

$$t = L/\mu_0 = \frac{L \cdot M \cdot H}{Q}$$

在时间 t 内粒子的沉降距离为

$$h_c = \mu_{TS} \cdot t = \frac{\mu_{TS} \cdot L \cdot M \cdot H}{Q}$$

设计中只要控制 $h_c \geqslant H$,就可满足尘粒降落于灰斗中。

影响尘粒沉降的因素很多,粒子本身的性能,如粒径大小、粒子的粘度系数、扩散系数、粒子间下降过程中互相间的摩擦阻力等等。在工程设计中,提高沉降室效率的主要途径是,降低沉降室内气流的速度,降低沉降室的高度,增加沉降室的长度。沉降室内气流的速度通常控制在 $0.3 \sim 0.5$ m/s。

(2) 惯性力除尘器

① 除尘原理:惯性力除尘器是通过气流方向改变时,具有惯性力的尘粒撞在挡板上,使尘粒沉降的装置。

② 惯性力除尘器的特点及应用:惯性力除尘器的特点是,结构比较紧凑,尺寸较小,压力损失小,适用于处理高温气体。但是,由于处理效率较低,通常用于高效除尘工艺的前处理。

(3) 离心力除尘器

离心力除尘器是目前应用最广泛的一种除尘装置,通常称为旋风除尘器。

① 除尘原理:旋风除尘器的工作原理是靠含尘气流发生旋转运动,使尘粒产生离心力,从气流中分离出来。工作原理如图 6.2 所示。

从图 6.2 可见,含尘气流沿切线方向进入圆筒状除尘装置,并沿着圆筒内壁发生旋转运动。气流中的尘粒由于受到离心力的作用,撞击筒壁而沿筒壁下降,汇集于装置底部的锥形斗中,达到尘粒从气流中分离之目的。

但是,尘粒的实际运动过程是比较复杂的,既有圆周运动,又有径向和轴向运动。

② 旋风除尘器的特点:旋风除尘器所以受到广泛的采用,原因是该种装置除尘效率高,构造简单。目前市售的旋风除尘器的类型主要由两大类:一类是切向进气方式;另一类是轴向进气方式。

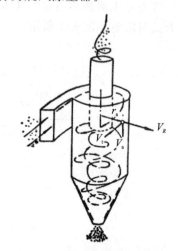

图 6.2　旋风除尘器的操作原理

我国广泛采用的切向进气旋风除尘器主要型号有:适用于含有非纤维干粉尘气体的 CLT/A 型;具有旁路粉尘分离室的 CLP/B 型;倒圆锥形式的扩散式除尘器和适用于纤维粉尘的 CZT 型旋风除尘器等。

轴向进气式旋风分离器是利用固定的导流叶片造成气流旋转,主要用于多管旋风除尘器和处理气体量比较大的场合。

2. 湿式除尘器

湿式除尘器是应用广泛的一种除尘器。它是利用喷淋细微水滴,来捕捉气流中的 1 μm 左右的分散胶体和尘粒,消除粉尘飞扬。

（1）湿式除尘器的除尘机理

在湿式除尘器中，气体中的尘粒在运动过程中，与喷淋液滴发生碰撞作用，而吸附到液滴的表面，随着液滴的下落，使气体中的尘粒得以去除。

（2）湿式除尘器的类型

目前生产的湿式除尘器类型较多，通常采用的有水膜除尘器、重力喷淋式除尘器、离心式水膜除尘器、填料式除尘器、文丘里除尘器等等。下面对集中典型湿式除尘器作简要介绍。

① 喷淋塔式除尘器：喷淋塔式除尘器是湿式除尘器中最简单的一种除尘装置，该装置示意图如图 6.3 所示。

从图 6.3 可见，含尘气体由喷淋塔底部进入后，通过多孔板的合理分配，使气流均匀地向塔顶上升。在上升的过程中，与塔上部喷水管喷出的水滴形成逆流接触。气流中的尘粒与水滴在逆流接触中发生碰撞、截流、凝聚等作用，使尘粒吸附到水滴表面。夹带尘粒的水滴由于重力作用而落入塔底，形成污水。洁净后的气体通过除雾器截留细小水滴后，由塔顶排出。

喷淋塔式除尘器结构简单、压力损失小、操作管理比较方便。

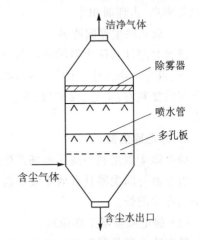

图 6.3　喷淋塔式除尘器

② 文丘里式除尘器：文丘里式除尘器是一种高效湿式除尘器，结构如图 6.4 所示。

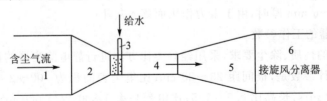

1—进气管；2—收缩管；3—喷水管；4—喉管；5—扩散管；6—连接管

图 6.4　文丘里式除尘器

从图 6.4 可见，文丘里式除尘器主要组成部分有：进气管、收缩管、喷水管、喉管、扩散管、连接管。当含尘气体高速通过文丘里式除尘器喉管时，气流与喷水管喷出的水滴接触碰撞，水滴进一步被气流雾化。由于气流与雾化的雾滴充分接触，给雾滴捕捉气流中的尘粒提供了良好的条件，达到了捕捉气流中尘粒的目的。

文丘里式除尘器的设计参数主要包括收缩管、喉管、扩散管的长度和直径、收缩管和扩散管的张开角度等。

3. 过滤式除尘器

过滤式除尘器又称空气过滤器。它是使含尘气流通过过滤介质将气流中的尘粒捕捉下来，使含尘气流除尘。

过滤式除尘器最具有代表性的是袋式除尘器。它的特点是，除尘效率高，一般可达 99％以上，性能稳定，操作简单，它是目前应用较为广泛的除尘设备之一。

（1）袋式除尘器的工作原理

袋式除尘器是利用棉、毛、人造纤维加工的滤料进行过滤的。滤料本身的网孔较大，一般为 20～50 μm。当含尘气流穿过滤布的空隙时，粉尘被滤布捕捉。

（2）袋式除尘器的分类

袋式除尘器按清灰方法可分为 3 类：简易清灰袋滤器、机械振打反吹风袋滤器和脉冲式袋滤器。三者相比，脉冲式袋滤器更具特色。这种袋滤器清灰效果好，不损伤滤袋、使用寿命长、净化效率高、占地面积小。

（3）袋式除尘器的滤料

滤料是过滤式除尘器的核心部分，它的性能对除尘器的工作有很大影响。因此，在选择滤料时，应首先考虑含尘气体的特性，如气体的含尘浓度，尘粒的大小，气体的温、湿度等。除尘器常用的滤料有：羊毛、棉织物、蚕丝、玻璃纤维、聚氯乙烯、聚四氟乙烯、聚酰胺、聚丙烯腈、聚酯等。

4. 静电除尘器

静电除尘器是利用高压电场产生的静电力使尘粒荷电并从气流中分离出来的一种除尘装置。由于静电除尘器具有捕尘效率高、处理气体量大，可在高温或强腐蚀性环境下工作而具有广阔的应用前景。

（1）静电除尘器工作原理

静电除尘器是利用高压直流电源造成电晕放电，在放电极（负极）附近产生气体的离子化圈，荷负电的气体离子向荷正电的集尘极（正极）移动。气体中的尘粒与荷负电的气体离子相遇而带上负电荷，这些带负电的粒子在库仑力的作用下，在集尘极上捕集下来。当尘粒层在集尘极上沉集到 1.5～6 mm 厚时，由于重力作用而落入灰斗中。

（2）静电除尘器的工作参数

依据含尘气体的性质、除尘要求，采用经验类比方法进行静电除尘器的设计参数取值。实践中通常采用的设计参数是，极间距 23～28 cm；比集尘表面积为 300～2 400 m^2/1 000 m^3/min；气流速度 1～2 m/s；长高比 0.5～1.5；比电晕功率 1 800 W/1 000 m^3/min；电晕电流密度 0.5～1.0 mA/m^2。

（3）静电除尘器的优点

静电除尘器是一种高效除尘器，对于 0.1 μm 以下的微小尘粒，除尘率可达 99% 以上。它处理气量大，能量消耗低，在现有除尘器中能耗最低。例如：当气体流量 14 000 m^3/min、除尘效率为 95% 时，包括阻力损失在内的动力仅需 65 kW。

第3节　常用除尘器的适用范围及性能

选用除尘器时应全面考虑有关因素，如除尘效率、压力损失、一次性投资、占地面积、能量消耗、运行管理等。为便于选择适宜的除尘设备，现将常用除尘器的适用范围及性能简介如下。

一、常用除尘器的适用范围

每种除尘器都具备各自的适用范围。例如：含尘浓度较高的气体，最好选用静电除尘器或袋式除尘器。为便于优选除尘设备，现将常用除尘器的适用范围列入表 6.1 中。

表 6.1　常用除尘器适用范围

除尘器名称	适用的粒径范围/μm	效率/%
重力沉降室	＞50	≤50
惯性除尘器	20～50	50～70
旋风除尘器	5～30	60～70
冲击水浴除尘器	1～10	80～95
卧式旋风水膜除尘器	≥5	95～98
冲击式除尘器	≥5	95
文丘里式除尘器	0.5～1	90～98
静电除尘器	0.5～1	90～98
袋式除尘器	0.5～1	95～99

二、常用除尘器的性能

1. 冲击式除尘器

冲击式除尘器的主要性能如表 6.2 所列。

表 6.2　CCJ/A 型除尘器主要技术性能

型　号	处理气量/(m³/h)		耗水量/(kg/h)	除尘机组重量/kg
	额　定	适用范围		
CCJ/A-5	5 000	4 300～6 000	600	791
CCJ/A-7	7 000	6 000～8 450	840	956
CCJ/A-10	10 000	8 100～12 000	1 200	1 196
CCJ/A-14	14 000	12 000～17 000	1 670	2 426
CCJ/A-20	20 000	17 000～25 000	2 375	3 277
CCJ/A-30	30 000	25 000～36 200	3 555	3 954
CCJ/A-40	40 000	35 400～48 250	4 740	4 989
CCJ/A-60	60 000	53 800～72 500	7 110	6 764

2. 卧式旋风水膜除尘器

卧式旋风水膜除尘器主要性能如表 6.3 所列。

表 6.3　卧式旋风水膜除尘器主要性能与设备重量

型　号	进口气速/(m/s)	处理气量/(m³/h)		阻力/(mmH₂O)	除尘效率/%	重量(槽板脱水)/kg
		额　定	适用范围			
1		1 500	1 200～1 600			193
2		2 000	1 600～2 200			231
3		3 000	2 200～3 300			310
4		4 500	3 300～4 800			405
5		6 000	4 800～6 500			503
6	15～22	8 000	6 500～8 500	90～110	93～98	621
7		11 000	8 500～12 000			969
8		15 000	12 000～16 500			1 224
9		20 000	16 500～21 000			1 604
10		25 000	21 000～26 000			2 481
11		30 000	26 000～33 000			2 969

3. 脉冲袋式除尘器

脉冲袋式沉沉器主要性能如表 6.4～表 6.7 所列。

表 6.4　MC24-120-I 型脉冲袋滤器技术性能

技术性能	型　号							
	MC24-1	MC36-1	MC48-1	MC60-1	MC72-1	MC84-1	MC96-1	MC120-1
过滤面积（m²）	18	27	36	45	54	63	72	90
滤袋数量（条）	24	36	48	60	72	84	96	120
处理气量（m²/h）	2 160～4 300	3 250～6 480	4 320～8 630	5 400～10 300	6 450～12 900	7 550～15 100	8 650～17 300	10 800～20 800
过滤速度（m/min）	2～4	2～4	2～4	2～4	2～4	2～4	2～4	2～4
脉冲阀数（个）	4	6	8	10	12	14	16	20
设备重量（kg）	850	1 116.8	1 258.7	1 572.6	1 776.7	2 028.9	2 181.3	2 610

表 6.5　MC/SH 型脉冲袋滤器组合式性能参数

单元数	2	3	4	5	6
过滤面积/m²	79.2	118.8	158.4	198	237.6
处理气量/(10⁴ m³/min)	2.4	3.6	4.8	6.0	7.2
耗气量/m³·min	0.54	0.81	1.06	1.35	1.62
电控仪/个	1	1	1	2	2
脉冲阀/个	10	15	20	25	30
电磁阀/个	10	15	20	25	30
设备重量/kg	3 800	5 200	6 260	7 631	8 015

表 6.6　JM24-120 型脉冲袋滤器技术性能

技术性能	型　号								
	JM-24	JM-36	JM-48	JM-60	JM-72	JM-84	JM-96	JM-108	JM-120
过滤面积/m²	21.4	32.4	43.2	54	64.8	75.8	86.4	97.2	108
滤袋数量/条	24	36	48	60	72	84	96	108	120
处理气量/(m²/h)	2 560～5 120	3 900～7 800	5 200～10 400	6 450～12 900	7 800～15 600	9 100～18 100	10 300～20 600	11 650～23 300	13 000～26 000
过滤速度/(m/min)	2～4	2～4	2～4	2～4	2～4	2～4	2～4	2～4	2～4
脉冲阀数/个	4	6	8	10	12	14	16	18	20
设备重量/kg	891	1 033	1 213	1 402	1 771	1 965	2 150	2 351	2 538

注：滤袋尺寸为 $\phi120 \times 200$ mm

表 6.7　MC24-120 型脉冲袋滤器技术性能

技术性能	型　号								
	MC-24	MC-36	MC-48	MC-60	MC-72	MC-84	MC-96	MC-108	MC-120
过滤面积 /m²	18	27	36	45	54	63	72	81	90
滤袋数量 /条	24	36	48	60	72	84	96	108	120
处理气量 /(m²/h)	2 160~ 4 300	3 250~ 6 480	4 320~ 8 630	5 400~ 10 800	6 450~ 12 900	7 550~ 15 100	8 650~ 17 300	9 750~ 19 400	10 800~ 20 800
过滤速度 /(m/min)	2~4	2~4	2~4	2~4	2~4	2~4	2~4	2~4	2~4
脉冲阀数 /个	4	6	8	10	12	14	16	18	20
设备重量 /kg	737	860	1 253	1 537	1 658	1 796	2 036	2 120	2 300

4. 立式旋风除尘器

立式旋风除尘器主要性能如表 6.8 所列。

表 6.8　XLP/B 型除尘器主要性能表

项　目	型　号	进口气速/(m/s)		
		12	16	20
风量(m³/h)	XLP/B-3.0	700	930	1 160
	XLP/B-4.2	1 350	1 800	2 250
	XLP/B-5.4	2 200	2 950	3 700
	XLP/B-7.0	3 800	5 100	6 350
	XLP/B-8.2	5 200	6 900	8 650
	XLP/B-9.4	6 800	9 000	11 300
	XLP/B-10.6	8 550	11 400	14 300
阻力 /(mmH₂O)	X 型	50	89	145
	Y 型	42	70	115
灰箱静压 /(mmH₂O)	X 型	-89	-162	-275
	Y 型	-28	-47	-46

注:XLP 型分为带有半螺旋线型(XLP/A 型)和螺旋线型(XLP/B 型)的旁室。X 表示吸出式,Y 表示压入式。

三、常用除尘设备主要技术性能

常用除尘设备的主要性能、参数如表 6.9 所列。

表6.9 常用除尘设备主要技术性能

设备名称	粉尘种类	粉尘粒度/μm	容许初含尘浓度/(g/m³) 做初净化时	做终净化时	容许最高温度/℃	允许最大负压/(mmH₂O)	处理风量/(m³·h⁻¹)	阻力/(mmH₂O)	概略净化效率/%
重力沉降室	比重大的粉尘	>60~100	不限	—			风速<0.2~0.5 m/s	<10	50~75
CLT/A旋风除尘器	各种非纤维	>5~10	一般小于30	1.5	150~250	300~500	250~7 130	77~195	80~90
CLP/A旋风除尘器	非粘土性之干燥粉尘	>5~10	"	1.5	150~250	300~500	830~13 900	60~140	80~90
CLP/B旋风除尘器	"	>5~10	"	1.5	150~250	300~500	700~104 980	43~145	80~90
CLG/型除尘器	"	>5~10	"	1.5	150~250	300~500	1 910~9 980	63~67	80~93
D250×164~120多管除尘器	"	>5~10	60	1.5	<400	300~500	42 000~92 000	80~100	80~90
双级蜗旋除尘器	"	>5~10	30	1.5	150~250	300	2 200~30 000	55~90	80~93
扩散式旋风除尘器	"	>5~10	60	1.5~2.0	150~250	300~500	820~8 740	80~160	80~90
喷淋湿式除尘器	烧结厂混合料尘	>5	10		<100		40 000~60 000	很小	50~60
CLS离心水膜除尘器	非纤维、非水硬	>1.0		2	150	200~300	1 600~13 200	55~76	90~95
干湿一体除尘器	非粘性、非疏水性粉尘	>1.0		4	150	200~300	1 300~10 400	65~92	93~95
卧式旋风水膜除尘器	"	>1.0		4~10	200		7 000~25 000	100~200	93~95
水浴除尘器	"	>1.0	30	3	不限	按设计	1 000~24 000	40~70	90
泡沫除尘器	"	>1.0	30	5	<150	300	3 400~14 500	60~80	95~98
CCJ型除尘机组	"	>1.0	100	10~20	<300	300	3 500~64 000	100~160	98~99

续表 6.9

设备名称	粉尘种类	粉尘粒度 /μm	容许初含尘浓度 /(g/m³)		容许最高温度/℃	允许最大负压 /(mmH₂O)	处理风量 /(m³·h⁻¹)	阻力 /(mmH₂O)	概略净化效率/%
			做初净化时	做终净化时					
CCJ/A 型除尘机组	″	>1.0	100	10～20	<300	300	3 500～64 000	100～160	98～99
颗粒层除尘器	非纤维非粘性粉尘	>3.0			300		>1 500	80～120	97
LD8/1 袋滤器	各种非纤维、非粘性、干燥性粉尘	>1.0	—	3～5	按滤布一般小于 100	300	4 300～8 600	80～100	90～93
LD18 袋滤器	″	>1.0		3～5	″	300	4 500～16 200	80～100	90～98
脉冲袋滤器	″	>1.0		3～5	″	300	2 340～21 600	100～120	99
各种卧式电除尘器	″	>0.01	30～60	5～10	150～300	200～400	>15 000	10～20	90～97

H_2O

四、减少固体推进剂污染的根本途径

固体火箭的优势是它的小巧玲珑、结构简单、灵活机动。但与液体火箭相比,它也显出比冲低、控制性能欠佳的劣势。目前的固体火箭已开始向着改变劣势,充分发挥优势的前景发展。

① 由于各种高强轻质和耐热耐烧蚀复合材料和复合工艺的进展以及发动机结构整体化技术的进展,固体发动机结构将趋向于轻量化、整体化和小巧化。这就使得将来的战略、战术固体导弹武器的后勤处理简化,更适于灵活机动的战斗隐蔽。

② 固体推进剂技术日益向高能化发展,加上固体发动机能量转换效率的提高,固体发动机的比冲值已有希望接近或达到液体火箭发动机的水平。

③ 固体发动机熄火控制和燃烧控制技术的发展,将能够完全实现固体火箭发动机的性能可控和推理可控,从而更加扩大固体发动机的应用范围。

④ 由于固体发动机研制和设计经验的不断丰富,研制试验和设计评审已通用化和程序化,设计计算机化,制造技术自动化,分析技术标准化,使得未来的固体发动机设计和制造完全自动化。从而大大降低研制成本,缩短生产周期。

综上所述,当前固体火箭技术的发展正在走向新的质跃前缘。这将给环境保护带来新的研究课题。

1. 严格执法,实行"三同时"

保护和改善生态环境、防治污染和其他公害,是我国的一项基本国策,为促使国民经济和

国防事业持续、稳定协调发展,必须深入贯彻执行《中华人民共和国环境保护法》(简称《环保法》和其他环境保护的法律、法规,做到有法必依,执法必严,违法必究。

《环保法》第二十六条明确规定:"建设项目中防治污染的设施,必须与主体工程同时设计、同时施工、同时投产使用"的"三同时"制度,这是减少、控制新污染源的根本途径之一。这样,在治理旧污染源的同时,控制新污染源的产生,才能保证环境质量逐渐改善。

"三同时"制度具体落实到各个行业时应当有所扩展。为了减少和控制火箭发动机生产对环境的影响,我们提出:在推进剂配方和发动机型号立题论证时,对环境的影响要同时论证;研制阶段,同时研究减少和控制污染的方法和设备;配方、型号定性上马时,污染治理方法和设备同时定性并投放运行。

2. 研究和采用新工艺、新设备

从固体发动机生产工艺和设备的对比分析可知,落后的工艺和设备无论对生产环境,还是大气环境的污染都是比较严重的。例如:生产一台 10 t 级的固体发动机(推进剂)如果用 500 L 的胶化机,每次混合 380 kg 药浆,那么至少要 27 锅(次),而用 2 000 L 的胶化机最多 8 锅(次)即可完成,生产周期大大减少,这就使有害物质的挥发量(排放量)大大减少,设备的清晰次数和清洗剂的用量也显著减少。

另外,不同型号、不同形式的设备,生产中物料的挥发量也不同。立式胶化机的物料挥发量比卧式胶化机明显减少。

随着科学技术的发展,生产设备和工艺也在不断的改进和完善,正朝着自动化、连续化生产的方向发展。

(1) 连续化生产系统(工艺)

复合固体推进剂主要有两种生产方式:间歇式混合法和连续混合浇铸法。而后者与前者相比有许多优点:

① 各种型号和尺寸的可靠发动机都必须有高质量的推进剂。在最佳的设备条件下,连续混合法比目前间歇式混合法生产的推进剂密度和燃速变化要小。

② 推进剂连续混合装置本身,由于大大减少了任一瞬间在混合区中推进剂的数量,因而比间歇式混合机安全。

③ 连续混合装置的设备、占地面积和生产费用均较低。

④ 连续混合装置,能灵活控制生成速度和推进剂成分。

⑤ 所有连续混合生产的推进剂,100%的样品可经无损检验鉴定,而间歇式混合生产的推进剂质量鉴定,只根据一个或两个小试样作无损检验。

⑥ 推进剂药浆可用泵和管道从连续混合机输送到待浇铸的发动机处,并直接入发动机内。而多批间歇式混合系统,通常要用运输罐将药浆送到浇铸场地,这样必然增加劳动量和推进剂的损耗。

⑦ 连续化生产方式由于全系统密闭式的,因而避免了间歇式各工序入料、出料时物料的挥发,从而大大减轻了环境污染,保护了作业人员的身体健康。

(2) 自动化固体推进剂装药线

1987 年 3 月,美国赫克利斯公司在犹他州马格那市附近建成了高度自动化的固体推进剂装药生产线。该厂配备有两台容量为 6 813 L 的立式混合机,4 个直径 6 m、深 17 m 的浇注—固化坑。计算机控制着每一道关键的生产工序、全厂只有 9 名技术人员和 3 名操作员,他们通过中心控制室和闭路电视控制和管理生产。每年可装制:三叉戟 II 导弹用发动机 96 台、大力神助推器 20 台和航天飞机固体助推器 12 台。由于生产的自动化,从而可使固体发动机的生产成本降低 20%～50%。

3.应用新材料

固体推进生产使用的各种原材料首先是要满足比冲和发动机性能,其次才考虑它的毒性和对环境的影响。在满足比冲和发动机性能的前提下,采用新材料、新工艺是时代的需要,是人类生存的需要。如果能采用一种比较理想的材料,就会使固体推进剂生产对环境的污染和对作业人员身体健康的影响减到最低限度。端羟基聚丁二烯(丁羟胶)的使用就是一个很明显的例子。

目前在国内除用丁羟胶作粘合剂的固体推进剂以外,其他固体推进剂的配方中,固体含量均在 85% 以上,无论是用聚硫、无规和有规丁羧胶,还是四氢呋喃与环氧丙烷的共聚物作粘合剂,几乎都用苯乙烯做稀释剂。虽然苯乙烯的加入,有延长药浆的使用期,改进药浆的流动性和流平性,对浇铸工艺有好处,但也带来某些严重缺点,如苯乙烯易挥发、气味大、有毒、污染环境、对人的健康有害。残留在推进剂内的苯乙烯量随浇铸时的真空度不同、脱气的速度和时间以及浇铸温度不同,致使推进剂的质量不易稳定,批与批之间重复性较差,因此,有必要研制新的粘合剂。

丁羟胶,以丁二烯为单体,过氧化氢作引发剂制成,合成方法简单,又不需要特别的后处理,产品质量比较稳定,杂质较少,成本比较便宜,易于大规模工业生产,与其他粘合剂相比,在分子量相近的情况下,丁羟胶粘度较小。所以,用丁羟胶作固体推进剂的粘合剂,固体含量比较高,推进剂的密度大,同时改进了丁羧胶推进剂耐老化性能差的缺点。另外,由于丁羟胶的粘度小,使药浆的流动性增加,不用苯乙烯稀释,同样不难浇铸,因此使推进剂从原料称量,到混合、浇铸、固化等各阶段,排入有害物质的量减少了 98% 以上。经过多年的研究,克服了丁羟固体推进剂的最大强度不够大,低温的最大延伸率不如常温和高温好、使用期短等缺点,丁羟胶已成为国内外固体推进剂的主要粘合剂。

在推进剂生产中采用新材料以后,减少对环境污染的另一个例子是,用水溶性表面活性剂清洗剂清洗生产器具,而不用丙酮一类有机溶剂,从而避免了丙酮类有机溶剂对作业人员和环境的危害。另外,由于丙酮类有机溶剂属于易燃易爆物质,使用时现场浓度相当高,有时达到爆炸极限,容易引起火灾等危害。用水溶性洗涤剂代替丙酮,也减少了一个不安全因素。

由以上叙述可见,减少和控制固体发动机生产对生产环境和大气环境污染的根本途径是采用新工艺、新设备和新材料,并严格执行"三同时"制度。

习　题

1.固体推进剂生产车间的气溶胶主要分哪几类?

2.固体推进剂气溶胶主要危害是什么?

3.分析对比目前固体推进剂粉尘、气溶胶污染的多种治理技术。

4.减少固体推进剂污染的根本途径是什么?

5.什么是"三同时"原则?为什么要遵守"三同时"原则?

第7章　推进剂污染检测与安全防护

第1节　安全技术导论

一、安全的意义及科学结构

安全是一个永恒的课题,它涉及到整个社会,即:国家安全、家庭安全、职业安全和个人安全。防护是对各种不安全因素所必须采取的措施、方法、技术和要求,也是对人类活动中随时可能发生危险性的预先安全保护的方法和手段。安全防护普遍存在于人类生产生活各个领域。

安全科学是研究人类生产生活过程中人与机器和环境之间的相互作用,保障人类安全健康,财产免受破坏的科学技术。安全作为一门科学,是自然科学、社会科学、系统科学等诸多领域的交叉科学。目的是揭示安全的本质,认识安全的规律,防止各类事故发生。

根据现代科学技术体系三层次结构理论,安全科学的体系结构由安全基础科学、安全技术科学和安全工程技术三大部分构成。首先发展起来的是安全工程技术,为人类生产生活提供安全技术保证,而安全基础科学和安全技术科学是安全工程技术的理论基础和客观规律的高度概况。安全工程技术的主要内容包括:安全法规、安全教育、安全技术设备、安全防护技术、安全分析技术、安全管理工程、安全系统工程等。由上述各种安全工程技术实践与理论相结合就产生了安全技术科学,主要包括安全系统学、安全经济学、安全设备学、安全数学、安全教育学等。

纵观安全科学理论的发展,可以清楚地看出它是一部研究人—技术—环境三者之间相互关系的历史,随着人类进入了信息与计算机系统科学时代,安全科学研究也从只强调"人"或"技术"或"人与技术"的框框中跳出来,开始运用安全系统工程学理论,把安全作为一个整体系统加以研究分析。安全系统工程就是应用科学和工程原理、标准及技术知识,分析、评价并控制系统中的危险因素。安全系统工程理论的应用最初只限于军事技术装备方面。最早见诸于1962年美国发表的"关于空军弹道导弹开发的安全系统工程"军事说明书,同年9月又制定了"兵器系统的安全标准133B"。这一理论的开发与应用,大大降低了事故的发生率,把安全基础理论从被动预防推向主动分析,开创了一种新兴科学方法体系,与相继出现的系统安全工程学、系统安全管理学、安全经济学、人机工程学、劳动卫生学、劳动生理学及劳动心理学等学科相结合,便构成了安全科学新的理论基础。

安全科学是研究人类活动中的危险因素,但它决不是各类安全问题简单相加的总和,而是必须作为一个体系加以综合考虑。

二、安全防护的基本任务与技术

安全防护的理论与技术是安全科学的一个主要组成部分。安全防护的目的就是充分保证人员在劳动生产和一切活动中的安全与健康,国家财产和各种设备不受损失。基本任务是发现、分析和消除生产工程中的各种危险,防止发生事故和职业病,推动生产技术顺利发展。

安全防护技术的基本内容可概况为以下 3 个方面:

① 预防工伤事故和其他各类事故的安全技术。

主要有防火防爆;化学危险品的生产、运输、贮存、使用和处理;锅炉压力容器;电气设备;建筑安全;人体防护等的安全技术。以及装置安全评价、事故数理统计、安全系统工程等。

② 预防职业性伤害的安全防护技术。

包括防尘、防毒、通风采暖、照明采光、噪声治理、振动消除、电磁辐射防护、放射性防护、现场急救等。

③ 制订和完善安全技术规范、规定、条例和标准。

作为安全技术重要组成部分的各种规范、规定、条例和标准,除在使用范围不同用语的差别外,它们所包含的内容、提出的要求和制约的能力等方面都有很大不同。但目的是一样的,即保证安全技术能正确地使用,发挥最大效益,把不安全因素降低到最低水平,排除一切人为误操作带来的损失。

从以上内容概括可以看出,安全防护与生产技术二着密切相关。安全防护是生产技术的一部分,它反映了人类利用、改造和征服自然的能力,是生产技术和现代科学技术的结晶。随着生产技术不断提高、科学技术的进一步发展,必然会对安全防护提出更高的要求。

三、化学危险品与安全防护

化学危险物质泛指可能产生燃烧、爆炸、毒害、腐蚀、灼伤、放射性等危险特性的物质,受到摩擦、撞击、震动、接触火源、日光曝晒、遇水受潮、温度变化或与其他物质接触产生化学分解、化合作用引发燃烧、爆炸、中毒、窒息、灼伤等人身伤亡事故或使财产受到损失的物质。危险性除来自物质的固有特性外,也可因两种以上化学物质接触或相互作用,使原来单独存在时无危险性的物质产生有害作用;或使原来具有一定危险性的物质因释放大量能量,生成易燃、易爆物质,以及产生新的毒性,而增强了它们原有的危险性。对于任何一种化学危险品,为了保证它们在生产、运输、贮存、使用过程中的绝对安全,国际组织、各国政府就化学危险品的分类、危险品的名称、危险品的标记或标志,危险品的生产、运输、贮存、使用和处理都提出了明确要求或严格规定,并以法律文件、标准、规范形式固定下来。

全世界现在生产的化学品约 65 000～70 000 种。1984 年美国化学文摘登记的化学物质就已超过 60 000 种。目前科学家从实验室合成的化学物质已达数万种,投入市场进行商品生产的化学物质每年约新增 1～2 千种,这些物质可按用途分成化工原料、溶剂、金属、建材、化纤、塑料、药品、农药、食品添加剂、化妆品、油漆、涂料、日用化学品等。每种化学物质由于它固有的物理、化学性质的不同,外界条件的变化,生产、运输、贮存、使用和处理中很多环节和各种因素的影响,存在着各种不安全因素,可能发生燃烧、爆炸、腐蚀、灼伤、毒害和其他伤害事故。可以说,世界上绝对安全无害的化学物质是不存在的,只有量的不同和质的差异。

火箭推进剂使用的各种燃料均属化学物质,故又称化学推进剂。化学推进剂按物理状态分成液体和固体两大类。目前,可作为液体推进剂使用的化学物质有几十种,它们分别归属于醇类、烃类、胺类、肼类、硝酸、四氧化二氮、硝酸丙酯,以及液氢、液氧、液氟等。固体推进剂使用的化学物质品种和数量较液体推进剂要多,但不超过 300 种。在固体推进剂中氧化剂用量最大,占固体药柱总量的 65％以上;粘合剂占 10％～20％;其余成分为防老剂、增塑剂、偶联剂、固化剂、稳定剂等各种添加剂。此外,固体发动机壳体包复材料、稀释剂、脱膜剂、有机溶剂和清洁剂等也多属易燃、易爆和具有明显毒性的化学物质。虽然上述物质只是为数众多的化学物质中的很小一部分,但由于作为火箭发动机的动力原料使用,具有易燃、易爆和有毒等特性,极易在生产、加工、运输、贮存、使用和处理过程发生各种危险。国际劳工局(ILO)1983 年修订版《劳动百科全书》,对航天地面活动存在的危险,提出了推进剂化学毒性、燃烧爆炸、腐蚀作用、噪声、电磁辐射、放射性、非职业疾病、工伤事故、对环境的污染和疲劳引起的人为误差等共 10 种。有些危险性虽并非推进剂产生,但它们可使推进剂的不安全因素增加,导致出现更大事故。

可以说化学危险品的各种危险性,在化学推进剂中都存在,而在化学危险品中不存在的危险因素,因火箭发射特殊的地理环境、作用要素以及使用特点,成为一种新的危险,如火箭发射空中爆炸等。

1. 化学危险品的分类

国际上多把化学危险品从安全运输角度加以分类。称为危险货物或物品。国际劳工局(ILO)、联合国危险货物运输专业委员会、欧洲议会、政府同海事协商组织(IMCO)、国际航空运输协会(IATA)、联合国洲际贸易委员会(USICC)以及每个国家政府都根据运输或使用上的安全进行了危险品分类,显然,这些组织或各国之间对危险物质分类并无统一标准。

我国政府在 1987 年 2 月 17 日由国务院发布了化学危险品安全管理条例,就化学危险品的范围和分类、生产和使用、贮存和经营、运输和装卸以及惩罚都作了详尽规定。并把化学危险品按性能、形态和发生危险所起的作用,以及危险情况分为以下 10 个大类,每类又按危险性再分成若干等级。

(1) 爆炸性物质

这些物质普遍认为是最危险的,它们不仅包括爆炸物本身,还包括一些活性极强的金属盐类。这些物质受到高热、摩擦、碰撞或其他物质激发,能在瞬间释放出大量的气体和热量,同时伴有热、光、声音和机械冲击出现。爆炸通常是由短时间剧烈化学反应所致。另外,机械能和核能的释放也可引起爆炸。在化工生产和危险品贮运中,爆炸更多地产生于可燃性粉尘、蒸气、气体与空气或其他助燃物的混合,在外来火源或激发能作用下产生,随之而来的就是火灾。

爆炸物质的分类方法很多,这里主要介绍从爆炸性混合物组分分类和运输分类 2 种分类方法。

从爆炸性混合物组分可分成 3 类:

① 可燃气体与空气形成爆炸性混合物。

② 易燃液体的蒸气、闪点低于或等于场所环境温度的可燃液体的蒸气与空气形成的爆炸性混合物;在操作温度高于可燃液体闪点的情况下,有可能泄漏时,可燃液体的蒸气与空气形成的爆炸性混合物。

③ 悬浮状可燃粉尘或可燃纤维与空气形成的爆炸性混合物。

从运输上则可分为 5 类:

① 具有整体爆炸危险的物质和物品。

② 具有抛射危险,但无整体爆炸危险的物质和物品。

③ 具有燃烧危险和较小爆炸或较小抛射危险,或两者兼有,但无整体爆炸危险的物质和

物品。

④ 无重大危险的爆炸物质和物品。

⑤ 非常不敏感的爆炸物质。

美国爆炸物质则是按爆炸物与空气混合产生爆炸时压力上升的速率快慢分为 A、B、C 三类。C 类物质为压力上升速率最快的爆炸物质,包括有铝、镁、金属粉尘、蒸气和气体类、羟类、汽油、醇及氢等。

爆炸性物质的爆炸与气体混合物的爆炸不同,主要特点为:

① 化学反应速度极快,可在万分之一秒或更短的时间内发生。

② 反应过程中能放出大量热,温度急剧上升的同时产生高压。

③ 能产生大量的气体,这些气体通常为简单物质,如一氧化碳、二氧化碳、氮、水蒸气和氧。在 3 000 ℃下,一体积硝化甘油爆炸即可生成 1 200 体积的氮、氧、二氧化碳和水蒸气等混合物气体。

（2）氧化剂

此类物质具有很强的氧化性,有的还可具有还原性。氧化剂氧化能力的强弱与氧化还原电位有关。氧化剂本身并不可燃,无可燃物质或还原剂时不会引起燃烧。氧化剂的主要危险来自于它们因受到摩擦、振动、撞击、受潮和高热、遇酸性物质、接触易燃物、有机物以及和性质有抵触的物质混存,即可产生分解,引起燃烧和爆炸。

氧化剂分无机氧化剂和有机氧化剂两类。也可按氧化性的强弱分为两级。属于一级氧化剂的无机物有:大多数碱金属和碱土金属的过氧化物和盐类,如过氧化氢、四氧化二氮、硝酸及其盐类、高锰酸盐、氯酸盐、高氯酸盐等。属于一级氧化剂的有机物为有机过氧化物或硝酸化合物,它们都含有极不稳定的氧原子,具有极强的氧化性能,从而引起燃烧或爆炸。二级氧化剂中无机氧化剂和有机氧化剂,氧化性能、分解速度、危险程度较一级氧化剂小。

氧化剂按性质,在贮存上可分为下列 4 项:

① 一级无机氧化剂。性质很不稳定,容易引起燃烧和爆炸。

② 一级有机氧化剂。既具有强烈氧化性又具易燃性,比无机氧化剂性质更复杂。

③ 二级无机氧化剂。性质较一级氧化剂稳定,危险性较低。

④ 二级有机氧化剂。性质较一级有机氧化剂稳定。

从运输安全考虑,则只分为具有强氧化性能,易分解,对热、振动或摩擦较敏感的氧化剂及组成中含有过氧基的有机氧化物两项。

（3）压缩气体和液化气体

压缩气体和液化气体的危险性,首先是因采取加压或降温的方法把自然界气体压缩,贮存于钢瓶或高压容器内所致。有些钢瓶气体压力高达 150 个大气压。因此,不慎发生意外时有很大的危险性。液化气体不只制备、贮存和保管困难,而且会产生低温烧伤、大量泄漏以及爆炸、燃烧、毒害和窒息作用等危害。推进剂使用的液氮、液氢、液氧就属于这类危险品。按性质,贮存上压缩气体和液化气体可分为下列 4 项:

① 剧毒气体。这些气体毒性极强,侵入人体能引起中毒甚至死亡。

② 易燃气体。这些气体容易燃烧,有的还有毒性。

③ 助燃气体。这些气体本身虽不燃烧,但却有助燃能力,故有扩大火灾的危险。

④ 不燃气体。这些气体性质稳定,不会引起燃烧,而且无毒,但对人有窒息性。

（4）自燃物质

此类物质危险性在于，虽未接触明火，但依靠本身的分解、氧化、放出的热量达到自燃点，即可产生燃烧。自燃物质按氧化反应速度和贮存上的危险性大小，分为两级：

① 一级自燃物质。在空气中能剧烈地氧化，反应速度极快，自燃点低，极易产生自燃且燃烧猛烈，危害性大。

② 二级自燃物质。在空气中氧化速度比较缓慢，在积热不散的条件下能产生自燃。

（5）遇水燃烧物质

遇水燃烧物质能与水发生剧烈反应，迅速分解，放出热量，产生易燃、易爆气体，引起燃烧。在潮湿空气中，与酸类或氧化剂接触也可产生燃烧。这类物质按危险程度大小和贮存要求可分为两级。

① 一级遇水燃烧物质。遇水发生剧烈反应，产生氢气或其他易燃气体引起燃烧。

② 二级遇水燃烧物质。遇水发生的化学反应较缓慢。放出的热量也较少，但产生的燃气一般遇火源时，仍可发生燃烧。

（6）易燃液体

凡在常温下以液体状态存在，极易挥发和燃烧，闪点在 45 ℃以下的物质，称为易燃液体。易燃液体由于闪点低，气化快，蒸气压力大，极易和空气混合形成爆炸性气体，因此危险性很大。在空气中浓度达到一定值时，不但火焰可引起燃烧或蒸气爆炸，而且火花、火星以及高热表面均可使其燃烧或爆炸。通常，易燃和可燃液体的沸点越低，蒸气压越高。闪点越低，发生火灾的危险性也越大。有关危险品规定，则把闪点在 45 ℃以下的列为一项，称为易燃液体；而把闪点在 46～120 ℃的液体列为第二项，称为可燃液体。国家有关"危险货物分类和品名编号"标准（GB 6944—86），把易燃液体按闭杯试验闪点高低分为 3 项：

① 低闪点液体。指闭杯试验闪点在 −18 ℃以下的液体。

② 中闪点液体。指闭杯试验闪点在 −18～23 ℃的液体。

③ 高闪点液体。指闭杯试验闪点在 23～61 ℃的液体。

（7）易燃固体

易燃固体系指燃点低、易被氧化，受热、遇火，与硫酸、氧化剂接触，能引起猛烈燃烧的固体物质。根据易燃程度、燃点高低和燃烧时剧烈状况，易燃固体可分成两级：

① 一级易燃固体。这类物质燃点低、燃烧速度快，易燃烧或发生爆炸，燃烧时放出大量有毒气体。

② 二级易燃固体。燃烧性比一级易燃固体低，燃烧速度也较慢，燃烧产物的毒性较小。危险货物分类，则把它和自燃物品与遇湿易燃物同归于一类。易燃固体的燃烧特性往往是受热后先熔化，随之蒸发气化，氧化分解，直到出现有火焰的燃烧并放出大量有毒气体。

（8）毒害物质

毒害物质包括剧毒品和毒害品。它们都具有强烈毒性，少量进入人畜机体或接触皮肤即可使局部皮肤受到刺激，机体组织受到损害，引起暂时或永久性病变，甚至死亡。

毒性物质的种类很多，分法不一。化学危险品按毒性程度、贮存要求分成 4 项：

① 无机剧毒品。毒性极大，即使少量进入人体或皮肤即可致命，如氰化钾、氰化钠、亚砷酸等。

② 有机剧毒品。毒性也很大，中毒后不易救治，如有机磷、有机锡等。

③ 无机有毒品。一般为不溶于水,致死量较高的毒品,如汞、红丹等。

④ 有机有毒品。毒性较低的有机毒品。火箭推进剂肼类、胺类燃料即多为这种类型的毒品。

工业上把一次经口摄入 5 g/kg 以下剂量,或在一昼夜内皮肤接触剂量在 1 g/kg 以下,能使 50% 以上的大白鼠死亡的化学物质称为毒物。按大白鼠口服 LD_{50} 和兔皮肤 LD_{50} 大小分为剧毒、高毒、中毒、低毒、实际无毒和基本无害 6 级。若按化工产品的用途分,则可把工业毒物分成剧毒物、农药、有机溶剂、金属及类金属、有害气体、腐蚀性化合物、家庭用化学品、高分子化合物及单体、军用毒剧和推进剂等 10 大类。

(9) 腐蚀性物质

凡是能使人体、金属或其他物质发生腐蚀的物质,称为腐蚀性物质。这些物质包括强酸和强碱等,会引起燃烧,损害皮肤、眼、黏膜组织,能破坏各种材料。它们有的易挥发,有的同水分、有机物或其他化学物质发生猛烈反应。化学危险品分类中把这类物质按性质和贮存要求分为 4 项:

① 无机酸性腐蚀品。对人体或可燃物有强烈的腐蚀性和氧化性,分解时能放出剧毒气体和引起爆炸燃烧。液体推进剂四氧化二氮和硝酸-27s 即属此项。

② 有机酸性腐蚀品。具有毒性和腐蚀性能,遇水有的能分解,并放出刺激性烟雾。

③ 碱性腐蚀品。推进剂肼类即属此项。

④ 其他腐蚀品。

(10) 放射性物质

凡是能够从原子核内部产生射线的物质,都称为放射性物质。放射性物质按物理状态可分为固体、液体、气体、粉末状和结晶状;按毒性可分为极毒、高毒、中毒、低毒;按贮运管理则可分为如下 3 类:

① 放射性同位素。即人工放射性同位素。如碳-14、钴-60、碘-131 等;

② 放射性矿砂。指含有放射性的天然矿砂,如独居石、方钍石、锆英石及铀矿等;

③ 放射性药物试剂。包括放射性化学试剂、化工制品及含有放射性元素制成的药品。

放射性物质对人体的危害主要由产生的 α 粒子、β 粒子、不带电荷的中子、x 射线和 γ 射线对人机体的照射引起。危害方式可以是外照射,也可由进入体内的放射性物质产生内照射。危害程度与受照剂量有关。作为危险品货物则指放射性比活度大于 $7.4×104$ Bq/kg 的物品。放射性物质包装按辐照强度由小到大分成一、二、三级,并使用统一的标志,用红色竖条表明不同的级别。

2. 化学危险品的主要危害

化学危险品的危害,首先由化学物质的物理、化学特性决定。外界影响是引发事故和造成危害的直接条件,所产生的危害主要表现在对人的安全和健康产生的影响;使局部环境和生态平衡遭到破坏;对生产设备和财产受到损失。化学危险品存在的主要危害有着火、爆炸、腐蚀、毒性、灼伤、窒息及粉尘等如下几种。

(1) 化学危险品的着火与爆炸

在上述几大类化学危险中,前 3 类都存在着发生火灾与爆炸的潜在因素。可燃物、助燃物和点火源是构成火灾发生的三大要素。在化工产品中,很多物质因可自行燃烧,遇水或高温下易氧化分解或发生还原反应,产生可燃、助燃或有毒气体。环境中到处都充满了空气,因此预防火灾发生,断绝明火和控制温度至关重要。火灾与爆炸本质上说是两类伤害方式不同的事故,但在多数情况下则同时发生,火灾可以导致爆炸,而爆炸发生过后往往是一片大火。通常发生的火灾与爆炸事故,除了难以预料的外界因素,如雷击、放电外,更多的则是因技术原因、思想麻痹和管理不善而造成的。在化工产品生产、贮运、使用和处理过程中,发生火灾、爆炸,造成人员伤亡和财产受损的事例可以说举不胜举。

液体推进剂易燃易爆的特性使得其贮存使用安全性更加值得关注。无论是导弹还是运载火箭的着火爆炸造成的巨大损失总令人们久久难忘。美国大力神 2 导弹(使用四氧化二氮和偏二甲肼、无水肼共 144 t)1965 年 8 月、1980 年 9 月 19 日先后发生的两次爆炸不仅使弹井皆毁,还造成两个阵地上的 54 人死亡、21 人受伤;前苏联 1960 年 10 月 24 日发生的 SS－7 洲际导弹(使用四氧化二氮和偏二甲肼)大爆炸,造成包括第一任战略火箭军司令员、国防部副部长涅杰林元帅在内的 165 人死亡。

因此,液体推进剂最大的危险是着火爆炸,防火防爆技术是液体推进剂最重要的安全技术。液体推进剂的防火防爆技术概括起来就是:预防为主,层层设防,防治结合;也就是说,必须综合治理,全面落实。具体地说,一是防止泄漏;二是泄漏后不能使其达到可燃浓度;三是防点火源;四是防止燃烧剂与氧化剂两种介质相遇;五是自动控制与安全保险;六是发生着火爆炸后尽力限制蔓延扩散。

(2)毒害作用

化学品对人、畜和生态环境的毒害作用突出表现在有毒的气体、蒸气、雾、烟尘和粉尘对人体的侵害。随着人类使用化学品范围的扩大,这种毒害也与日俱增。人体对于外界环境,可以说是一个"开放系统",通过各种渠道与外界不断进行物质与能量的交换,处于动态平衡状态。有毒的化学危险品对人体的侵害,最主要的途径是经呼吸道吸入,其次是通过接触由皮肤吸收。而食物中毒除误食性事故外,这种危害性最小。因为对于具有明显毒害作用的有毒物质和化学危险品,只要能严格按职业卫生的基本规则要求去做,就不会发生因手、食物、饮料和香烟等的污染而食物毒物。化学危险品的毒害作用,主要表现为全身效应、系统效应和对外表层组织的各种刺激与灼伤。

化学危险品对人体的毒害作用,可分为急性中毒、亚急性中毒、慢性中毒三种情况。在职业中毒中,以慢性中毒为多见。急性中毒和亚急性中毒多发生于事故中,可出现重大的伤亡。急性中毒可对人体呼吸系统、神经系统、血液系统、消化系统、循环系统、泌尿系统产生危害,并有明显症状表现出来。慢性中毒对人体的主要危害,因早期症状不明显,常被忽视,不能及时发现,但同样可出现在人体上述 6 大系统,所引起的病变是一个长时间渐进过程。

进入 20 世纪后,由于工业生产规模不断扩大,化工生产具有易燃、易爆、高温、高压、腐蚀、毒性等特点,因此一旦发生事故,后果就极其严重。如 1984 年 12 月 3 日凌晨,在印度中央邦博帕尔美国联合碳化物公司农药厂,一个地下贮库因化学反应失去控制,库内压力急剧上升,溢出了 45 t 液态异氰酸甲酯毒气,使工厂上空大气层弥漫了多达 25 t 有毒气体。事故发生当时,即有 269 人中毒死亡,几千人失去知觉。到事故发生一星期后,因异氰酸甲酯毒气死亡人数超过了 2 500 人,而中毒人数多达 125 000 人,使该市 80 万人中有 20 万人健康受到影响,5 万多人因此而失明,2 万多人住院治疗。这起农药化学单体毒害事故,还使大批牲畜和其他动物中毒死亡。这一灾难性中毒事故,成为世界化学工业史上最大的惨案。1986 年 4 月 26 日,原苏联切尔诺贝利核电站反应堆爆炸事故更是震惊全世界。由于操作上的错误,造成堆芯失水,温度急剧上升,使堆芯熔化,石墨与过热水蒸气发生化学反应,生成大量的氢气、甲烷、一氧化碳,产生巨大的爆炸燃烧,熊熊火焰高达 10 层楼,燃烧延续了一个星期。当天即有 2 人死亡,3 个月后死亡人数达到 28 人。核电站周围 30 km 以内地区被划分为危险区,电站附近放射性剂量率高达 150 R/h。放射性烟云升到 300 m 高。这次事故向大气排放了 100 万居里的放射性碘,25 万居里的铯-137。在以后的 20 年内,有 1 万人由于受放射性剂量影响而死于癌症。

（3）化学烧伤

化学危险品腐蚀性危害,主要表现在对物体的腐蚀作用,尤其是对各类金属的腐蚀。对人则是使机体组织遭到破坏,造成化学烧伤,也称化学灼伤。轻者使皮肤组织和黏膜出现刺激作用,产生各类炎症。大多数化学烧伤是因接触对人机体组织有破坏作用的腐蚀性物质引起。皮肤、眼睛和消化系统是容易烧伤的部位。化学危险品的腐蚀性大小,主要决定于这些物质酸、碱性的强弱,即由分子中遇水可电离分解的氢或氢氧基的浓度而决定的。当酸、碱溶液的 pH 低于 2.5 或高于 11.5 时,就可使皮肤产生刺激作用,引起不可逆的组织烧伤。化学烧伤的严重程度除取决于酸、碱物质的酸碱性强弱和浓度外,另一个因素即接触时间。大多数轻度化学烧伤,只引起轻度体表组织破坏和中等疼痛。严重的或大面积烧伤,对人健康的危害主要表现为：

① 严重疼痛和休克。

② 体液丢失。

③ 致伤性化学品与组织作用分解产生的毒性物质进入血液。

作为腐蚀性化学危险品对人体皮肤、呼吸系统、消化系统和眼睛等发生的化学烧伤,多由于生产、贮存、运输、使用和处理过程的不当,造成容器腐蚀、渗漏、溅出、溢出、喷出后与人体直接接触,或被人误食及大量吸入所致。在腐蚀性物质数量不大、浓度不高、接触时间不长时,往往仅造成皮肤、眼睛、呼吸道系统及消化道系统黏膜组织产生刺激性损伤或炎症。若腐蚀性物质数量很大,浓度又很高或接触时间较长,不但会产生严重的机体损伤,而且会引发火灾、爆炸事故和毒性危害。

（4）对环境的污染

化学工业是三废污染最严重的部门,从原料的生产、使用、运输、贮存到废弃物处理,都会造成环境污染。前述各种污染事例均与化工污染有关。化学物质、化学危险品或工业毒物造成的环境污染,可以是很小的局部范围,但由于它们的流动、扩散和连移作用,因而可造成大范围的危害,甚至波及全球。

3. 安全标志和安全色

危险标志通过所选用的特殊图形和图形符号,说明某种物质特有的潜在危险性,以唤起人们的警觉。而安全标志则是通过安全色和一定的图形符号来表达特定的安全信息。安全标志在我们的日常生活和工作中随处可以见到。主要放置在交通要道、厂房门口和机器上醒目的地方。

我国各类危险品的安全标志说明如表 7.1 所列,标志图如图 7.1 所示。

安全色利用颜色所给予人们心理作用和色彩所具有的功能,达到防止危害发生的指导作用,在工矿企业、交通运输、建筑行业以及仓库、剧场和其他公共场所被普遍使用。第二次世界大战期间,随着工业、交通运输业的发展,一些国家相继公布了本国的《安全色》和《安全标志》

的国家标准。国际标准化组织于 1952 年设立了"安全色技术委员会"。1964 年和 1967 年先后公布了《安全色标准》和《安全标志的符号尺寸和图形标准》。我国 1982 年颁布了《安全色》和《安全标志》两个国家标准(GB 2893—1982 和 GB 2894—1982),1986 年又颁布了《安全色使用守则》(GB 6527.2—1986),明确规定了这些标准、条例的使用范围、使用方法以及所起的作用。

表 7.1　各类危险品包装标志说明

序　号	标准名称	使用说明
1	爆炸品	用于受到高热、摩擦、冲击或与其他物质接触后,即发生剧烈反应,产生大量的气体和热量,而引起爆炸的货物
2	易燃气体	用于本身易燃烧并因冲击、受热而产生气体膨胀,有引起爆炸和燃烧危险的气体
3	不燃压缩气体	用于因冲击、受热而产生气体膨胀,有引起爆炸危险的压缩气体
4	有毒气体	用于因冲击、受热而产生气体膨胀、有引起爆炸、中毒危险的气体
5	易燃液体	用于燃烧点较低,即使不与明火接触,经受热、冲击或与氧化剂接触时,能引起急剧的、连续性的燃烧或爆炸的液体
6	易燃固体	用于燃烧点较低,即使不与明火接触,经受热、冲击或摩擦以及与氧化剂接触时,能引起急剧的、连续性的燃烧或爆炸的物品
7	自燃物品	用于即使不与明火接触,在适当的温度下,也能发生氧化作用,放出热量,因积热达到自燃点而引起燃烧的货物
8	遇湿危险	用于遇水受潮能分解,产生可燃烧有毒气体,放出热量,引起燃烧或爆炸的货物
9	氧化剂	用于具有强烈的氧化性能,当遇酸、受潮湿、高热、摩擦、冲击或与易燃有机物和还原剂接触时,即能分解。引起燃烧或爆炸的货物
10	有机过氧化物	用于分子组成中含有过氧基的有机物.本身易燃、易爆,极易分解,对热、震动、摩擦极为敏感
11	有毒品	用于具有较强毒性,以少量接触皮肤或侵入人体内,即能引起局部刺激、中毒,甚至能造成死亡的货物
12	剧毒品	用于具有强烈毒害性,以及少量接触皮肤或侵入人、畜体内,即能引起中毒造成死亡的货物
13	有害品	用于必须远离食品的毒害性货物(包括上下垂直空间),水平间隔距离至少 3 m
14	感染性物品	用于含有致病微生物的物品,误吞咽、吸入或与皮肤接触会损害人的健康
15	放射性物品	用于能自发地、不断地放出人眼看不见的 α、β、γ 等射线的货物
16	腐蚀性物品	用于具有较强腐蚀性,接触人体或其他物品后,即产生腐蚀作用,出现破坏现象,甚至引起燃烧、爆炸、造成伤亡的货物

我国的安全色规定为红黄蓝绿四种,红色代表禁止,蓝色代表指令,黄色代表警告,绿色代表提示。

图 7.1　安全标志图示

第 2 节　　推进剂安全防护原则及安全管理

火箭推进剂是火箭发动机的动力来源,火箭推进剂按物理形态,可分为液体和固体两大类,它们均是化学物质,故又称化学推进剂。火箭推进剂所使用的物质必须是可直接作为燃料使用的燃烧剂和具有助燃性质的氧化剂,或同时兼有氧化剂和燃烧剂两种性质的单一化合物,如过氧化氢、无水肼、硝酸异丙酯等。显然,这些物质多数属于化学危险品中的爆炸性物质、氧化剂、液化气体、易燃液体、易燃固体、毒害性和腐蚀性物质,具有易燃、易爆、腐蚀、毒害作用,能引起窒息和低温冻伤。大量液体推进剂的泄漏,固体推进剂生产性粉尘和溶剂的蒸气以及液化气体急骤外排,一旦遇到火源即引起燃烧爆炸事故。各种火箭推进剂的废液、废水、废气,火箭推进剂的燃气成分等,可以造成环境污染、人员中毒、动植物受损害。因此,火箭推进剂的安全防护和应急事故的处理非常重要,是保证火箭和导弹成功发射、人员安全、使环境不受污染的先决条件。

化学推进剂的主要危害作用有着火与爆炸、毒害作用、腐蚀性危害、窒息作用、环境污染等。对于液体推进剂,潜在的危险主要表现在火箭推进剂的生产、贮存、运输、加注、使用等一系列过程中。固体推进剂则主要在工厂的生产、合成、制造过程中。而低温冻伤则是不可贮液化气体推进剂独有的。噪声和辐射性危害,虽不是由推进剂直接产生,但在推进剂加注,火箭的控制、操纵和发射过程中所使用的设备会不可避免地产生。

一、安全防护原则

火箭推进剂的安全防护,必须从化学危险品的危险性质加以考虑。这些危险性质可从化学组成、结构形式、存在状态、可燃程度、沸点高低、腐蚀性强弱、毒性等级、对各种因素的敏感程度、燃烧爆炸极限、化学稳定性等以及它们的特殊使用条件来考虑。

火箭推进剂的安全防护,必须贯彻安全第一,预防为主的方针。防止着火爆炸,防止人员中毒,防止环境污染。应坚持的原则有:

- 安全第一,预防为主的原则;
- 安全检查和监测原则;
- 制定各项卫生标准的原则;
- 安全防护技术与安全措施相结合的原则;
- 紧急救护与卫生保健原则;
- 污染治理原则;
- 人员管理与教育原则。

火箭推进剂的安全防护,必须突出以下几点:

① 必须贯彻预防为主的原则。

预防为主,突出了人的作用和所处的支配地位,使人类在同大自然斗争和发展生产过程中,处于主动预防各种不测事故的客观分析、主观努力、严密监测、健全规章制度和有效防范措施的安全防护体系中,真正做到万无一失。周恩来总理对发展我国尖端武器国防科学试验提出的:"严肃认真、周到细致、稳妥可靠、万无一失"的 16 字方针,对火箭推进剂的安全防护突出预防为主的思想,是最完整的高度概括。

② 必须严格执行国家标准和有关规定。

国家对各类化学物质的化工产品质量;加工包装;危险性和毒性分级;防火、防爆、防毒;安全运输;贮存使用均制订了严格的国家标准。作好火箭推进剂安全防护就必须严格按国家标准或有关规定执行。对国家有关化工安全工作的法律文件、各种技术规程同样必须了解。

③ 必须制定火箭推进剂安全防护的具体要求和明确规定。

作为火箭推进剂使用的每种具体物质的各种危险性分析、毒性防护、对环境的污染,应根据火箭推进剂特殊的要求,在使用条件下可能产生的危害提出具体要求、明确规定和有力措施。

④ 必须不断总结经验,把火箭推进剂安全防护工作提高到新水平。

必须认真做好每个环节的安全防护工作。从安全技术、安全管理、安全教育、劳动卫生学、劳动生理学以及医学防护等方面,运用安全系统工程学的原理和方法对各种不安全因素进行系统的定性和定量分析、评价和预测,使推进剂的安全防护达到新的水平。

推进剂安全管理主要有以下几方面:人员的学习与培训;装卸与运输;贮存保管;加注与使用;污染物处理。

二、火箭推进剂的安全要求

1. 火箭推进剂的安全要求

火箭推进剂的性能要求与安全要求从根本上来说是一致的,有时又是互相矛盾的。只有安全使用性能好,才能保证发挥正常作用。火箭推进剂的能量要求和燃烧性能,决定了组成必然是可燃物质和具有极强助燃性质的氧化剂。这些物质均属化学危险品,具有着火、爆炸、氧化、腐蚀作用,并具有不同程度的毒害作用。因此,对生产、加工、贮存、运输、使用、处理各个环节都要提出安全要求。

对已选定的推进剂的安全性能要求有:

① 化学稳定性要好。

能长期贮存,不变质,不易发生爆炸。

② 毒性要低。

要求推进剂原料本身毒性要低,并要求它们的燃烧产物毒性也应很小。毒性小除对人的健康影响小外,在意外事件中对环境的污染也小。

③ 对机械冲击、火花、光、热和其他辐射敏感性要小。

推进剂对这些方面的敏感性愈小,则在发生意外碰撞、振动、摩擦,遇到外来激发能产生的各种火花以及温度变化很大的特殊情况下,发生爆炸着火的危险性就小。

④ 燃速能够控制。

火箭推进剂在具有良好的燃烧性能的同时,燃烧速度必须能按要求随意加以控制。对于液体、固体和液固混合三类推进剂来说,液体推进剂燃速最容易控制,固体最难。只有推进剂燃烧时燃烧速度恒定或控制在一定燃速范围,才能保证推进剂燃烧产生有效的推力,而又不会发生爆炸或着火事故。当前燃速范围多控制在 $1.2\sim50$ mm/s。

⑤ 对材料的腐蚀性要小。

无论哪一种推进剂,腐蚀性越小,则可供选择用于生产、运输、贮存使用的容器材料就愈多。在长期贮存过程中,才不会产生推进剂与容器的相互作用,造成推进剂变质或发生渗漏与跑冒。

⑥ 对液体火箭推进剂,要求粘度要小,蒸气压要低,沸点要高。

粘度小有利于输送。一般液体沸点越低,闪点和燃点也低,发生着火爆炸的危险性就增加。

⑦ 对固体火箭推进剂,则要求要有良好的力学性能和加工性能,有利于制造成型,而不会发生意外起火或爆炸。

⑧ 贮存稳定性好。

良好的贮存稳定性,首先取决于火箭推进剂固有的物理化学性质。要能够达到长期贮存,要求推进剂对环境温度、压力、光和热、机械碰撞、相互摩擦的敏感度要小,这样可大大延长使用寿命。对于液体推进剂,贮存期最小要有 3～5 年。固体火箭推进贮存稳定期更长,目前已达 15～20 年。

2. 液体推进剂的安全性能

液体火箭推进剂的安全性能主要指它的着火与爆炸危险性、化学稳定性、对各种材料的腐蚀作用、贮存性能、化学毒性和对环境的污染等。危害程度取决于每种推进剂的物理化学性质、用量、外界环境和使用条件。

液体推进剂着火与爆炸危险性理化评价指标有:

(1) 闪燃与闪点

可燃液体的蒸气与空气混合物,遇火源发生闪火现象叫闪燃。发生闪燃的最低温度叫闪点,闪点与浓度有关。如乙醇含量为 100％时,闪点为 9 ℃;含量为 80％时,闪点升至 19 ℃;含量是 5％时,闪点为 62 ℃;当浓度降到 3％以下时,则不会出现闪燃。

(2) 着火与燃点

闪燃引起的燃烧持续 5 s 以上,称为着火。发生着火的最低温度称为燃点,也称着火点或着火温度。对于易燃液体,闪点与燃点仅相差 1～5 ℃,对于可燃液体,燃点比闪点可高出 5～20 ℃。

(3) 爆炸极限

爆炸极限指可燃气体或可燃蒸气与空气的混合物,在激发能作用下能使火焰迅速蔓延的最低浓度和最高浓度,分别称为爆炸浓度下限和上限。爆炸极限浓度可用可燃蒸气在混合物中所占的体积百分数[％(V/V)]表示,也可用单位体积含量 mg/m³ 或 mg/L 表示,还可用温度值表示。两种表示方法实质一样。爆炸极限不是一个物理常数,受多种因素的影响,如温度,原始压力,燃料中所含惰性气体保护介质的多少,杂质含量,充装容器的大小与材质,激发能量的高低以及光照辐射的强弱等。爆炸极限是衡量可燃气体和溶液发生爆炸危险最重要的指标。爆炸极限越宽,即下限越低,上限越高,发生爆炸的危险性也越大。

(4) 自燃点

自燃点或自燃温度指物质在没有外部火花或火焰的条件下,能自动引燃和继续燃烧的最低温度。显然,自燃温度越低,自燃的危险性也就越大。无论固体燃料,还是液体、气体燃料都有自燃点。液体燃料的自燃点除受温度、压力、容器大小等因素影响外,还与液体的分子量、分子结构和粘度有关。

(5) 比　重

比重指同体积的液体和水的重量比。液体蒸气比重则同气体比重一样,是物质的摩尔数与空气摩尔数(M 取 29)之比,一般比空气重。易燃和可燃液体的比重都<1,比重越小,蒸发

越易,发生着火爆炸的危险程度也越大。比重<1 的可燃物着火,灭火剂不用水,而多用不燃气体或泡沫灭火剂。

（6）沸　点

沸点是指液体沸腾时的温度。一般沸点越低,蒸发越大,发生燃烧爆炸的危险性也大。

（7）饱和蒸气压

饱和蒸气压力指在一定温度下,液体与蒸气处于动态平衡的状态下,蒸气所具有的压力,简称蒸气压,以帕(Pa)表示。液体的饱和蒸气压是温度的函数。饱和蒸气压越大,发生爆炸着火的危险性也随之增加。

（8）受热膨胀性

液体受热膨胀,导致蒸气压增高,密闭贮存燃料发生爆炸的危险性也增加。

（9）流动扩散性

液体的流动扩散性主要取决于粘度。粘度越小,越易流动扩散,因而造成火灾的危险性也越大。

（10）机械敏感性

机械敏感性主要指对冲击、振动、摩擦、枪击、压缩等机械作用的敏感程度。敏感程度越低,危险性也就越小。

（11）带电性

液体燃料的带电性,可来自物质本身的化学结构,也可由液体在管道内流动、灌注、运输喷溅时因摩擦而产生静电积聚,因而带来发生着火、爆炸的危险性。

（12）分子量

液体分子量大小与发生着火、爆炸危险性的评定要从两方面考虑:对于同一类型的有机物,分子量越小,越易蒸发,闪点、沸点越低,发生着火、爆炸的危险性越大。分子量大的液体,一般发热量也高,蓄热条件好,自燃点低,受热易自燃。表 7.2 给出了几种醇类分子量与沸点、闪点、自燃点和热值的关系。

表 7.2　几种醇分子量与沸点、闪点、自燃点、热值的关系

物　质	分子式	分子量	沸　点/℃	闪　点/℃	自燃点/℃	热　值/(kJ/kg)
甲醇	CH_3OH	32	64.7	7	455	23 860
乙醇	C_2H_5OH	46	78.4	11	414	30 983
丙醇	C_3H_7OH	60	97.8	23.5	404	34 874
丁醇	C_4H_9OH	74	118.0	36	345	37 664
戊醇	$C_5H_{11}OH$	88	137.0	46.5	305	46 505

（13）分子结构

不饱和有机化合物比饱和有机化合物的火灾危险性大。同一物质,异构体比正构体闪点低,自燃点高。在烃的含氟衍生物中醚、醛、酮、酯、醇、羧酸的火灾危险依次降低。

（14）与水的相溶性

与水相溶性差的液体燃料,由于比重<1,浮于水面,因而蒸发与空气形成易爆炸的混合。因此,在处理有机废水时,必须加以注意。

第3节　液体推进剂污染检测与安全防护

一、液体推进剂污染监测

液体推进剂大多数属于化学危险品,其危害主要由其物理化学性质决定的。所产生的危害主要表现在对人的安全和健康产生的影响、对环境和生态的破坏以及装备安全的损害等。为了及时掌握推进剂对水体和大气的污染状况,应加强对作业场所液体推进剂污染物浓度的监测,这对于保证火箭发射顺利进行、控制环境污染、防止事故发生、保障人员健康和安全均具有十分重要的意义。

在火箭推进剂各项作业过程中,由于跑、冒、滴、漏,及突发事故等,不可避免地会对大气、水体、土壤和植被等环境介质造成污染。推进剂废水中各污染物的监测分析方法主要依据航天推进剂水污染排放与分析方法标准 GB14374—93 和 GB/T14375—14378—93 执行。具体内容参见本书第 2 章的表 2.10 和表 2.11。

推进剂气体检测方法有多种,包括化学分析法、仪器分析法、检测管法和检测仪法等。化学和仪器分析方法均需要采样,然后再测定,其过程烦琐,不适合现场快速监测。气体检测管具有检测快速、携带方便、成本低廉的优点,因而在国际上广为应用。检测仪法能对推进剂作业场所推进剂毒气浓度进行实时在线监测报警,具有优良的稳定性和准确性。推进剂毒气监测报警仪主要有电化学式、半导体式、化学发光式、光离子化检测、CO_2 激光光声式、光纤式、生物传感式等。电化学监测仪因为技术比较成熟,应用最多。

1. 推进剂污水和废气的成份

(1) 推进剂污水的成分

推进剂污水的成分比较复杂,除了含有推进剂本身的组分原形外,还含有各种推进剂组分的降解产物和某些燃烧产物。例如,偏二甲肼推进剂污水中,除了偏二甲肼本身外,还含有偏腙、甲醛、氰化物和亚硝胺类化合物等 15 种成分。

推进剂污水中的某些推进剂组分原形及其某些降解产物,具有不同程度毒性和危害作用,可对水体产生污染,对人体健康造成危害。因此,对推进剂污水处理前后的成分,必须进行定量监测,确定其是否达到排放标准。同时,对推进剂生产工厂、火箭发动机试车站和导弹、卫星发射场附近的地面水和地下水,定期或不定期的进行推进剂及其某些降解产物浓度的监测,积累资料,弄清污染规律,是非常必要的。

(2) 推进剂废气的成分

推进剂的废气的来源有:推进剂及其废液中易挥发组分的挥发,固体推进剂加工过程中产生的粉尘和气溶胶,推进剂贮存库和加注泵间的排风,推进剂爆炸事故、严重泄漏事故和火灾,推进剂燃烧时产生的燃气等。

推进剂废气的成分比较复杂,除了推进剂本身原形、粉尘、气溶胶以外,还有推进剂的燃气。推进剂燃气的成分有数十种之多,且不同推进剂的燃气的成分也不相同。推进剂燃气的主要成分有:CO_2、CO、H_2、H_2O、N_2、HCl、Al_2O_3、NO_x、HF、SO_2、BeO、B_2O_3 和 HCN 等。

(3) 推进剂污水和废气浓度的表示方法

推进剂污水浓度一般用 mg/L,mg/Kg 表示。

推进剂废气浓度以 mg/m³ 或 mg/Kg 表示。有些书籍还在沿用传统的 ppm 的表示方法，mg/m³ 与 ppm 两种浓度表示方法在 25℃标准状态下的换算公式如下

$$1 \ mg/m^3 = (M/24.45) \cdot ppm$$

式中，M——被测物的分子量。

2．推进剂污染监测项目和监测方法的选择

（1）监测项目的选择

推进剂污染监测项目应根据推进剂组分的用量大小、使用频度、毒性高低和对环境污染的严重程度来选择，应选择那些毒性高、使用量大、使用频度高、对环境的污染相对比较严重的推进剂组分、降解产物和燃气成分作为监测的主要项目。

本章选择肼类、胺类液体推进剂及其某些降解产物等，作为推进剂污水的主要监测项目；选择肼类推进剂、氮氧化物及其燃烧产物等，作为推进剂废气污染的主要监测项目。

（2）监测方法的选择

选用推进剂污染监测方法，需考虑以下几点。

① 灵敏度高。被推进剂污染的水体和空气中，推进剂组分及其降解、燃烧产物的浓度往往很低。因此，要求监测方法具有足够高的灵敏度。一般要求监测方法的检测极限至少应小于污染物最高容许浓度的 1/3，力求小于污染物最高容许浓度的 1/10。当被监测物质浓度低于监测方法的检测极限的 3 倍时，可采用适当方法进行富集，然后进行测定。

② 选择性要好。推进剂污水和废气的成分比较复杂，要求选用的监测方法具有足够好的选择性，以增强方法的抗干扰能力，最大限度的消除干扰的影响。也可以采用掩蔽或预分离的方法消除干扰。

③ 稳定性要好。稳定性好的方法，才能保证监测结果具有良好的重现性和较高的准确度。

④ 操作简单快速。在执行火箭发动机试车和航天器发射任务时，要及时检查加注设备和火箭燃料贮箱是否泄漏推进剂，就要求监测方法简单快速，即时报出监测结果，立即做出判断。操作简单快速易于掌握，便于推广应用。

3．推进剂污染监测的质量控制

推进剂污染监测的质量控制的目的是把监测分析误差控制在容许限度内，以保证测定结果具有良好的精密度和准确度。

（1）进行空白试验

以不被推进剂污染的水代替实际样品，完全按照实际试样的分析程序操作后，所测得的浓度值，称为全程序空白试验值。全程序空白试验值的大小和分散程度，对于监测结果的精密度和监测方法的检出限都有很大影响，并在一定程度上反映了一个监测实验室和分析人员的水平。

在常规监测分析中，每次测定两份全程序空白试验平行样，结果的相对偏差一般不大于50％，取其平均值作为同批试样测定结果的空白校正值。

（2）绘制校准曲线

凡应用校准曲线的监测分析方法，均在测得样品信号后，从校准曲线上查得被测物质的含量。因此，绘制准确的校准曲线是保证样品分析结果准确度的重要的质量控制措施之一。校准曲线还确定了方法的适用范围。

校准曲线的斜率常随环境温度、试剂批号和保存时间等实验条件的改变而变化。因此,最好是在测定试样的同时,绘制校准曲线。

（3）实施平行双样

进行平行双样测定,有助于减小随机误差（亦称偶然误差）,是对测定进行最低限度的精密度检查。原则上,试样均应作平行双样测定。当一批试样数量较多时,可随机抽取 10%～20% 的试样进行平行样测定;当同批试样数较少时,应适当增大测定率,每批中平行双样以不少于 5 个为宜。

平行双样测定结果的相对偏差不应大于校准方法或同一方法所列相对标准偏差的 2.83 倍。

（4）采用加标回收

采用加标回收在一定程度上能反应测定结果的准确度。当加标回收率超出所要求的范围时,可肯定测定的准确度有问题。

加标回收的作法是:在分取样品的同时,另取一份样品,加入适量标准,然后按程序操作,测定标准的回收率。加的标样一般为试样的 0.5～2 倍,且加标样后的总含量不应超过测定上限;标样的浓度应当较高,加标样的体积一般以不超过原始样体积的 1% 为宜。

（5）使用标准参考物

使用标准参考物可以发现和尽量减少可能存在的系统误差。对于直接定量法的仪器,为控制其测量的准确度,常采用标准参考物对仪器进行标定。

在进行试样分析的同时,用相近浓度的标准参考物,在确知二者的基体效应没有或只有很少差异时,根据标准物质的实测值与保证值的符合程度,能够确定试样分析结果的准确度。

（6）进行方法对照

用标准方法可检验所用方法的准确度。在一些重要的分析中,常采用方法对照。由于用不同方法对同一试样进行分析,可有效地发现系统误差,所以用方法对照来检查分析结果的准确度,比使用加标回收或应用标准参考物对照分析更好。

4. 水体中肼类污染物的监测

下面主要针对偏二甲肼及其降解中间产物的监测方法进行讲述。

推进剂肼类废水中各污染物的监测分析方法主要依据航天推进剂水污染排放与分析方法标准 GB14374—93、GB/T14375—14378—93 和 GB/T 15507—1995 执行。具体如下:

GB14374—93　航天推进剂水污染物排放标准

GB/T14375—93　水质　一甲基肼的测定　对二甲氨基苯甲醛分光光度法

GB/T14376—93　水质　偏二甲基肼的测定　氨基亚铁氰化纳分光光度法

GB/T14377—93　水质　三乙胺的测定　溴酚蓝分光光度法

GB/T14378—93　水质　二乙烯三胺的测定　水杨酚分光光度法

GB/T 15507—1995 水质中肼的测定对二甲氨基苯甲醛分光光度法

（1）分光光度法测偏二甲肼

① 原理。微量的偏二甲肼与氨基亚铁氰化钠在弱酸性水溶液中生成红色络合物,在测定范围内,颜色的深度和偏二甲肼的含量成正比。此方法用分光光度计在 500 nm 处测定,偏二甲肼的检测范围为 0.01～1.0 mg/L。偏二甲肼含量大于 1.0 mg/L 时,可稀释后按此方法进行。

② 试剂。

● 12 mol/L 硫酸溶液:在 100 mL 容量瓶中,加入蒸馏水 50 mL,小心加入浓硫酸

(1.84 g/mL)33.3 mL,用水稀释至标线,摇匀。

● 氨基亚铁氰化钠(TPF)($Na_3[Fe(CN)_5NH_3 \cdot 3H_2O]$):称取亚硝基铁氰化钠 45 g 于 250 mL 锥形瓶中,缓慢加入氨水 140.0 mL,边加边摇至全部溶解。将此瓶放入 0℃左右的冰箱中过夜,加入甲醇 250 mL,即析出黄色晶体,将结晶滤出、抽干,再用甲醇洗一次。所得结晶放入装有氯化钙的棕色真空干燥器中,干燥 4～6 h。干燥后的氨基亚铁氰化钠装入棕色细口瓶中,于暗处保存,备用。

● TPF 显色剂:在 100 mL 棕色容量瓶中,用蒸馏水溶解 0.15 g TPF,并稀释至标线。

● pH=4.8 柠檬酸-磷酸氢二钠缓冲溶液:称取柠檬酸 13.138 g 和磷酸氢二钠 48.868 g,用 150 mL 煮沸过的蒸馏水将其溶解,并移入 250 mL 容量瓶中,用煮沸过的水稀释至标线。

● 偏二甲肼标准贮备液的配制:在 50 mL 容量瓶中加入蒸馏水 25 mL 及 12 mol/L 硫酸 5 mL,摇匀。用微量注射器取 65 μL 偏二甲肼,仔细注入容量瓶中,以增量法称取 0.050 0 g 偏二甲肼。轻轻摇动容量瓶,使偏二甲肼充分溶解 20 min 后,用蒸馏水稀释至刻度。常温下可保存两周。此溶液偏二甲肼含量为了 1 g/L。

● 偏二甲肼工作液的配制:在 1 000 mL 容量瓶中,加入偏二甲肼标准贮备液 1.0 mL 并用蒸馏水稀释至刻度。此溶液偏二甲肼含量为 1 μg/mL,常温下可保存一周。

③ 测试步骤。

● 标准曲线绘制。取 6 只 50 mL 具塞刻度管,分别加入 1μ g/mL 偏二甲肼溶液 0.00、2.00、5.00、7.00、10.00、13.00 mL。然后分别向各管加入蒸馏水至 25 mL,加 pH=4.8 柠檬酸-磷酸氢二钠缓冲溶液 1 mL 及 0.15%TPF 显色剂 1 mL。

将比色管放入 30℃恒温水浴中,放置 1 h。在分光光度计 500 nm 处用 5 cm 比色皿测定吸光度,以水作参比。根据测定的吸光度及相应的偏二甲肼含量绘制标准工作曲线。

作出标准曲线后,对于不同浓度的偏二甲肼废水溶液采用此方法分析偏二甲肼浓度。当水样浓度在允许范围之内时,可以直接测定;当偏二甲肼的浓度不在允许范围之内时,可以将水样稀释到允许范围之内再进行测定。

● 水样的测定。水样浑浊时,用离心机离心后,取适量上层清液于具塞刻度管中,用蒸馏水稀释至 25 mL,然后按标准曲线绘制步骤进行测定。根据测定的吸光度,算出偏二甲肼含量。

(2) 乙酰丙酮法测甲醛含量

原理。在过量铵盐存在下,甲醛与乙酰丙酮生成黄色化合物,该有色化合物在波长 414 nm 处有最大吸收。显色物质在 3 h 内,吸光度基本不变。本方法的检测下限为 0.05 mg/L 甲醛,检测上限为 3.20 mg/L 甲醛。

(3) 吡啶-巴比妥酸光度法测氰根离子

原理。在中性条件下,氰根离子 CN^- 和氯胺 T 反应生成氯化氰,氯化氰与吡啶反应生成戊烯二醛(Glutacomdialdehydel),戊烯二醛与两个巴比妥酸分子缩合生成红紫色染料。该方法的最低检测浓度为 0.002 mg/L,检测上限为 0.45 mg/L(1 cm 比色皿)。氰根离子含量大于 0.45 mg/L 时,可稀释后按此方法进行。

(4) 化学需氧量(COD)的测定

化学需氧量(COD)是非常重要的一项综合水质污染指标,COD 的降低也是衡量偏二甲肼的降解的一项重要指标。此处的 COD 的测定采用重铬酸钾法。

① 原理。在强酸性溶液中,准确加入过量的重铬酸钾标准溶液,加热回流,将水样中还原性物质氧化,过量的重铬酸钾以试亚铁灵作指示剂,用硫酸亚铁铵标准溶液回滴,根据所消耗的硫酸亚铁铵标准溶液量计算水样化学需氧量。

② 试剂及仪器。重铬酸钾标准溶液;试亚铁灵指示剂;硫酸亚铁铵标准溶液;硫酸-硫酸银溶液,500 mL 全玻璃回流装置;加热装置;滴定管、锥形瓶、移液管、容量瓶等。

③ 测定步骤。

● 标定硫酸亚铁铵标准溶液。取 10.00 mL 重铬酸钾标准溶液置于锥形瓶中,加水稀释至 110 mL 左右,缓慢加入 30 mL 浓硫酸,混匀。冷却后,加入 3 滴试亚铁灵指示液,用硫酸亚铁铵溶液滴定,溶液的颜色由黄色经蓝绿色至红褐色即为终点。按下式计算硫酸亚铁铵溶液浓度:

$$C = \frac{0.2500 \times 10}{V}$$

式中,C——硫酸亚铁铵标准溶液的浓度,mol/L;

　　V——硫酸亚铁铵标准溶液的用量,mL。

● 被测水样回流。取水样 20.00 mL 置于磨口锥形瓶中,准确加入 10.00 mL 重铬酸钾标准溶液及数粒沸石,连接磨口回流冷凝管,从冷凝管上口慢慢加入 30 mL 硫酸-硫酸银溶液,轻摇锥形瓶使溶液混均,加热回流 2 h(自沸腾开始计时)。

● 冷却,滴定。回流结束后,用 90 mL 水冲洗冷凝管壁,取下锥形瓶冷却后,加 3 滴试亚铁灵指示剂,用硫酸亚铁铵标准溶液滴定,溶液颜色呈红褐色时即为终点,记录硫酸亚铁铵标准溶液用量。

● 空白试验。测定水样的同时,以 20.00 mL 重蒸馏水按同样操作步骤作空白试验,并记录滴定所用硫酸亚铁铵标准溶液用量。

● 计算 COD_{Cr} 值。

$$COD_{Cr}(O_2, mg/L) = \frac{(V_0 - V_1) \times C \times 8 \times 1000}{V}$$

式中,C——硫酸亚铁铵标准溶液的浓度,mol/L;

　　V_0——滴定空白时硫酸亚铁按标准溶液用量,mL;

　　V_1——滴定水样时硫酸亚铁铵标准溶液的用量,mL;

　　V——水样的体积,mL;

　　8——氧(1/2O)摩尔质量,g/mol。

5. 肼类推进剂气体污染物监测

(1) 经典的化学分析法

化学分析是一门既古老而又年轻的学科,它的精度高,适用于火箭推进剂的质量分析。肼类的化学分析法主要是利用它们的强还原性。

① 气量法。气量法原理的化学反应为

$$N_2H_2 + KIO_3 + 2HCl \rightarrow KCl + ICl + N_2 \uparrow + 3H_2O$$

通过测量生成 N_2 的量即可换算出肼的含量。

② 铜试剂法。微量(1~5 mg)的肼与已知过量的 Cu(Ⅲ)试剂反应完全后,再用碘溶液进

行反滴定,由两者的差值,即可得知肼的浓度。该滴定法无论在沸水中还是在常温下均可进行,且简单、快捷,误差小于 0.5%。

③ 乙酰化法。肼、甲基肼可以与乙酸酐发生反应,偏二甲肼与乙酸酐的反应很慢,在室温下可以忽略。我国总后勤部防疫大队化学计量所等利用这一原理检测肼/偏二甲肼或甲基肼/偏二甲肼混合物。其具体操作过程为:先用高氯酸测出混合物的总量;再在等量的混合物中加入适量乙酸酐,使之与肼或甲基肼反应,再用高氯酸进行电位滴定,指示剂为喹哪啶红,从而得到偏二甲肼的量,两者差值即为肼或甲基肼的量。

④ 比色法。本方法常用 pH 为 5.6 的柠檬酸-磷酸氢二钠缓冲溶液吸收空气中的肼类推进剂蒸气,再与氨基亚铁氰化钠缩合成棕色的物质,其颜色深浅与肼类物质浓度成正比,用光电比色法可得出肼类的浓度。另外,将肼类推进剂吸收之后,与磷钼磷作用生成钼蓝,或与对-二甲氨基苯甲醛在酸性条件下络合成橙色的吖嗪化合物,同样用比色的方法也可测得其浓度。

(2) 气体传感器法

气体传感器按照原理可分为以下 3 类:

● 化学性质的气体传感器,如半导体式、催化燃烧式、电导式、化学发光式、光纤式等;

● 物理性质的气体传感器,如光电离式、热导式、CO_2 激光光声式、光干涉式、非散射红外吸收式等;

● 用化学或生化性质的气体传感器,如以电化学反应为基础的电化学传感器和利用生化性质的生物传感器。

据报道,用于肼类推进剂气体检测的传感器技术,目前主要有电化学式、半导体式、化学发光式、光电离式、CO_2 激光光声式、光纤式和生物传感器等几种。这些气体传感器的使用,使监控和检测各种有毒有害气体,尤其是肼类推进剂的现场连续监测,有了较大改进和提高。

① 电化学传感器法。根据被测气体的电化学特性,电化学式气体传感元件的检测原理大致可分为控制电位电解式、伽伐尼电池式、离子电极式和电量式等几种。通常用于肼类推进剂气体检测的多为控制电位电解型气体传感元件。控制电位电解型气体传感元件是利用相对于参考电极的工作电极的电位恒定来进行电解的,测量此时的电解电流就能检测到气体浓度。

美国在 20 世纪 70 年代末即开始研究用于检漏的肼类电化学气体传感器。NASA 和海军曾委托 ESI 公司生产适合三肼的电化学传感式仪器,ESI 公司研制的改进型 7660S/N BAFB -1 电化学传感器,采用碱性水溶液电解质,敏感电极为金电极,量程为 $0\sim2\times10^{-6}$ 和 $0\sim2\times10^{-5}$(V/V),仪器灵敏度较好,但响应时间较长,累积工作时间不能超过 50 h。由于采用碱性水溶液电解质存在漏液、寿命短等问题,美国 ESI 公司继续改进传感器,用碱胶作电解液;进入 20 世纪 90 年代后,采用固体电解质的电化学传感器的研究取得了较大进展,其中以固体高聚物电解质(SPE)传感器的研究最为活跃。这类传感器通常以聚四氟磺酸盐阳离子交换膜(Du Pont 公司注册商标为 Nafion 膜,是四氟乙烯和磺酰氟化乙醚的共聚物)等导电聚合物薄膜作为支持电解质的传感器,测量肼类气体浓度可至 1×10^{-10},传感器在氨、胺和水蒸气存在的条件下对肼类推进剂有良好的选择性,可在干燥、阴凉环境下贮存数年,使用寿命比以往采用水溶液电解质的传感器长。

国内部分研究单位在 20 世纪 90 年代以后也开展了肼类电化学气体传感器的研究工作。其中,利用库仑滴定原理研制的肼类推进剂及硝基氧化剂浓度 CTJ-1 型监测仪,以铂丝作为阳极,铂网作为阴极,活性炭作为参考极,KI 缓冲溶液作为电解质。通过测量参考极电流大小求得待测气体浓度,仪器检测精度为13.1%。研制的控制电位电解型气体传感器检测肼类气体,灵敏度为0.1×10^{-6},浓度范围为$0\sim1\times10^{-4}$,检测精度为10%。但是,国内这些研究工作由于存在着设计、制作工艺和材料选择等问题,传感器使用寿命较短,响应时间不够理想,与实际应用仍有一定的差距,因此正在进行进一步的研究和完善。

② 化学发光式传感器。用于肼类气体检测的化学发光式传感器的基本原理是利用NO和O_3反应生成激发态的NO_2,回到基态时发射光能,光电倍增管接受光能后转变成电信号输出,利用此原理,将肼类气体转化成NO,由此产生的化学发光信号强度与肼的浓度成正比,从而测知肼类气体浓度。这种化学发光传感器可获得较低的检出限,达到1×10^{-9},对肼类和NO_2都适用,但这种检测方法的主要缺点是结构复杂,不能直接对肼类推进剂进行检测,需要一个连续的臭氧源,成本较高。另外,对NO_X,具有本身的灵敏度。近年来,基于化学发光的传感器有一些新的进展,国内外开展了采用其他化学发光原理检测肼类气体的研究工作,但由于反应无法可逆,难以做成检测仪形式。

③ 半导体式传感器。半导体传感器是利用气敏的金属氧化物半导体的电导变化将化学能转化成电能,从而产生响应信号。当半导体元件表面吸附了被测气体时,元件的阻值发生变化,利用测量电路将电阻的变化转化成电流变化,测知气体浓度。

半导体传感器多采用氧化锡材料,具有较高的热稳定性,仅在半导体表面层产生可逆氧化还原反应,而半导体内部化学结构不变,长期使用可获得较高的稳定性。美国航空航天局近年来研究了一种新型半导体气敏传感器,采用了硅半导体技术,使得体积、质量和耗电量大为降低,该传感器可以检测包括CXHX在内的多种气体,可以应用于肼类推进剂检测上。

国内在20世纪90年代也对利用半导体气敏传感器检测肼类推进剂进行了研究。该仪器采用主动式抽气采样方式,显著缩短了检测的响应时间,检测器具有较好的灵敏度和可逆性能。但是,由于存在着特异性差、误差大等问题,同样未能投入应用。

与电化学传感器相比,半导体式传感器具有较长的使用寿命,并且具有灵敏度高、结构简单、价格低廉等优点,因此在有毒有害气体检测中应用非常广泛。但是由于这种传感器稳定性较差,不能对气体进行特异性反应,仅适合于混合气体检测,使得它在性能要求较高的航天领域肼类推进剂实时监测的应用中受到局限。

④ 光纤式传感器。光纤式传感器是近年来应用于气体检测的新型传感器。由光源发出的光经过光纤送入调制区,在被测气体作用下,光的强度、波长、频率、相位、偏振态等光学性质发生改变,使之成为被调制了的信号光。再经过光纤送入光探测器和一些电信号处理装置,最终获得待测对象信息。这种传感器的优点有:抗电磁干扰、耐腐蚀、防爆防燃、体积小、质量小、可挠曲性好、能制作成任意形状的传感器和传感器阵列。由光纤式传感器与计算机数据处理技术相结合构成的气体监测仪不仅能够实时监测多种有害气体,而且具有灵敏度高、响应速度快、动态范围宽、精度高、维护要求低以及测量速度快等优点,便于与光纤传输系统联网,组成监测网络;作为分布式传感器实现多点多参量测量,并可远距离传输。

⑤ 光离子化检测器。光离子化检测器(PID)是一种简便、快速、经济的有机挥发物检测器。它的离子源是具有特别能量的紫外灯,其光源将有机物击碎成可被检测器检测到的正负离子。检测器测量离子化了的气体电荷并将其转化为电流信号,然后电流被放大并显示出浓度值。

PID检测器的特点是灵敏度高,响应快速,不会被高浓度的待测物质中毒,可检测浓度低

至 1×10^{-9} 的绝大多数有机物。该传感器的缺点是选择性较差,干扰气体包括光离子化检测器可检测的所有挥发性有机化合物和无机气体,如芳香类、酮类和醛类、氨和胺类、卤代烃类、硫代烃类、醇类等含碳有机物,以及氨气、半导体气体、砷、硒和碘类等无机气体。据报道,有人采用美国进口的 PID 检测器研制的肼类气体监测仪,在用肼类气体进行标定后,检测肼类气体浓度范围为 $0 \sim 1 \times 10^{-4}$,测量精度为 10%,但对于肼类气体无特异性响应。

⑥ CO_2 激光光声式检测器。CO_2 激光光声式检测器以比耳的光声转化现象为基础,结合使用了现代激光技术。其原理是 CO_2 激光器发射的激光光子被光声池中待测肼类气体分子吸收,引起气体分子碰撞,气体压力的变化产生的压力波被光声池附近的麦克风检测,其信号与气体浓度成正比。

CO_2 激光光声式检测器选择性强,可实现特异性检测,并可同时检测多种气体,检出限可至 1×10^{-9}。但这种传感器的缺点是体积大,需要 CO_2 激光光源,技术难度高,传感器加工时需要严格的光学几何尺寸。

⑦ 生物传感器。利用生物体可以对特定物质进行选择性识别的化学传感器叫生物传感器,广义上与电化学传感器属于一类传感器。生物传感器能代替传统的实验室技术,并提供有效而快速的分析手段,有可能带来肼类分析技术的一场革命性变革,但目前,用生物传感器检测肼类气体的研究尚处于胚胎阶段。比如有人利用双层脂膜修饰的 DNA 生物传感器来检测肼,这是一种核酸识别层,可与光纤及其他转换电极形成一种具有亲和力的生物传感器,以双股 DNA(脱氧核糖核酸)覆盖在碳电极上,作为肼类物质的敏感电极。利用表面修饰的 DNA 探针与肼类化合物的内部分子反应,产生的电化学信号与气体浓度成正比,已报道用于测量水样中肼类化合物。这些研究工作由于存在着设计、制作工艺和材料选择等问题,传感器使用寿命较短,响应时间不够理想,与实际应用仍有一定的差距,因此正在进行进一步的研究和完善。

(3) 检测管法

为快速检测肼类蒸气浓度,比较简单的方法是检测管法。偏二甲肼和甲基肼检测管在国内已有应用。

甲基肼检测管是利用对二甲氨基苯甲醛与甲基肼反应生成粉红色物质,载体采用石英砂,选用细玻璃管作为检测管外管,抽气装置采用手动式采样器,每次采样抽气 50 mL,检测范围为: $1 \times 10^{-7} \sim 5 \times 10^{-5}$,用不同浓度的甲基肼显色长度绘成标准曲线,分别取 1×10^{-7},5×10^{-7},1×10^{-6},2×10^{-6},3×10^{-6},5×10^{-6},1×10^{-5},2×10^{-5},3×10^{-5},4×10^{-5},5×10^{-5} 的甲基肼的浓度时检测管变色长度制成浓度标尺标明在检测管外壁上,使用时即可在采气量一定条件下根据检测管显色长度直读大气中的甲基肼浓度。

偏二甲肼检测管在 20 世纪 60 年代曾进行过研制,但未形成产品。1988 年研制开发出了偏二甲肼检测管产品,采用了德国 Drager 公司的手动式按压式气囊装置,选用溴酚兰为指示剂,二氧化硅为载体,当偏二甲肼通过经溴酚兰处理过的载体时,载体由黄色变为蓝色,可检测浓度范围为 $5 \times 10^{-7} \sim 5 \times 10^{-4}$,用不同浓度的偏二甲肼显色长度绘成标准曲线,分别取 5×10^{-7},2×10^{-6},3×10^{-6},5×10^{-6},1×10^{-5},2×10^{-5},3×10^{-5},4×10^{-5},5×10^{-5} 的偏二甲肼的浓度时检测管变色长度制成浓度标尺标明在检测管外壁上,使用时即可在采气量一定条件下根据检测管显色长度直读大气中的偏二甲肼浓度。

(4) 色谱法

用涂有硫酸的固体吸附剂捕集空气中的肼类蒸气,对于肼和偏二甲肼,用水洗提,加入糠醛衍生试剂,用乙酸乙酯萃取,将萃取液注入色谱仪进行分析,根据峰高查标准曲线,计算肼的含量。而对于甲基肼,则用氢氧化钠溶液洗提,加 2,4-戊二酮衍生物,生成 1,3,5-三甲基吡唑,用乙酸乙酯萃取,用气相色谱分析。

气相色谱法一直用于单组分的肼类推进剂质量分析。对无水肼,其出峰顺序为:氨、无水肼;对甲基肼,其出峰顺序为:氨、一甲氨、水、未知物、甲基肼;对偏二甲肼,其出峰顺序为:空气、水、甲醇、二甲胺和偏二甲肼。此外,色-质联用方法用于分析肼类火箭推进剂等,效果也很好。

(5)质谱法

国外一些航天器发射场采用了以质谱计为核心的大型监测系统,如美国肯尼迪航天中心的 HGDS 危险气体监测系统和用于民兵导弹监测的由 Honeywell 公司制造的 TVD 有毒气体监测系统。为了使用方便,采用小型四极质谱计的便携式推进剂泄漏检测仪已研制成功,它由敏感器、取样器、质谱计和小型真空系统等四部分组成。被测气体通过取样毛细管、敏感器进入取样器,敏感器对被测气体进行粗测,同时部分气体通过取样器进入质谱室,中性气体分子被电离为离子,进入四极分析场后,不同质量的离子运动轨迹不同,并按其质量大小的顺序以谱的形式被鉴别,根据质量数确定气体成分,根据谱峰的强度确定浓度。该装置对推进剂甲基肼、无水肼的检测灵敏度为 1×10^{-6}。

(6)差分吸收光谱法

差分吸收光谱法(DOAS)是目前对环境测试普遍采用的光谱学方法的典型代表。DOAS方法通过分子窄带吸收特征来区分痕量气体并利用吸收强度得到它们在对流层和平流层中的浓度。

DOAS 系统的主要优点是能够测量痕量气体的绝对浓度而不改变它们的化学性质,通过对一段波长内吸收总和进行分析,能够同时确定多种气体的浓度,缩短了测量时间,并且能够连续测量,测量的时间分辨率很高,一般为几分钟。该技术的诸多优点,目前它已被广泛应用到了环境监测仪器中。

(7)石墨炉原子吸收法

无水肼长期储存在不锈钢储罐中时,会对不锈式抽气采样方式,显著缩短了检测的响应时间,检测器具有较好的灵敏度和可逆性能。但是,由于存在着特异性差、误差大等问题,同样未能投入应用。

与电化学传感器相比,半导体式传感器具有较长的使用寿命,并且具有灵敏度高、结构简单、价格低廉等优点,因此在有毒有害气体检测中应用非常广泛。但是由于这种传感器稳定性较差,不能对气体进行特异性反应,仅适合于混合气体检测,使得它在性能要求较高的航天领域肼类推进剂实时监测的应用中受到局限。

钢罐产生缓慢腐蚀,造成无水肼中铁的含量增加,而无水肼中铁含量的高低,直接关系到推进剂质量的好坏,影响到推进剂的使用性能。测定无水肼中铁的含量采用分光光度法或火焰原子吸收法。但在实际操作过程中由于这两种方法的检出限高,很多情况下不能准确测出无水肼中铁的含量。国内李志鲲等人建立了测定无水肼中铁含量的石墨炉原子吸收法[7]。该方法在 $0 \sim 100 \ \mu g/L$ 范围内线性良好,线性回归方程为 $A = 0.0062c + 0.0331$,相关系数 $r = 0.9998$,检出限为 $4.6 \times 10^{-12} g$,相对标准偏差为 7.5%,回收率为 $104.5\% \sim 117.1\%$。该方法操作简便,结果准确。

（8）固体吸附剂/分光光度法

含有肼类蒸气的空气通过涂有硫酸的固体吸附剂浓集，与硫酸作用生成肼的硫酸盐，脱附后用比色法测定肼的浓度。

对于肼的测定，脱附后与对二甲氨基苯甲醛反应，生成黄色连氮化合物，于 460 nm 处测定，测定范围为 $0.007\,14\sim1.00$ mg/m³。

对于甲基肼，可通过酸性溶液解吸后，与对二甲氨基苯甲醛反应，生成黄色连氮化合物，于 470 nm 处测定，测定范围为 $0.01\sim2.5$ mg/m³。

对于偏二甲肼，用硫酸固体吸附剂浓集。缓冲溶液解吸后，与氨基亚铁氰化钠在弱酸性条件下反应，生成红色络合物，在 500 nm 处测定，测定范围为 $0.027\sim5.45$ mg/m³。

（9）个人剂量计法

肼类推进剂个人剂量计的研制工作开始于 20 世纪 50 年代的美国海军研究实验室，最初剂量计仅用于肼的监测，利用茚三酮作显色剂，与肼反应呈紫色，而且随着与肼接触时间的延长颜色加深。

20 世纪七八十年代苏联和法国有关部门也开展了这方面的研究，目前美国已研制出了肼、甲基肼、偏二甲肼和混肼的个人剂量计，分为被动式个人剂量计与主动式剂量计，在剂量估计上采用标准比色卡及光密度计等多种方式，外观多种多样，有徽章式、袖章式，更便于使用。

个人剂量计的研究主要是显色剂的研究，对可与肼类推进剂显色的显色剂研究已试验过数百种物质，主要有茚三酮、对二甲氨基苯甲醛、苯甲醛、香兰素、2，4-二硝基苯甲醛等醛酮类；三硝基苯、四硝基芴等多硝基苯化合物；铜、银、金硝酸盐或磷钼酸盐等金属盐类，通过试验比较，在适宜的显色介质中，香兰素对肼、甲基肼反应灵敏，2，4-二硝基苯甲醛对偏二甲肼的显色反应灵敏度高，显色速度快，是首选的显色剂。

美国研制出的个人剂量计，用香兰素作为甲基肼、无水肼的显色剂，8 h 暴露时间的检测下限为 8.75×10^{-10}（v/v），以 2，4-二硝基苯甲醛作为偏二甲肼的显色剂，8 h 暴露时间的检测下限为 2.5×10^{-9}（v/v）。

6. 硝基氧化剂污染物分析方法

硝基氧化剂主要包括红烟硝酸、四氧化二氮、绿色四氧化二氮三种，由硝酸、氮氧化物等组成，其作为高能可贮存液体推进剂的重要组成部分，被广泛地应用于航空航天火箭及导弹氧化剂系统。我国长征系列运载火箭和俄罗斯 SS-18、SS-19 洲际导弹均采用硝基氧化剂为工作介质。硝基氧化剂是一类易于挥发的酸性物质，具有强氧化性、腐蚀性和毒性。在硝基氧化剂的生产、储存、运输、使用以及报废过程中，常有跑、冒、滴、漏现象的发生，对操作人员和环境可能会造成一定的伤害或者污染。

（1）酚二磺酸光度法测定硝酸盐氮的含量

① 方法原理。在无水情况下，酚二磺酸与硝酸盐反应得到硝基二磺酸酚，在碱性溶液中生成黄色化合物，在 410 nm 波长处进行定量测定。

② 硝酸盐氮标准曲线。配置不同浓度的硝酸盐氮标准溶液，通过吸光光度法测得吸光度，用测得的吸光度，减去空白管的吸光度，得到校正吸光度 A。以校正吸光度 A 为纵坐标，硝酸盐氮浓度为横坐标作图，得到校准曲线图。

（2）N-(1-萘基)-乙二胺光度法测定亚硝酸盐氮的含量

① 方法原理。在磷酸介质中，pH 值为 $1.5\sim2.1$ 时，对-氨基苯磺酰胺可以与亚硝酸盐反

应生成重氮盐,再与 N-(1-萘基)-乙二胺盐酸盐偶联得到红色染料,所得红色染料在 540 nm 波长处有最大吸收。

② 亚硝酸盐氮标准曲线。配置不同浓度的亚硝酸盐氮标准溶液,通过吸光光度法测得吸光度,用测得的吸光度,减去零浓度空白管的吸光度后,获得校正吸光度 A。以吸光度 A 为纵坐标,亚硝酸盐氮浓度为横坐标作图,得到校准曲线图。

(3) 纳氏试剂光度法测定氨氮的含量

① 方法原理。NH_4^+ 与碘化汞和碘化钾的碱性溶液反应生成淡红棕色胶态化合物,此化合物在 $410\sim425$ nm 波长范围内具有强烈吸收,在 420 nm 波长处进行测量。

② 氨氮标准曲线。配置不同浓度的氨氮标准溶液,通过吸光光度法测得吸光度,用测得的吸光度,减去零浓度空白的吸光度后,获得校正吸光度 A。以吸光度 A 为纵坐标,氨氮浓度为横坐标作图,得到校准曲线图。

用 NO_2^- 降解率和氮气选择性来衡量,降解率和氮气选择性越大,表明催化效果越好。

NO_2^- 降解率的计算公式为

$$\alpha = \frac{c_0(NO_2^-) - c(NO_2^-)}{c_0(NO_2^-)} \times 100\%$$

氮气选择性的计算公式为

$$\beta = \frac{c_0(NO_2^-) - c(NO_3^-) - c(NO_2^-) - c(NH_4^+)}{c_0(NO_2^-) - c(NO_2^-)} \times 100\%$$

其中,c_0 和 c 代表各含氮物质的初始浓度和最终浓度。

下面结合常用的硝基氧化剂和肼类燃料液体推进剂的理化特性、主要危险性以及安全防护措施进行阐述。

二、四氧化二氮和红烟硝酸的安全防护

1. 硝酸和四氧化二氮

硝酸又称硝水,分子式为 HNO_3,是 +5 价氮的含氧酸。纯硝酸是无色透明的液体,比重 1.502 7(25/4 ℃),溶点 -42 ℃,沸点 96 ℃,一般情况下硝酸带有微黄色,常见浓度为 67.5%。

发烟硝酸是指硝酸含量超过 80%,在空气中发出浓黄色到棕红色烟雾的浓硝酸。发烟硝酸又分白色发烟硝酸和红色发烟硝酸,白色发烟硝酸外观为微黄色透明液体,红色发烟硝酸外观为红棕色液体,在空气中产生红棕色烟雾,二者的根本差别在于所含红棕色二氧化氮(NO_2)量不同。白色发烟硝酸中 NO_2 含量一般 <0.5%,故在空气中冒白色或淡黄色烟雾;红色发烟硝酸中 NO_2 含量高达 14% 左右,普通硝酸及发烟硝酸均不加缓蚀剂。

作为推进剂用的红色发烟硝酸有硝酸-20S、硝酸-27S、硝酸-40S 三种,数字表示所含四氧化二氮(N_2O_4)的重量百分比,S 表示加有缓蚀剂。四氧化二氮极不稳定,易分解,平衡分解产物为 NO_2,故产生红棕色气体,因此而得名红色发烟硝酸。四氧化二氮含量越高,蒸气压越高,比推力就越大。

纯四氧化二氮是无色透明的液体,性质极不稳定。常温下,可部分离解成 2 个分子的二氧化氮,因此外观呈红棕色。火箭推进剂使用的四氧化二氮常用的有两种规格,一种含量在 99.5% 以上,另一种含量为 90%,其余 10% 是一氧化氮(NO)。加入 NO 的目的在于进一步降低 N_2O_4 的冰点。

2. 主要理化特性

① 红烟硝酸和四氧化二氮的主要物理性质如表 7.3 所列。

表 7.3　红烟硝酸和四氧化二氮的主要物理性质

名　称	硝　酸	硝酸-20	硝酸-27	四氧化二氮
平均分子量	63.02	63.64	66.14	92.02
冰点(℃)	−41.6	<−50	<−50	−11.23
沸点(℃)	82.6	48	46	21.15
密度(g/cm³)(20 ℃)	1.531	1.589	1.605	1.446
粘度(cP)(20 ℃)	0.964	1.68	2.09	0.446
蒸气压(kPa)(20 ℃)	6.386	19.998	28.531	96.525
比热容(J/g, ℃)(20 ℃)	1 745	1 863	1 913	1 515

② 红烟硝酸和四氧化二氮都是强氧化剂。含二氧化氮越高,氧化作用越强。它的盐类也是氧化剂,因为其中的氮处于最高化合价(+5 价),具有极强的获得电子能力,含活性氧达 60% 以上。

③ 红烟硝酸因含有大量的二氧化氮,所以呈红棕色液体。具有刺鼻的窒息臭味,阈限值为 5 mg/m³。

④ 不燃,对机械撞击也不敏感。但遇金属粉末、电石、有机酸、各种可燃物和易燃物时,即可发生猛烈的燃烧。

⑤ 腐蚀性强。无水四氧化二氮和高浓度的红烟硝酸对金属的腐蚀性很小,但随着含水量增加,浓度降低,而腐蚀性增强。当含水量超过 3% 时,对铝合金的气相腐蚀速度加快,含水量为 67.5% 时,腐蚀作用最强。

⑥ 受日光照射,温度升高时,会产生分解,生成氧、二氧化氮和水。

⑦ 具有中等毒性,可引起呼吸困难和皮肤化学灼伤。

3. 主要危险性

(1) 着火与爆炸

① 红烟硝酸和四氧化二氮与各种可燃物质接触,均可着火。与有机物蒸气接触,还可引起爆炸,危险性很大。

② 四氧化二氮和偏二甲肼经水稀释 1 倍后,二者接触仍可引起着火。

③ 四氧化二氮和多种卤化物、乙醇接触时,均可发生爆炸。

(2) 腐蚀作用

① 因腐蚀作用,造成泄漏,从而引起着火、爆炸。

② 随着水分增加,浓度降低,对绝大多数金属和有机物均产生腐蚀性破坏。

③ 对人和其他活体组织产生灼伤,使活体组织中的水分遭到破坏,产生腐蚀性化学变化。

(3) 毒害性

毒害性主要来自分解产物二氧化氮,属三级中等毒性。

(4) 刺激性

刺激性由于皮肤或黏膜的吸收而引起。

（5）对植物的损伤

植物叶片气孔吸收溶解二氧化氮，造成叶脉坏死，从而影响植物的生长发育，降低产量。对二氧化氮危害敏感的植物有蚕豆、西红柿、瓜类、莴苣、芹菜、向日葵等。但有些植物不怕二氧化氮，如有一种名叫石楠的植物，即使在二氧化氮浓度高达 1 000 mg/m³ 的情况下，延续 1 h，花叶仍不会受损。

（6）对环境的污染

泄漏除引起燃烧、爆炸和急性中毒外，还会造成环境污染。

4. 安全防护措施

（1）强化管理，健全各项规章制度，加强现场浓度监测

四氧化二氮和红烟硝酸是具有多种危害的化学危险品，在推进剂中使用最广，用量也最大。加注、转注、贮存、使用都在发射场地进行，因此强化管理，健全各项规章制度，对防止事故发生有非常重要的意义。管理主要从安全教育入手，加强专业技术培训；建立岗位责任制；制定运输、贮存、加注、转注、废液处理、设备检修、罐体清洗等各项工作规范；建立安全消防、人员急救、防护用品使用等规定。

（2）贮存包装

① 红烟硝酸和四氧化二氮可用不锈钢、铝合金容器贮存。四氧化二氮还可用镀锌的 45 号碳钢容器贮存，红烟硝酸还可用高纯铝制的容器贮存。这些材料与介质均有很好的相容性（1 级），不会产生气相腐蚀和液体腐蚀。

② 少量的浓硝酸可用铝、玻璃、陶瓷容器包装，稀硝酸则要用不锈钢、玻璃、陶瓷和聚乙稀瓶包装。

③ 可用作密封垫圈的非金属材料有：聚四氟乙烯（F-4）、聚三氟氯乙烯（F-3）、F-46。这些材料与红烟硝酸和四氧化二氮的相容性均为 1 级。而与其他塑料或橡胶的相容性极差，多数为 4 级，存在明显的腐蚀破坏作用。

④ 可作为贮存器、各种管道堵漏及润滑的油脂（膏）有：7802、7804、7805、8♯油膏和 F-46、F-3 制作的涂料。

⑤ 长期贮存时，容器中介质的量不能少于容器容积的 50%，亦不得多于容器容积的 90%.

⑥ 对贮存中的红烟硝酸和四氧化二氮要定期进行检查化验，有效化验期为 3 个月。

⑦ 贮存库房要经常通风，配备足够的水源，库房内不得存放其他杂物。

⑧ 库房外要设警戒标志，包装容器外面要贴腐蚀性物品标志。

（3）运 输

红烟硝酸和四氧化二氮都属化学危险品氧化剂一类，可引起着火、爆炸，具有腐蚀性和毒性危害，运输时必须严格按《化学危险品安全管理条例》进行。

（4）个人防护措施

① 硝基氧化剂属酸性物质，因此防毒面具、滤毒罐必须选用防酸型材料。

② 要正确选用防毒面具。在空气中氧气体积浓度高于 19.5%，毒气浓度小于 2% 的情况下，可选用全面罩大滤毒罐组成的导管式防毒面具。T-1 型（75 型）为专防面具。一般中型滤毒罐只适用于毒气浓度 <1% 的环境。无导管滤毒罐（盒）防毒面具，则只能在毒气浓度 <0.5% 和 0.1%（盒）的情况下使用。

③ 在缺氧环境中或毒气浓度超过 2％时,必须用隔绝式供氧防毒面具。

④ 使用耐酸防毒服。一般应穿丁基胶耐酸碱防毒服。在接触红烟硝酸和四氧化二氮可能性极小的情况下,也可以穿纯毛或亚麻制成的耐酸防护服。

⑤ 必须穿戴耐酸的防毒手套和防毒靴,不准使用一般乳胶手套或棉织劳动手套。

⑥ 特殊情况下,还可加用耐酸套袖和围裙。

（5）灭火剂

① 可选用砂土、二氧化碳、雾状水、干粉灭火剂和泡沫灭火剂。

② 不能使用卤素灭火剂。

（6）禁　忌

① 禁忌与易燃、可燃、碱类及氰化物接触。

② 不能用有机溶剂,特别是卤化物作冲洗去污剂使用。

③ 禁忌用木屑、棉丝擦拭。

④ 禁忌阳光直接照射。

⑤ 禁忌废液任意倾倒。

⑥ 少量废液用水稀释时,应把硝酸缓缓倒入水中,严禁将水倒入酸中。

⑦ 禁止使用简易防毒面具和防尘口罩。中型滤毒罐防二氧化氮毒性的功能也很差,也不宜使用。

（7）少量废液的处理

① 集中收集,用专用容器收集后归入污水处理池。

② 用碱性物质中和。可用的碱性物质有 $NaOH$、$NaHCO_3$、$(NH_4)_2CO_3$、NH_4NO_3、$CaCO_3$。

③ 滴漏在地面上的废液,用大量水冲洗。冲洗废水要导入污水池进行再处理。

（8）急　救

喷溅到身体任何部位,都应该尽快用水冲洗,然后采取相应措施。

三、肼类推进剂的安全防护

1. 肼类推进剂

肼类推进剂是指肼及衍生物,主要有:

① 肼(HZ)又称联氨,分无水肼(N_2H_4)和水合肼($N_2H_4 \cdot H_2O$)。

② 甲基肼(MMH)又称甲联氨。

③ 偏二甲肼(UDMH),又称 1,1-二甲肼。

④ 混肼。由两种肼组成,或肼与硝酸肼、盐酸肼及水按一定比例组成。混肼-50(A-50)由 50％的 HZ 和 50％的 UDMH 组成。混肼-50(M-50)由 50％的 HZ 和 50％的 MHH 组成,或 50％的 MMH 和 50％UDMH 组成。

肼类燃料是目前使用最多的液体推进剂燃料。多与氧化剂红烟硝酸或四氧化二氮组成双组元液体推进剂,也可以单独使用。主要用于:

① 大型运载火箭。如美国大力神系列火箭,原苏联的质子火箭,法国钻石-BP4、欧州的阿里安火箭等。

② 各种战略、战术导弹。如美国的大力神Ⅱ和长矛导弹,原苏联 SS 系列火箭。从实战考虑,现国外各种战略战术导弹已基本使用固体推进剂。

③ 助推器火箭。有美国大力神系列、日本的 N 助推器的第 2 级。

④ 姿态控制与轨道调整火箭,如美国阿波罗飞船、双子星座和海盗号火星轨道器等。原苏联的联盟号飞船,法国、西德及我国卫星姿态控制发动机等。

2. 主要理化特性

① 肼、甲基肼和偏二甲肼主要物理性质。

如表 7.4 所列,3 种肼的爆炸极限都很宽,各类混肼也如此。

② 肼及各类衍生物都是强还原剂,当暴露在空气中时,会发生缓慢的氧化分解作用,使溶液颜色变深且粘度增加。它们与强氧化剂接触可立即发生燃烧。

③ 均为无色透明油状液体,具有特殊的鱼腥臭味。

④ 肼和它们的各类混合物均呈弱碱性,与各种酸及盐类可发生化学反应。

⑤ 都属极性物质,能溶于水。

⑥ 肼和各类肼混合物均具有良好的热稳定性。UDMH 的热稳定性最好,MMH 次之。它们对各种冲击、压缩、摩擦、振动都不敏感。

⑦ 闪点低。MMH 和 UDMH 属 I 类易燃液体,HZ 和肼的衍生物均为可燃物质,而 HZ 为Ⅲ类可燃物。

⑧ 爆炸极限宽。爆炸极限浓度由百分之几到百分之九十以上,均属二级爆炸物。

⑨ 吸湿性强。三肼及混合物以及它们的衍生物极易与水蒸气结合。蒸气比重＞1,不易扩散,并且吸附性强,极易吸附在其他物体表面。

⑩ 嗅阈低。各类肼的嗅阈分别列于表 7.4。

表 7.4　肼类燃料主要物理参数

项　目	肼	甲基肼	偏二甲肼
分子式	H_2NNH_2	CH_2HNNH_2	$(CH_3)_2NNH_2$
分子量	32	46	60
沸点/℃	113.5	87.5	63
冰点/℃	1.5	-52.5	-57.2
密度/(g/cm³)(20 ℃)	1.008 3	0.878 8	0.791 1
蒸气压/(Pa)(25 ℃)	1 917	6 117	2093 2
闪点/℃(开杯)	52.0	17.2	-15
自燃温度/℃	270	194	250
爆炸极限,%(v/v)	4.7～100	2.5～98	2～90
嗅阈/(mg/m³)	3～4	1～3	0.3～1

3. 主要危险性

(1)着火与爆炸

① 肼类属Ⅲ级可燃性液体,但它们的爆炸极限＜10%。因而在没有隔绝空气的情况下遇火花时,仍有发生爆炸的危脸。

② 肼类可发生气相火焰和液相火焰,着火危险性很大。

③ 偏二甲肼爆炸温度极限为 $-10.5 \sim 57.5$ ℃,沸点低,蒸气压高,因而在空气中极易形成爆炸性混合物。最易引爆浓度为 $7.0\% \sim 7.5\%$。爆炸与着火危险性主要是气相火焰传播而造成的,属Ⅱ级爆炸物。

④ 各种肼及混合物爆炸、着火危险性大小与各自性质和混合比有关。

⑤ 各种催化剂存在时,可加速分解,而发生着火、爆炸。

⑥ 肼类燃料与氧化剂同时发生泄漏时,如果相互不接触,发生着火的危险性就很小,一旦接触,即会发生爆燃。

（2）腐蚀性

肼类推进剂腐蚀性较氧化剂小很多,但对有机材料的溶胀作用明显。

（3）毒害性

三种肼中甲基肼的毒性较大,主要危险是呼吸道吸入。

（4）刺激性

发生在皮肤表层或呼吸系统。有鱼腥一样的臭味。在浓度较大的情况下,往往使人头昏并有厌食感。

（5）吸咐性

肼类极易吸收水蒸气,易吸咐在各种物体表面上。

（6）对环境的污染

三肼液体推进剂使用最广,其中偏二甲肼用量最大,与四氧化二氮和发烟硝酸的用量相当。大量泄漏可对大气和水质造成污染。土壤一旦被污染,就极难去除。

4. 安全防护措施

（1）理化管理,健全各项规章制度,加强现场浓度监测

（2）贮存包装

① 三种肼及大多数混肼的贮存包装容器,可用各种铝合金和不锈钢材质制成。但要注意的是,金属对肼有明显的催化作用,因此不锈钢材质的选用受到一定限制。合金铝和不锈钢材质贮存容器,只能限期使用。

② 可用作贮存包装容器相容性最好的非金属材料是聚四氟乙烯、F-46、高压聚乙烯、乙丙橡胶（8101,8102）。其他塑料和橡胶材质要依据贮存肼类燃料的性质加以选择。如:尼龙-1010 对 UDMH 和 MMH 的相容性为 1 级;但对肼的相容性极差,为 4 级,根本不能选用。

③ 对 3 种肼及混合物的相容性都好的密封润滑油脂（膏）有 7804、7805、阿皮松,其他润滑油脂（膏）不能任意选用。如润滑脂 7802 对肼的相容性为 1 级,但对 MMH 和 UDMH 的相容性很差,分别为 4 级和 3 级,根本不能选用。

④ 在常温下,肼类燃料均可在相容材料的容器中长期密封贮存,质量并无明显变化。若温度过高,则要采取降温措施。

⑤ 长期贮存的三肼在容器中的量不得少于容积的 50%,也不能大于 90%,并且要充高纯氮气加以保护。充氮气量为 $0.2 \sim 0.5 \ kg/cm^2$。

（3）运　输

① 肼类燃料属易燃液体,必须严格执行国家有关危险品铁路、公路、水路运输规定。必须严密包装,在充氮保护下运输。运输车辆要挂贴危险警告标志,行驶中不得任意停靠。

② 肼类推进剂燃料运输要指派最少 2 个人负责押运,押运人员要配备个人防毒面具、消

防器材及常用密封堵漏胶粘剂。

（4）个人防护

① 肼类推进剂为弱碱性物质，所以滤毒罐一定要选用可防有机溶剂蒸气并耐碱性的材料制成。

② 在空气中氧气含量＞18％，有毒蒸气浓度＜2％的情况下，可使用全面罩过滤式防毒面具。在有毒蒸气浓度更低的地方，可选用无导管防毒口罩。

③ T－1型（75型）防毒面具是专供火箭推进剂使用的特防面具，对防止硝基氧化剂和肼类燃料的毒害均有效，并可在2 000 mg/m³ 高浓度下使用。

④ 在缺氧环境或有毒蒸气浓度超过 2％时，必须使用隔绝式供氧防毒面具。

⑤ 皮防器材可选用耐酸丁基胶防毒服、防毒手套和靴套。

⑥ 防毒服装都要经过防静电处理。

（5）灭火剂

① 选用水、空气泡沫灭火剂（如 YE－13A 型）效果最好。也可使用化学泡沫灭火剂和二氧化碳灭火剂、干粉灭火剂。

② 不能用四氯化碳等卤素灭火剂，以免产生有毒的光气。

（6）禁　忌

① 发射场区严禁明火和电火花，工作人员不许穿带钉鞋，不准带打火机等。

② 现场处理泄漏的肼类燃料时，禁止用固体高锰酸钾或未完全溶解的高锰酸钾溶液，以免发生着火事故，或留下隐患。

③ 在没有通风和进行空气的置换情况下，有害气体浓度未知的情况下，不准冒然进入贮罐。

④ 禁止使用聚苯乙烯、聚氯乙烯、丁腈橡胶、氟橡胶、221（205）油膏。作为 UDMH 的密封垫片或胶粘剂。

⑤ 禁忌选用聚氯乙烯、硫化胶、8 号油脂作为甲基肼及其混合物的密封材料。

⑥ 禁忌选用塑料、聚三氟乙烯、尼龙 1010、天然橡胶、氢丁橡胶、氟化硅橡胶作为肼及混肼燃料的密封材料。

（7）少量废液处理

① 不准任意倾倒废液，要存放到专用容器内，或归入污水贮存池。也可在远离发射场的地方，由专业人员引燃烧毁。

② 泄漏到地面的少量肼类燃料，用水冲洗后，再用 10％过氧化氢、漂白粉或 5％的高锰酸钾水溶液进行氧化处理，最后再用水冲洗现场。

（8）急　救

一旦发生人员中毒，灼伤或其他意外事故时，要迅速撤离，肼类燃料喷溅到身体任何部位，应立即用水冲洗，然后进行治疗。

四、烃类推进剂的安全防护

1. 烃类推进剂

（1）烃

烃又称碳水化合物，种类繁多，来源广泛。按照结构和性质可分为脂肪烃、芳香烃和环烃。按化合健饱和程度又可分饱和烃（即烷烃）和不饱和烃（烯、炔、芳香烃）。天燃气、石油产品、煤干馏产物和天然橡胶的主要成分均为烃类。烃类的性质因组成、结构不同而有明显差异。

（2）燃料使推进剂用的烃类

可作为推进剂燃料使用的烃类有：饱和烃类，如甲烷、乙烷、丙烷、正（异）辛烷等；不饱和烃类，如乙烯烃、芳香烃、苯及衍生物等。

得到实际应用的烃类推进剂燃料是煤油。它是石油中间分馏产物，包括沸点在 140～285 ℃ 的各个馏分。

各国使用的烃类燃料虽都包括煤油，但它们的组成、规格、型号和代号都不一样。如美国用烃类燃料为 JP、RJ 和 RP 系列，原苏联使用 T 或 7FC 系列。我国所用的烃类燃料分煤油和宽馏分型两大类，共 5 个牌号，即 1 号、2 号、3 号、4 号和高闪点喷气燃料。

烃类燃料和乙醇一样，是最早发展使用的一种液体燃料。现在主要使用高密度、高热值的烃类燃料。

我国常用的 5 种喷气燃料均有质量标准，可分别查看标准 GB 438—77(88)、GB 1788—79 (88)、GB 6537—86、ZBE 31003—88 和 GJB 560—88。

2. 主要理化性质

① 作为烃类燃料使用的煤油，实际是石油的一个中间分馏产物。它不是单一化合物，而是由直链烷烃、环烷烃、芳香烃组成的混合物。性质也是各种组分的综合反映。不同国家不同牌号的煤油组成均不一样。就是同一牌号的煤油，不同生产批号，性质也略有差异，性质主要取决于各组分的含量。

② 煤油是可燃液体。

③ 外观为无色或淡黄色透明液体。

④ 不溶于水。

⑤ 热稳定性好，对机械冲击、压缩、振动均不敏感。实际贮存试验表明，在密封条件下贮存 15 年，质量无明显变化。

3. 主要危险性

① 着火与爆炸。煤油是可燃性液体。不同型号的烃类燃料馏分范围、闪点、自燃温度差别很大，危险程度也不同，它们均可与空气混合，形成爆炸性混合气体。一旦遇到电火花、明火、热源，即可被点燃或发生爆炸。

② 长期接触人员，可发生刺激性皮炎。

③ 毒性很小。煤油几乎无毒，但其中所含的芳香烃有一定毒性。

④ 对环境的污染。石油产品泄漏和燃烧废气已成为污染环境的主要来源。作为推进剂使用的烃类燃料，虽然用量有限，但也必须加以注意。

4. 安全防护措施

① 强化管理，严格各项规章制度，严格执行有关石油产品的装卸、运输、贮存规定。

② 防止跑、冒、滴、漏，确保库内通风，各种容器、设备均要有保护性接地。

③ 运输过程要指派 2 人押运，配备个人防护用具和消防器材。

④ 灭火可用二氧化碳灭火剂、泡沫灭火剂或干粉灭火剂，严禁用水流灭火。

⑤ 清洗罐体以及发生大量泄漏时，要佩戴防毒面具，并穿防静电的防护服，罐外要有专人负责监护。

⑥ 不许任意倾倒废液，可在远离贮库的空旷避静处，焚烧处理。

⑦ 贮存容器、输送管道和密封垫圈不能用合成和天然橡胶、聚丙烯和聚异丁烯类塑料材质制作,不能使用石油基类润滑脂及密封胶粘剂。

五、液体推进剂污染防护装备

液体推进剂作业时,为了预防中毒,需要使用相应的个人安全防护装备。个人防护装备分为呼吸防护装备和皮肤防护装备。

1. 呼吸防护装备

我国呼吸防护装备的研制生产经历了从无到有、从仿制到自行研究的不断拓展进步过程。20世纪60年代初,根据我国人体特征设计了适合我军防化兵使用的阻力小、防护性能好的64型防毒面具;随后又设计了适合步兵用体积小、重量轻、结构简单的65型和69型防毒面具。60年代末,我国开始研制可防护针对液体推进剂所用的四氧化二氮和偏二甲肼毒气的特防面具,并于1975年正式定型(T-1型,也称75型)装备部队。80年代后,先后研制成功了液体推进剂 T-2、T-3型特防面具和专用滤毒罐;随后,RHZK型正压式空气呼吸器、AHKC型长管空气呼吸器、HZKC型航天发射场固定气源送气降温式防护装具等呼吸系统防护装备相继问世。这些防护装具的研制成功,显著提高了我国液体推进剂安全防护水平,保障广大参试人员健康和安全。但这些装备的技术性能只相当于20世纪八九十年代的国际水平,主要在使用性能、制造工艺和系列化等方面与先进国家的差距较大。

2. 皮肤防护装备

长期以来,我国液体推进剂一直无专用皮肤防护器材,大多采用防化兵、化工、消防用产品,如防化兵用66型防毒衣(20世纪90年代改进为FFY03型)和消防用FHZ系列火箭推进剂的隔绝式防护器材,并且和防化兵用81型手套等,其主要材质为丁基胶、卤化丁基胶或氯丁橡胶。80年代末研制了1种专供火箭推进剂作业人员使用的隔绝式防护服,材料依然是丁基胶涂层布。由于材质的局限性和结构形式密封不严等缺陷,未真正投入使用。同时期有关单位还研制了1种透气式防毒服,材质为活性炭涂布,并在腋下设置了泡沫塑料制作的透气孔,但应用也不理想。这些产品主要存在着穿着人员生理反应强烈、重量大、操作不便等缺点。目前,国内有关单位已经研制成功了肼类和硝基氧化剂专用防护服(XYF-1和JRF-1)及防护手套(XYT-1和JRT-1),该类防护装备对推进剂液-汽有效防护时间超过150 min,解决了硝基氧化剂的强氧化性和强腐蚀作用的防护及肼类燃料的毒性和强烈的吸附渗透性的防护问题。

推进剂监测装备未来发展趋势是向着微型化、智能化、多功能化、集成化及网络化发展。我国由于起步较晚,在新技术应用、制造工艺和可靠性等方面及国外产品相比还存在一定差距。因此,改进设计工艺、扩大监测范围、研制长寿命和高灵敏度的推进剂监测仪是我国推进剂监测装备研制的当务之急。

第4节　固体推进剂的安全防护

一、固体火箭推进剂的危险性

1. 固体火箭推进剂与液体火箭推进剂危险性比较

无论固体火箭推进剂,还是液体火箭推进剂,由于它们作为特殊能源使用,所使用的物质都是高能燃料或强氧化剂，所以最大危险是着火与爆炸、毒性和环境污染等。由于它们的物理形态、化学组成与结构不同，所以危险性有很大差别。表现在：

（1）着火与爆炸的危险

固体火箭推进剂多发生爆炸、爆轰，随之引起其他物质燃烧，发生火灾。液体推进剂除在特定环境中贮存燃料爆炸外，发生火灾的危险性更大，而且一旦着火，火势很大，难以控制，可随之引起爆轰。

（2）毒害作用

火箭推进剂原料均是化工产品，每种物质都有它的自身毒害作用。各种推进剂由于存在的形态不同，毒性对人和环境可能造成的危害程度是不一样的。固体推进剂除溶剂蒸气毒害外，大量存在的是固体粉末所产生的粉尘和气溶胶的危害。而液体推进剂毒害主要是有毒蒸气和化学性灼伤，对防护技术措施要求更高。

（3）物质种类

可作为推进剂使用的液体物质种类与固体物质相比要少的多。最常用的液体推进剂仅有几十种，其中大量使用的只有肼类、四氧化二氮、红烟硝酸、液氢、液氧、过氧化氢、煤油、酒精等。而固体推进剂组分则有近 300 种。一个配方虽然只用有限的几种，每种浇铸成型的固体推进剂必须有氧化剂、粘合剂、添加剂、固化剂、键合剂、防老剂、安定剂、燃速催化剂等多种组分，潜在的危害作用更大。

（4）腐蚀性危害

腐蚀性是液体推进剂一大难题，它不仅造成推进剂质量变化，而且极易出现液体跑、冒、滴、漏。相比之下，固体推进剂一旦成型，腐蚀性危害就很小。

（5）粉尘的危害

液体推进剂虽然与空气混合也可形成气溶胶，但与固体推进剂相比几乎不存在粉尘的污染。固体推进剂粉尘和气溶胶不但危害人的身体健康，而且还会造成粉尘爆炸的潜在危险。粉尘危害是固体推进剂危害的一个重要方面。

（6）危险环节

液体推进剂生产、运输、贮存、转注、加注、使用和废液处理每个环节都有极大危险性。而固体推进剂更多的危险性则存在于推进剂生产厂内。

（7）污染与治理

液体推进剂的污染主要来自推进剂废液、废水和蒸气，对水质、土壤、大气产生污染。这些污染可按常规方法加以治理。固体推进剂的污染主要集中在工厂，表现为粉尘和溶剂的蒸气，相对来说治理较难，因为污染物成分复杂，收集困难。固、液推进剂污染上的差异还可举出很多，而且分类或比较方法也可完全不同。就总体而言，液体推进剂的流动性造成多环节污染危险，而固体推进剂则主要集中于生产工厂。

2. 固体火箭推进剂的主要危险

（1）爆炸危险性

固体推进剂中多数物质具有着火与爆炸的危险。这种危险性主要表现在：

① 对热源、机械撞击、摩擦和振动的敏感性。

② 原料混合搅拌是最危险的操作。

③ 复合推进剂烘干、固化成型过程。

④ 固体推进剂加工、切割、修整过程。

⑤ 固体推进剂运输、贮存过程。

⑥ 固体火箭发射过程。

（2）粉尘的危害

粉尘的危害除可形成粉尘爆炸外,粉尘特别是气溶胶的吸入对人身体会产生很大的危害性。

（3）刺激性危害

调查表明,固体推进剂生产过程中普遍存在对呼吸道、眼睛和皮肤的刺激作用。在100种常用原材料中,有50多种化合物具有明显的刺激作用,尤其是铝粉、硝酸铵、二甲苯、丙烯酸、苯酚、甲醛、酚醛树酯、顺丁烯二酸酐、甲苯二异氰酸酯、异佛尔酮二异氰酸酯、三[1 -(二甲苯)氮丙啶基]膦化氧、丁羧胶、二乙烯三胺等,可使皮肤刺痒、过敏,直至出现水泡形成溃烂。

（4）气溶胶和溶剂蒸气

固体推进剂的壳体生产和外型修整过程需要大量的溶剂,固体推进剂的原材料多为粒度很细的颗粒物,在筛分、预混、混合、搅拌过程中都会产生大量粉尘,与空气接触即可形成危险性极大的爆炸性混合物。

（5）对环境的污染

环境污染主要表现在生产工厂,可以造成工作环境、局部大气、土壤的污染。在使用现场,由于已浇铸成型,对环境可能造成的污染很小。发射后燃气种类有限,存在时间很短,并且由于大气稀释扩散作用,对大气环境的影响较小。

3. 固体火箭推进剂危险性分析

固体火箭推进剂危险性分析可分为两个阶段,生产过程和产品形成到发射。生产过程危险性分析主要包括工艺调试、感度试验、辅助试验和危险性评定。从产品形成到发射使用过程中可能出现的危险分析主要包括操作事故、设备故障、运输过程、贮存阶段及发射故障。

一般来说,固体物质发生着火爆炸的危险性程度主要取决于固体的熔点、燃点、自燃温度、分解温度和比表面积。对固体火箭推进剂这种可控燃烧物危险性分析则包括:

（1）热敏感性

热敏感性主要指固体推进剂因受热而发生爆炸、着火的危险程度。热敏感性主要包括受热分解温度、自燃温度、临界温度、临界压力、爆炸温度和热传导性能。

（2）机械敏感性

机械敏感性主要指固体火箭推进剂对冲击、摩擦、振动、枪击、压缩和战时可能受到的冲击波和光辐射引起爆炸的危险程度。

（3）火花敏感性

指固体火箭推进剂对明火、电火花、机械火花、静电火花、电弧和雷击作用而产生爆炸的敏感程度。

美国《火箭推进剂化学危害手册》第Ⅱ卷,对固体推进剂危险性提出了20项分析测试项目和方法。我国在固体推进剂药性方面同样经多种测试和多次试验,才确定一种固体推剂的配方,以确保安全。换句话说,如果没有安全性,那么产品也就没有使用价值。

二、火箭推进剂气溶胶和粉尘的危害与安全防护

气溶胶和粉尘是固体火箭推进剂生产、加工和使用过程中除有毒气体外危害最大的一种物质。危害作用突出表现在液体推进剂的蒸气、固体推进剂生产中的粉尘和火箭发射后的燃气,它们都是气溶胶的组成部分。

1. 气溶胶与粉尘

气溶胶以固体或液体微小颗粒分散于空气中,按形成的方式分成:固态分散性、固态凝聚性、液态分散性和液态凝聚性气溶胶 4 种类型。粒度范围从 $0.1 \sim 10 \ \mu m$。气溶胶按存在的形式则可分为雾、烟和尘。

粉尘同样是悬浮于大气中的微粒状有害物质,粒子直经范围从 $0.1 \sim 500 \ \mu m$。粉尘按粒度大小分成属于气溶胶部分的尘和粒度超过 $10 \ \mu m$ 的两部分。习惯上把大气中的固体颗粒物称为粉尘,生活中则称为灰尘。大于 $10 \ \mu m$ 的粉尘很难直接吸入肺泡。粉尘在空气中停留的时间也隧粒度增大而大大缩短。按来源,常见粉尘有液体粉尘、固体粉尘和植物花粉。

2. 粉尘爆炸

(1) 粉尘爆炸和所需条件

以细小颗粒分散形式存在的任何易燃固体物质都可能产生粉尘爆炸危害。产生粉尘爆炸的必要条件是:粉尘能悬浮在空气中;浓度足够大;有点火火源。一般易燃粉尘可爆炸的浓度范围在 $10 \ g/m^3$,温度超过 $400 \ ℃$ 时,只要有极小的激发能或摩擦撞击即可立即引起粉尘爆炸。显然粉尘粒度越小,浓度越高,爆炸危险性就越大。

(2) 粉尘爆炸的危害

粉尘爆炸与可燃性气体和易燃性液体爆炸相比,发生的次数和造成的危害都较小。但在固体火箭推进剂生产厂则危险性最大。粉尘爆炸是粉尘粒子表面和氧作用的结果。粉尘爆炸破坏作用的大小与爆炸压力和压力上升速度有关。压力越大、压力上升速度越快,发生爆炸的几率急剧增加,破坏作用也就更大。粉尘爆炸的危害与一般爆炸相同,极易形成大火,引燃其他物质和出现二次尘爆。

(3) 影响粉尘爆炸的主要因素

① 粉尘的理化性质形成粉尘的物质燃点越低、挥发性越高、燃烧热值越大、空气中氧化速度越快以及越易带电,则越容易引起爆炸。

② 粉尘粒度大小和状态。粉尘越细、爆炸下限越小、粉尘粒子越干燥则发生爆炸的危险性越大。有爆炸危险的粉尘粒度范围一般是在 $0.000 \ 1 \sim 0.1 \ mm$。粒度越小,比表面积越大,氧化性和带电性越强,爆炸所需激发能就越小。

③ 粉尘在空气中的停留时间。粉尘在空气中停留时间的长短与粉尘的粒度、密度、温度和湿度有关。粉尘在空气中停留时间越长,危险性也越大。

④ 粉尘爆炸与压力的关系。粉尘爆炸时压力的大小与粉尘的化学组成、物理状态、粒度大小、环境湿度、热源和作用时间均有关。一般来说,粉尘粒度越大,所需爆炸压力就越小。如铝粉平均粒度为 $160 \ \mu m$,最大爆炸压力为 $7.7 \ atm$;而当粒度为 $50 \ \mu m$ 时,则最大爆炸压力为 $11.6 \ atm.$ 这种特性与前述粒度大小对所需激发能的影响正好相反。

⑤ 粉尘与空气混合的浓度空气中粉尘浓度达到一定值时才能爆炸。爆炸上限很大,通常情况下很难达到,一般只给出爆炸下限。粉尘爆炸下限与燃烧热的乘积一般为一个常数。

3. 粉尘微粒对人体的危害

粉尘粒子对人体的危害,与化学组成、粒子大小、密度、表面积及沉降速度均有关。粉尘对人体的危害途径主要是通过呼吸道吸入和皮肤接触。粉尘对人体的毒害作用可分成惰性粉尘、有毒粉尘、致过敏性粉尘和致纤维变性粉尘四种。从粉尘引起职业病看,致纤维变性粉尘的危害最大,长期接触可产生职业性尘肺和诱发癌症。

粉尘粒子大小和化学组分直接影响对人体的危害程度。对人体危害最大的是 $0.5\sim5~\mu m$ 的粒子,它们可以直接进入肺细胞乃至间质组织和淋巴结。粒度在 $8\sim10~\mu m$ 的粉尘可沉积于肺的细支气管、支气管及气管的纤毛上皮组织上。粒度越小,比表面积越大,所产生的溶解吸收作用亦越大。因此粒径大小和比表面积是评价粉尘微粒毒性的两项重要指标。

4. 安全防护措施

(1) 健全各项规章制度,严格执行工作规范和安全守则

(2) 提高设计水平

设计上要做到布局合理,把粉碎、筛分、预混、混合、搅拌各个有粉尘产生的车间与无尘车间隔开一定距离,每道工序都尽可能在与外界隔离和密闭的情况下进行操作,不使粉尘向外扩散。

(3) 加强工艺改革

① 采用较安全的工艺条件。

② 以机械化、自动化代替手工操作。

③ 以密闭式和隔离式操作代替开放式操作。

④ 以连续操作代替间歇式操作。

⑤ 采用新的生产技术。

⑥ 缩短工艺流程。

(4) 湿法作业

原料的粉碎、筛分、预混和混合、搅拌各个工序在工艺许可的条件下,采用湿法制成浆液,这样可基本消除粉尘带来的危害。还可以采取向墙壁喷水等办法,增加车间湿度,从而降低粉尘浓度。

(5) 加强监测

针对所用化学物品的化学组分和粉尘浓度进行测定,对防止火灾爆炸事故和人体健康、卫生保健都有着重要意义。

(6) 机械通风除尘

一般采取局部通风、排风和送风的办法,这样做一方面有利于降低车间粉尘浓度,又不会增加粉尘的扩散。

(7) 加强个人防护

粉尘作业时一定要按要求佩戴防毒面具或防微粒口罩,穿阻燃防静电工作服和靴子,戴长筒手套。粉尘与有毒气体相比,由于粒度大穿透能力小,所以只要认真佩戴个人防护用具,就可以不受粉尘毒害。

(8) 做好卫生保健工作

卫生保健工作主要包括:定期进行身体检查、建立专项体检档案、制定保健标准、规定休假制度等。对作业环境空气中最高容许浓度和工作时间做出具体规定。

三、挥发性组分和溶剂蒸气的危害与安全防护

固体火箭是由壳体、喷管、推进剂和点火器等部分组成。在工厂组装成型、整体运往部队

或发射场,没有贮箱,无须加注,即可使用。但是在壳体、喷管制作和推进剂生产中,多种原材料均在胶液状进行浇铸成型,因而会有大量有害的挥发性组分和溶剂蒸气产生,可能发生燃烧爆炸和各种毒害作用,成为固体火箭推进剂生产中除粉尘和气溶胶之外的最主要危害。

1. 挥发性组分和溶剂来源

① 金属壳体清洗、钝化和最后喷漆。

② 玻璃钢壳体和喷管加工中的浸胶、模压缠绕、沉积碳化、烘干、固化、成型和脱膜过程。

③ 壳体内衬绝热层制作中炼胶、贴片过程。

④ 壳体内衬包复层制作中混料、喷漆、固化过程。

⑤ 推进剂组分混合、搅拌、浇铸、固化、脱膜、整形过程。

2. 挥发性组分和溶剂蒸气浓度测定

上述各个过程所用物质多为易燃、易爆、有毒粉状化学危险品,在混合、浇铸、缠绕、沉积、固化、脱膜过程中,均采用湿法胶液操作法,因此用了大量有机溶剂。如苯乙烯、甲苯、乙酸乙脂、丙酮、乙醇、氯仿等,它们都是沸点较低易挥发的有毒易燃液体,可产生溶剂蒸气。另外各种推进剂组分与壳体制作不是简单的物质混合,它们在混合过程中往往会发生聚合、交联、变态等多种化学反应,会产生一定易挥发性组分。这些挥发性物质还往往有粘合剂、键合剂、交联剂、固化剂等有机高分子化工原料的组成部分,在生产过程中随溶剂一同被排放到空间。这些挥发性组分非常复杂,通过大气采样色谱分析可知环氧树脂可有酚、醛类物质,聚氨酯则有环氧乙烷、环氧丙烷、四氢呋喃等,聚丁二烯的挥发性组分则有丁二烯、乙醇、丁二烯二聚物等。这些挥发性组分的毒害作用往往超过原来所用试剂本身的毒害作用。如表 7.5 所列给出了包复层制作中,在车间开排风机时距地 1.5 m 采样对苯乙烯浓度测定结果。

表 7.5　苯乙烯浓度测定结果

车　间	监测数据/个	检出率	浓度平均值/(mg·m⁻³)	超标率/%	最大超标倍数
配料	44	100	38	32	2
喷涂	15	100	344	100	18

3. 安全防护措施

由于固体推进剂生产的特殊过程,决定了这些挥发性组分和溶剂蒸气会大量存在,并在不同生产阶段排入大气,直接对人产生毒性危害,引起接触性皮炎,造成环境污染。对这种危害的安全防护措施主要包括:

① 进行工艺改革,尽量采用先进技术。

② 强化管理,完善各种规章制度。

③ 做好有害物质的浓度监测。

④ 严格按照要求佩戴各种防毒面具和防护用品。

⑤ 配备足够的消防、通风、除尘设备。

⑥ 对工作人员定期进行体检。

⑦ 建立健全保健和疗养制度。

四、燃气成分与危害

火箭推进剂燃气危害主要出现在火箭发动机试车、火箭发射和意外着火、爆炸事故中。由于试车时间和发射次数都很有限,所以与其他工业废气相比对环境和人体健康造成的危害很小。尽管如此,因火箭发动机试车和发射都在特定的条件和环境中进行,人员和设备都很集中,完成时间有严格要求,因此加强个人防护用品的正确使用无疑是最关键的。火箭推进剂燃气成分和危害作用主要取决于所用燃料的组成、性质和状态。一般来说,低温液化气体本身无毒,燃烧充分,燃气对环境和人都无毒无害。液体推进剂毒性都在中等毒性以下,完全燃烧后燃气成分多属大气中大量存在的 CO、CO_2 以及 NO。极微量的氰化物,对环境不会造成严重的污染。

火箭推进剂燃气危害最大的当属固体推进剂燃气。一方面某些组分本身就具有较大的毒性,如氟化物、铍类、金属硼氢化合物等。另一方面推进剂各组分在试车或发射过程燃烧不完全,大量燃气中含有一定数量的烟雾。这种烟雾难以扩散,对试车台和发射场周围局部大气环境可产生明显的危害。推进剂燃气成分的分析测定主要按配方组成通过微机进行计算,或在发动机试车时进行测定。例如:固体推进剂重量百分比组成为:高氯酸钾 47%、高氯酸铵 21%、聚硫橡胶 29%、固化剂 3% 时,燃气成分的摩尔百分比浓度为:H_2O 占 30%、CO 占 22%、CO_2 和 KCl 各占 11%、H_2 占 9.5%、硫化物占 7.5%、HCl 占 6%、N_2 占 3%。两台直径为 3 m,各重 192 t 的大力神ⅢC 助推器,推进剂由 PBAN、AP 和 Al 组成,燃烧产物的计算结果为:直径小于 5 μm 的 Al_2O_3 128.72 t,生成 CO 气 113.92 t,HCl 蒸气 88.58 t,水蒸气 42.70 t、氮气 39.18 t,二氧化碳气 12.48 t 和 8.62 t 的氢气。在距试车台下风向 16~50 m 处采样,测定出氯化氢最高浓度为 3 246 mg/m^3,持续时间约 9 s。试车后 45 s 再次在同一地点采样,基本上就测不出来了。

从大力神ⅢC 助推器燃气组成可知,除氧化铝气溶胶量最大外,就是氯化氢了。现固体推进剂多使用高氯酸铵作氧化剂,一般情况下燃气中 HCl 含量最多可达 20%,因此可对局部大气环境造成污染,产生酸雨。对肯尼迪航天飞机发射中心湖泊和植被的酸化最新研究表明,未发现这种酸雨的影响。若全球每年进行 10 次航天飞机发射,则所产生的酸性物质仅仅是美国每年酸性产物总量的 0.01%。若一年发射 9 次航天飞机和 6 次大力神火箭,则所产生的 HCl 最也小于每年 HCl 总排放量的 0.1%。所有航天助推器对酸雨和温室效应的形成仅占 0.06% 和 0.000 006%。这些数据表明,目前固体火箭发动机燃气对环境影响甚微,可以忽略不计。

第 5 节　　推进剂的防护器材

一、火箭推进剂的防毒面具

火箭推进剂防毒面具是个人防护用具的重要组成部分,主要用于防止化学推进剂经人体呼吸器官吸入,引起急性中毒、慢性中毒和尘肺。

防毒面具除用于化学推进剂的防护外,在其他化工企业、石油、矿山、冶金生产中都得到了广泛应用。各种生物武器、化学毒剂和核武器的出现,对防毒面具提出了特殊要求。要求气密性更好,防毒效率更高,以大大减少特殊条件下人员的伤亡。

火箭推进剂所用的防毒面具可选用防生物毒剂的防毒面具、防化学毒剂防毒面具和各种工业用防毒面具。除此之外,根据推进剂的特性和使用条件,各国都研制了专供各类推进剂使用的防毒面具。任何一种防毒面具都有一定的使用范围,只有合理选择、正确使用、严格检查和妥善保管维修,才能充分发挥各类防毒面具的防毒作用。我国已制定了各种防毒面具的国家标准,明确规定了它们的使用范围和技术指标。

1. 防毒面具的种类

防毒面具是个人防护器材中专供保护呼吸器官的一类防护用具。它除了具有防毒滤毒的作用外,全面罩式和头盔式防毒面具还可以保护人的眼睛、耳朵和整个面部不受有毒物质的侵害,因此也是一种头部防护用具。个人防护器材分呼吸器官防护和皮肤防护两大类,防毒面具也叫呼吸器官保护器。防毒面具有防尘口罩、过滤式防毒面具、送气式防毒面具、长管式防毒面具和隔绝式防毒面具。按使用目的可分为军用、民防和工业用防毒面具 3 类。军用防毒面具又可分为普通防毒面具和专用防毒面具。对于过滤式防毒面具使用的滤毒罐同样也有严格的分级分类标准。

2. 防尘口罩

防尘口罩主要指自吸过滤式防尘口罩,是预防职业性尘肺而经常佩戴的一种个人防护用品,广泛用于工厂、矿山和固体推进剂生产过程。防尘口罩具有结构简单、使用方便、呼吸气阻力小等优点。防尘口罩分为简单防尘口罩和自吸过滤式防尘口罩(即往复式防尘口罩)两种。二者主要区别在于,简易口罩无呼气阀门,往复防尘口罩则有单向呼气阀门,滤尘材料往往装在滤尘盒里,固定在面罩上面,滤尘盒可以是一个,也可以左右各一个。

简易防尘口罩主要由过滤片(器)、夹具和系带三部分组成,外形似纱布口罩,仅遮掩住口鼻。为防止侧漏,口罩滤片上缘中央有一个铝制薄片,可用力使其较好地贴在鼻子两侧的面部,而下缘则能包住下颌。改进了的防尘口罩的夹具由聚乙烯、聚氯乙烯材质做成,用模具直接压制成内外支架结构。过滤器则由周边包有泡沫塑料密封圈的尼龙超细纤维制成的滤尘袋(片)构成,夹在内外支架中间,能与面部更加紧密地接触,系带可系于头部。

复式防尘口罩由塑料或橡胶主体、呼气阀和滤尘(毒)盒、系带四部分组成。塑料或橡胶做成的主体可以把人的口、鼻遮严,气密性更好。呼气阀门和滤尘(毒)盒的单独存在,大大提高了防尘口罩的防尘性能和使用范围。滤尘盒可以是一个,也可以是两个,而过滤材料则可用普通活性炭或无纺布多层滤片组成。

3. 过滤式防毒面具

过滤式防毒面具具有结构合理、防毒性能好、耐用、轻便、好携带等优点,广泛用于军事、民防和化工、石油、矿山、冶金行业。国家对各种防毒面具的性能、滤毒罐制作、使用范围、型号、标色、防护对象都有明确规定。

过滤式防毒面具是火箭推进剂和核试验场防护中使用的主要防毒面具,基本组成部分有面罩、滤毒罐、滤毒盒、导气管和面具袋四部分。

（1）分　类

根据用途分为军用、民防和工业用 3 种。军用过滤式防毒面具主要用于防化学和生物毒剂,防放射性尘埃,对性能指标、使用范围和维护方法都有严格的规定。民防和工业用防毒面具是在军用防毒面具基础上得到迅速发展的。

按有无导气管可分为导管式和直接式防毒面具两种。导管式防毒面具是通过导气管将滤毒罐与面罩相连,而直接式防毒面具是将滤毒盒与面罩直接相连,所以重量较轻。

按面罩形式可分为全面罩式、半面罩式两种。全面罩式又有头盔式和头带式 2 种。

（2）防毒面具的面罩类型和结构

全面罩有头罩式（头盔式）和头带式两种，主体结构均为橡胶制品，能遮盖住眼、鼻和口。半面罩则只要求遮盖住鼻和口。

两种面罩的呼气阀门均要求有保护装置，气密性好。要专门做气密性试验，即减压至 $-1178\ Pa$ 时，全面罩用呼气阀 45 s 内负压下降小于 588 Pa；半面罩用呼气阀恢复至常压的时间则应在 20 s 以上。面罩与人体面部密合性一定要好，根据中国人的头型大小，做成 5 个型号，以供不同头型的人选用，提高面具总体气密性。

（3）防毒面具滤毒罐（盒）

防毒面具滤毒罐（盒）是过滤式防毒面具最关键的组成部分，性能好坏直接关系到使用者的安全。由于化学毒气和有害气体的种类很多，性质各异，所以仅使用一种滤毒材料是无法满足要求的。根据现代化工生产可能有的毒性气体，研究生产了 11 种类型的滤毒罐和 4 种滤毒盒。它们除所使用的滤毒材料不同外，罐体大小、滤毒材料装填的方式也不同，这些因素对防毒性能有很大影响。

4. 火箭推进剂特防面具

（1）过滤式特防面具

我国针对液体推进剂所用的四氧化二氮和偏二甲肼，开始研制可防止这两种有毒蒸气的特防面具，于 1975 年正式通过鉴定并装备部队使用，型号为 T-1 型，也称 75 型过滤式防毒面具。75 型面具对偏二甲肼、甲基肼、肼、硝酸-27S、四氧化二氮的蒸气及硝酸烟雾和增湿条件下的二氧化氮均有较好的防护性能，还兼有一般军用防毒面具的三防性能，但在偏二甲肼蒸气浓度 $>5000\ mg/m^3$ 和二氧化氮浓度 $>10000\ mg/m^3$ 时不宜使用。1965 年美国也研制生产了类似的火箭推进剂防毒面具，型号为 M26A1。

（2）隔绝式特防面具

20 世纪 80 年代，为了适应火箭推进剂发生重大事故时，在高毒、缺氧环境下进行紧急抢修或人员救治，国防科工委航天医学工程研究所研制生产了用于火箭推进剂的 FHZ-1 型隔绝式特防面具，现已装备部队使用。这种面具结构紧凑、体积小、重量轻、便于携带。在中等劳动强度下，使用时间超过 1 h。在此之前火箭推进剂发射场主要使用采矿业所用的隔绝式防毒面具，如抚顺生产的 AHG-2 型防毒面具。FHZ-1 型特防面具除用于火箭推进剂作业人员安全防护外，也可用于石油、化工、矿山、民航、船舶等行业。

二、火箭推进剂的皮肤防护器材

火箭推进剂皮肤防护器材有安全帽、面罩、头盔、防护服、防护手套、防护靴等。

1. 防护服分类

宏观上分为两大类：

（1）普通防护服

普通防护服也称一般作业防护服或工作服。主要用于防止机械外伤和污染。通用性强，用量大，无特别的技术要求或性能指标。

（2）特种防护服

为特殊需要而设计生产的，必须满足一定的技术要求和规定的安全防护性能指标。此类防护服主要有：

①　防毒服分密闭型和透气式两种。密闭型可防渗漏,材料有丁基橡胶布、烃脂涂层布、聚氯乙烯薄膜、聚乙烯薄膜等。透气性材料有炭类织物、特种浸渍织物、透气性防酸绸和生呢绒、防爆丝绸及特种合成纤维。

②　防热服也称耐热服,多用导热系数小,隔热效率高,防熔融飞溅物粘着及阻燃的材料做成。有致冷服、送风服、皮革服。使用最多的则是石棉布服和白帆布服。

③　防火服也称阻燃服,主要用于消防和易发生火灾的工作场所。选用耐高温、不燃烧、隔热、反辐射热效率高的材料制作,如石棉布、铝化纤维布等。

④　防寒服选用保温性好、导热系数小和表面吸热率高的材料制成。目前多用干燥的天然植物纤维、化学纤维(晴纶、氯纶)及动物皮毛作充填保温层。

⑤　防静电服采用导电纤维交织的面料制作,具有永久性防静电能力。现国内还有渗炭型纤维、不锈钢纤维、改性晴纶纤维等,纯棉工作服亦有良好的防静电性能。

⑥　微波防护服选用对微波具有屏蔽作用与吸收作用的镀金属布和金属膜布制成,如铜纤维交织布。

⑦　耐酸碱防护服所用原料有胶布、合成纤维、生毛呢、柞蚕丝、防酸绸、塑料薄膜等。

⑧　防油服也称耐油服,所用原料有胶布、塑料和涂料三种。

⑨　防水服多用橡胶和塑料涂层布制作。要求含适量天然胶,可在低温下使用。

⑩　水上救生服选用吊重浮力大、抗老化、耐腐蚀和抗拉强度高的材料制作。如聚乙烯、聚氯乙烯泡沫、聚苯乙烯硬质泡沫塑料、木棉等。

⑪　潜水防护服用优质防渗漏材料特殊加工而成,可与头盔密合,并能耐压。

⑫　无尘服主要用于电子、医药、超净环境,多用高支纱、平纹布或抗静电性优良的织物制作。

⑬　放射性防护服选用高支纱平纹布、丙纶无纺布、塑料薄膜及含铝胶布制作。

2. 火箭推进剂专用防毒服

随着宇航事业的发展,液体推进剂大量使用,各国都研制了专供液体推进剂作业人员使用的防毒服。在液体推进剂中四氧化二氮和偏二甲肼使用量最大,它们的氧化性、腐蚀作用和吸附穿透性都很强,防毒服只要对这两种物质有良好的防护作用,就可以用来防护其他各类推进剂对人的危害。

美国 MKI-MOD-O 型火箭推进剂防护服[军用规范号 MIL-P-82637(OS)]主要针对四氧化二氮和偏二甲肼而制作,但也可以用来防化学毒剂、防生物战剂和防核武器放射性。防毒服使用阻燃耐熔聚酰胺丁基胶涂层布做成,由头罩、裤子和上衣组成,分特大、大、中、小 4 个号码。其中,规范编号为 MIL-C-38322A 的推进剂防护服还带有冷气装置。原苏联这种类型防护服材料多使用混聚异丁烯混丁钠胶或丁基胶一类的涂层布。

我国在 1986 年也研制生产了专供火箭推进剂作业人员使用的不透气防毒工作服,并且与FHZ-1 型面具配套使用。防毒服所用材料为丁基胶涂层布,衣服和裤子做成一体,带密封尼龙拉链和航天服用抠圈。头罩和靴子分别与上衣和裤子相连。头罩可在防毒面罩外面使用,具有防止液体推进剂从头顶喷浇下来而侵入人体的作用。靴子外面还可穿长筒胶靴,再与防毒手套配合使用,可有效地防止液体推进剂有毒蒸气对人体的危害。

根据实际需要,有关部门于 1983 年研制了一种类似于 82 型的透气防毒服,所用材料也是活性炭涂布,并在腋下有泡沫塑料制的透气孔。

习　题

1. 安全科学的体系结构有哪几部分构成？它们的主要内容分别是什么？

2. 化学危险品主要有哪些类别？列举几种身边的化学危险品及性质。

3. 化学危险品的主要有哪些方面的危害？腐蚀性化学危险品对人体皮肤和眼睛等处发生化学烧伤时，应如何处置？

4. 红黄蓝绿四种安全色分别代表什么意义？

5. 火箭推进剂的安全性能主要有哪些？

6. 对于液体推进剂，着火与爆炸危险性的主要理化评价指标有哪些？

7. 在红烟硝酸中加入缓蚀剂的作用及作用机理是什么？

8. 分别列举氧化剂和燃烧剂在贮存包装时可作为密封垫圈使用的非金属材料。

参考文献

1. 国防科工委后勤部编著. 火箭推进剂监测防护与污染处理. 长沙:国防科技大学出版社,1993.

2. 俞天骥等. 液体推进剂毒性、毒理及卫生防护[M]. 北京:国防科工委,1979.

3. 李亚裕主编. 液体推进剂. 中国宇航出版社,2011.

4. 樊秉安,任向红. 液体推进剂污染控制与资源回收利用. 北京:中国环境科学出版社,2001.

5. 高思秘. 液体推进剂. 北京:宇航出版社,1991.

6. Bowen E J, Birley A W. The Vapor Phase Reaction between Hydrazine and Oxygen [J], Trans. Farad. Soc. 1951,(47):580-583.

7. Stone D A. The Autoxidation of Hydrazine Vapor[R], 1978 , AD-A055467.

8. Ross D S , D G Henny, Kirshen N A. Study of Basic Kinetics of Decomposition of MMH and the Effect if Impurities on Their Stability. STI-7982-FR, AFPPL-TR-71-114,15 Sep. 1971.

9. Stone A. The Autoxidation of MMH Vapor. AFESC/ESL-TR-79-10 (Apr 1979), AD-A069173. N79-29266.

10. Loper G L. AD-AO54194, 129-159.

11. Jan E Kilduff, Dennis D Davis, Steven L Koontz. Surface-Catalyzed Air Oxidation of Hydrazine: Environmental Chemical Study [C] . The third Conference on the Envi ronmental Chemistry of Hydrazine Fuel ,1988 , 38-49.

12. Kilduff Jan E, D Davis Dennis, Steven L Koontz. Surface-Catalyzed Air Oxidation of Hydrazine: Environmental Chemical Study: Tubular Rector Studies, 128-137, AD-A197632.

13. Tuazon E C, W P L. Catrter: Atmospheric Chemistry of Hydrazine Fuels [R]. 1988,AD-A197632, 18-37.

14. 蒋俭,张金亭,张康征. 火箭推进剂监测防护与治理. 北京:国防科技大学出版社,1993. 749,807.

15. Fisher J W, Meyers D S, Meyers M L. The Effects of Selected Hydrazines upon Fish and Invertebrates. AD-A082397.

16. Shonim A R,Gisclard J B. Hydrazine Degradation in Aquatic System. Bull. ENV. Cont. Tor. 16,301-309(1976).

17. Slonium A R. Acute Toxicity of Selected Hydrazine to the Common Guppy. Water Research , 889-895,1977, AD-Al17538.

18. Fisher J W. Hydrazine Acute Toxicity to Bluegills and Sublethal Effect on Dorsal light Response and Aggression. Trans. Am. Fish soc. 109,304-309, 1980, see also AD-A120055.

19. Hunt T P. Temperature Effects on Hydrazine Toxicity to Bluegills . Bull. Env.

Contam. Tox. 27,588-595,1981, see also AD-A109863.

20. Unirogal Chemical Agricultural Chemical, Technica Data Sheet, Unirogal MH(Maleic Hydrazide) Growth Regulant, Unirogal Inc. Conn. 06525.

21. Chistopher G L , Brown C F. Hydrazine Impurity Survey. AD-764365.

22. Harrah C B. Biological Effects of Aqueous Hydrazine Solution, in Proceeding of the Conference on Environmental Chemistry of Hydrazine Fuels, 167-176, 1978. , AD-A054194.

23. McBrideW R, Bens E M, Amer J. Chem. Soc. ,8I, 5546 (1959).

24. McBrideW R, Kruse H W, Amer J. Chem. Soc, 79, 572 (1957).

25. Gormley W T. AMRL-TR-73-125 (1973).

26. Slonim A R, Gisclard J B. Hydrazine Degradation in Aquatic Systems, Bull. Env. Contam. Tox. 16,301-309,1976.

27. Gormley W T, Ford R E. Deoxygenation of Environmental Waters by Hydrazine Type Fuels , in Proceedings Annual Conference on Environmental Toxicology, 387-400, 1973, AD-781031, N74-32543.

28. Banerjee S, Sikka H G, Gray R. Environmental Degradation of 1,1-Dimethyl-Hydrazine, 113-128, AD-A054194.

29. Barbara A. Braun, Joseph A, Zirroli. Environmental Fate of Hydrazine Fuels in Aqueous and Soil Environments, 1983, AD-A125813.

30. MacNaughton M G, Farwald J A. The Effect of Amine Bases Fuels on the Activated Sludge Process. ,1979, AD-A 085186.

31. 周国庆. 阵地区域偏二甲肼环境暴露分析,1992.5~18.(缺期刊名称)

32. Chiou C T , Peter L J ,Freed V H. Science, 206, 831(1979).

33. KarickhoffS W,Browm D S,Scott T A. Water Res. ,13,241(1979).

34. Zirolli J A , et al. Environmental Chemistry of Hydrazine Fuels, in JANNAF Safety and Environmental Protection Specialist Session, CPIA Publ. 313, 1-10(Apr. 1980), unlimited distribution; see also AFESC-ESL-TR-82-22 159-173(Apt 1982), AD-A121 324.

35. Hayes M H B, et al. Interaction of Hydrazine and of Hydrazine Derivatives with Soil Constituent and with Soils; AFOSR-TR-82-0231(Jan 1982),AD-A113067.

36. London S A. Relative Toxicity of Hydrazine Propellants to a soil Bacterium, AMRL--TR-82-22(Dec 1979), 24 , AD-A080646.

37. AD-A121324.

38. Hayes M H B, Chia K Y, Yormach T B R. Interactions of Hydrazine with Collidal Constituents of Soil, see also AD-A197632.

39. Selin H M, Davidson R S. Mansell, 1976,Evaluation of a two-site adsorption-disorption model for describing solution transport in soil, 444--448. Proceedings of 1976 Summer Computer Simulation Conference in Washington, D. C. , during July 12-14,1976.

40. Barbara A Braun, Joseph A, Zirroli. Environmental Fate of Hydrazine Fuels in Aqueous and Soil Environments, 1983, AD-A125813.

41. Ou L T, Street J J. The Soil Microbiology of Hydrazines, AD-A197632.

42. 徐勤. 偏二甲肼在土壤中吸附的研究[D]. 西安:第二炮兵工程学院,1997.

43. 夏本立,曹晔. 我国推进剂污染监测与防护研究现状及发展趋. 见:解放军预防医学杂志,2006,24(4).

44. 刘志娟,等. 肼类火箭推进剂气体检测技术. 见:低温与特气,2007(5):36-39.